本书受上海交通大学设计学院学术著作出版基金和国家自然科学基金青年科学基金项目（NSFC51908350）资助

我国农村人居空间变迁探索
——精明收缩规划理论与实践

游猎 赵民 著

U0160100

中国建筑工业出版社

图书在版编目（CIP）数据

我国农村人居空间变迁探索：精明收缩规划理论与实践 / 游猎，赵民著. — 北京：中国建筑工业出版社，2020.6
本书受上海交通大学设计学院学术著作出版基金和国家自然科学基金青年科学基金项目（NSFC51908350）资助
ISBN 978-7-112-25051-6

Ⅰ. ①我… Ⅱ. ①游… ②赵… Ⅲ. ①农村 — 居住区 — 研究 — 中国 Ⅳ. ① TU982.29

中国版本图书馆CIP数据核字（2020）第075130号

本书针对农村人居空间发展的现实情形开展理论和对策研究，提出精明收缩的理论概念和发展框架。全书内容包括：农村人居空间变迁的现实情景；农村人居空间变迁的解释；农村人居空间"精明收缩"的客观诉求；农村人居空间发展的创新实践；农村人居空间"精明收缩"的概念诠释；农村人居空间"精明收缩"的规划框架与实施策略。

全书可供广大城乡规划师、城乡规划管理人员、高等院校城乡规划专业师生等学习参考。

责任编辑：吴宇江　陈夕涛
责任校对：王　烨

我国农村人居空间变迁探索——精明收缩规划理论与实践
游猎　赵民　著
*
中国建筑工业出版社出版、发行（北京海淀三里河路9号）
各地新华书店、建筑书店经销
北京点击世代文化传媒有限公司制版
北京建筑工业印刷厂印刷
*
开本：787毫米×1092毫米　1/16　印张：14¾　字数：300千字
2020年11月第一版　2020年11月第一次印刷
定价：60.00元
ISBN 978-7-112-25051-6
　　　（35803）

前言

2000—2018 年，我国的城镇化率从 36.22% 上升至 59.58%。从这组数据至少可以读出三层含义：一是在我国经济社会快速发展的宏观背景下，城镇化也在快速发展；二是与城镇常住人口大幅增长相对应的必定是农村常住人口数量的大幅减少；三是相比发达国家，我国的城镇化事业还远未完成，未来随着城镇化率的持续提高，农村常住人口还将不断减少。从人居空间发展的角度看，对应于城乡人口的增长与减少，城镇建设空间要精明增长，乡村非农建设空间则要精明收缩，进而在空间资源优化配置的基础上实现乡村振兴。但现实是，农村常住人口在持续减少，而许多地方的农村非农建设用地和房屋却没有相应退出，有的甚至不减反增，其后果必定是空间资源的低效利用和浪费。

本书针对农村人居空间发展的现实情形开展理论和对策研究，提出精明收缩的理论概念和发展框架。这项研究既是为了应对现实矛盾和探究出路，也是对今后很长一段时期农村人居空间发展的方向探讨。

本书的研究思路和相应的内容主要有以下几个方面：一是归纳梳理我国农村人居空间变迁的现实情景。研究发现自 20 世纪 90 年代中期以来，我国农村人居空间经历了人口数量持续减少、人口老龄化、老少留守和人居空间空心化的演变过程。用人居空间变迁模型测度，这一变化表现为：从膨胀、蔓延，向稀释、萎缩、收缩的演进。二是解释变迁原因。分别从人文的角度和空间的角度进行阐释，其中前者包括宏观制度变迁、中观产业发展和微观家庭选择三个方面，后者主要是针对空间惯性的作用而展开研究。三是总结当前农村人居空间发展面临的困境并分析其成因，据此提出精明收缩的立论，包括核心观点、基本原理和发展趋势。四是选取在农村建设领域已经取得较大成绩、具有较高影响力的成都农村建设作为案例进行实证分析，其中成都的农村居民点规划建设中的"小组微生"做法体现了精明收缩的理念。五是在上述研究的基础上，更为系统地建构和诠释农村人居空间精明收缩的理论概念。最后，提出面向实务的规划框架和实施策略。

以上几个方面的研究，先后回答了农村人居空间变迁"是什么""为什么""应该是什么""已经有什么""可以怎么办"等问题，这亦为本书章节组织的逻辑主线。

本书的研究工作以应用为导向，力图为实施乡村振兴战略提供思路和方法。同时，也注重基础性的理论探索和寻求对发展规律的解释。就理论探索而言，本书对农村人居空间"精明收缩"概念做了系统阐述，发展了作者所在学科团队的既有研究工作。就解释性研究而言，全书的理论创新有两个方面：一是建立了人居空间变迁模型，提出了六种人居空间状态，并指出它们相互之间具有长期逆时针趋势性和短期跳跃性的演进特征；二是提出了空间惯性的概念，这是指建成环境维持既有状态不变，或者说抵抗既有状态被改变的性质。空间惯性概念揭示了人居空间变迁的一个重要特征。

目　录

第1章 绪论

1.1 研究背景

对我国农村人居空间变迁研究，必须要置于我国经济社会发展的宏观背景之下。为此，本章从 3 个方面展开阐述。

1.1.1 改革开放以来，我国城镇化水平伴随经济增长逐年提高

改革开放以来，我国经济社会各方面都取得了持续快速发展。国民生产总值（GDP）由 1978 年的 3.7 万亿元增长到 2018 年的 90.03 万亿元，增幅超过 24 倍（图 1-1）。GDP 作为核算国民经济活动的核心指标，其变动清晰地反映了这一现实。归纳总结 40 年来经济高增长背后的原因，主要有 5 个方面：第一，实现计划经济体制向市场经济体制转轨，极大地消除了经济增长的制度束缚；第二，各级政府在推动经济改革的过程中发挥了极大的主观能动性；第三，加入世贸组织（WTO）后，中国实现了更广泛的"引进来"和"走出去"，从而迅速融入全球经济及其市场的分工体系；第四，改革开放初期的极低起点蕴含了极大的反弹力和增长空间；第五，中国有着传统的精明商业文化（韦森，2015）。

与经济持续增长相并行的是城镇化水平的逐年攀升。用城镇常住人口占总人口比重计算城镇化水平，1978 年我国城镇化水平仅为 17.92%，到 2018 年这一指标达到了 59.58%，年均增幅超过 1 个百分点（图 1-1）。在总结我国城镇化发展动力机制的论述中，最新的城乡规划学科方向的《城市经济学》教科书指出了 3 个方面共 8 小点，这包括：第一，产业演进推动城镇化，又分为工业和服务业推动；第二，多元主体推动城镇化，又分为由政府主导的"自上而下"推动以及乡镇企业和农民主导的"自下而上"推动；第三，制度创新推进城镇化，分别包括户籍制度变迁、城市发展政策调整和土地政策等。

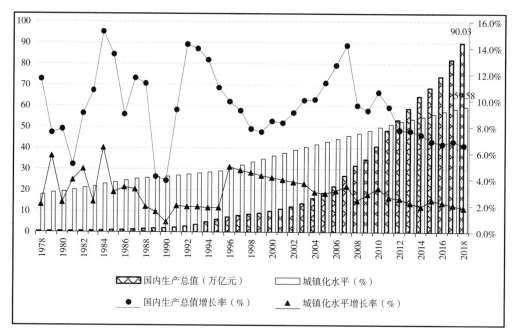

图 1-1 改革开放以来我国经济增长与城镇化情况

资料来源：根据国家统计局网站相关数据分析整理

1.1.2 金融危机后，城镇化发展与经济增长双双放缓

再将视野从作为改革开放元年的 1978 年，拉近到暴发世界金融危机的 2008 年及其后（图 1-1），还可以明显看出：虽然我国经济发展和城镇化水平仍然保持着上升态势，但上升的步伐明显放缓，其中城镇化水平甚至从 1996 年便开始进入了减速上涨的通道。理论分析和国际经验都表明，一个国家的经济增长不可能永远持续超高速度；当经济发展到一定水平之后，经济增速放缓不可避免（陈彦斌，2014）。国家发改委曾刊文总结了我国经济增速放缓的 3 点原因：第一，短期需求减弱，世界经济复苏低于预期，外需不振导致出口被压制；第二，中期结构调整，新旧产业更替尚未完成，产能过剩尚未完全消化，投资空间有限；第三，体制机制改革不到位，政府简政放权还未完全落实。此外，由于城镇化与经济增长在微观层面具有本质上的一致性（陈旭 等，2016），故而在经济增长乏力的同时，城镇化步伐也会相应放缓。

以农村人居空间作为研究对象，从城乡规划学的视角来看，主要包含了农村的人口、土地、房屋、基础设施等物质要素，以及与其相对应的文化、习俗、制度等非物质要素。农村人居空间的变迁，主要是物质性要素在农村内部或者农村和城市之间流动的过程；它既是城镇化的重要内容，也与整体的宏观经济活动相关联，而两者的走势对农村人居空间变迁无疑将产生深刻影响。正是基于这个意义，本书主体部分首先分析我国的经济增长与城镇化，并将农村人居空间变迁置于这一背景之下（图 1-2）。

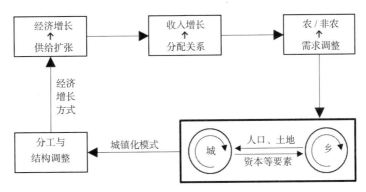

图 1-2 作为研究背景的经济增长与城镇化和本书研究对象的关系

资料来源：根据陈旭、赵民《经济增长、城镇化的机制及"新常态"下的转型策略——理论解析与实证推论》中的图改绘

1.1.3 "新常态"下，农村人居空间变迁意义凸显

需要指出的是，虽然经济发展和城镇化对农村人居空间变迁有重要影响，某种程度上讲甚至起决定性作用；但这绝不意味着农村人居空间变迁不会产生反向的作用力。尤其是对于城镇化而言，农村人居空间其变迁本身就是在形塑中国城镇化格局；而城镇化与经济增长的内在统一性，也决定了农村人居空间的变迁可以间接或直接地影响经济发展（图 1-2）。

回过头再看，如果将爆发金融危机的 2008 年——恰好也是改革开放的 30 周年视作一道分水岭，这之前的经济增长和城镇化发展是粗放的、超高速的"常态"；那么这之后的发展，用习近平总书记的话说，将是一种"新常态"。关于新常态下的经济增长，可参见 2016 年 5 月 9 日《人民日报》刊登的"权威人士"意见："我国经济运行不可能是 U 型，更不可能是 V 型，而是 L 型的走势。这个 L 型是一个阶段，不是一两年能过去的。"这一说法可被视作官方对未来经济增长走势的预测，以及对降速现实的承认。这种对经济走势的理性判断，在中国这样自上而下的"有为"政府的治理环境下，实际是传递了新的改革信号，进而会影响社会经济发展的方方面面，其中也包括城镇化和乡村发展。

农村人居空间因为其广袤的空间范围和庞大的人口规模，无论新常态下经济走势会有什么样的起伏，城镇化水平会如何变化，对其的影响力均不容小觑。作为宏观背景，经济增长和城镇化一方面是研究农村人居空间变迁随时要留意的问题；另一方面，经济和城镇化的健康发展也要求农村人居空间变迁能呈现出理性和有序，从而为全局的健康发展做出应有贡献。

1.2 研究问题的提出

确定将农村人居空间变迁作为本书研究对象，首先是源于研究团队在城镇化与城乡发展领域长期的规划实践和反思总结；其次是作者针对农村人居空间变迁的考察及对政府所采取的治理措施的审视。

1.2.1 农村人居空间"无序蔓延"和"空心化"同时存在

在城市因"摊大饼"式建设而饱受诟病时，农村也面临着"无序蔓延"的问题。这有两层含义：所谓蔓延，意指农村作为一个整体，其建设用地面积不断扩张，由1990 年的 1140 万 hm^2 增长到 2014 年时的 1400 万 hm^2（图 1-3）。同时，也是指农户家庭作为一个单元，其住宅面积不断扩大（王海兰，2005），由 20 世纪 90 年代初的人均 20.3m^2，增加到 2014 年的人均 33.2m^2（图 1-4）。而所谓无序，主要是指农村人居空间的这种蔓延，是在一种在规划管控低效状态下的近于凌乱而随意的状态。这两方面因素的共同作用，导致了土地利用粗放、过多侵占耕地良田、传统农村人居空间景观格局破坏等问题。

比城市"摊大饼"更特殊的是，农村人居空间的无序蔓延还伴随着常住人口规模的逐年减少：许多地区的村庄建设用地越来越大，而常住人口却越来越少。统计显示，20 世纪 90 年代初我国农村常住人口超过 8.4 亿人；而到 2014 年，这一规模已经减少至 6.2 亿人（图 1-3），农村"空心化"现象日益明显。这里，除了人口规模总量上的"空心"，还有人口结构上的"失衡"。在许多农村地区，主体人口是留守老人和留守儿童，再加上部分留守妇女，被戏称为"386199"部队。这种缺少青壮年男性劳动力的人口结构，必定使得农村缺乏生机，一些生产活动无法正常开展，传统的农村生活习惯以及农村文化受到巨大冲击（贺雪峰，2008）。

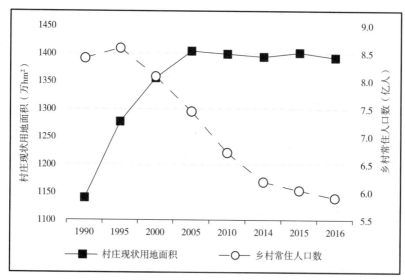

图 1-3　1990 年来我国村庄用地面积与常住人口规模对比

资料来源：根据《中国城乡建设统计年鉴（2018 年）》相关数据绘制

这种一方面建设用地和房屋在无序蔓延（图 1-4），另一方面人口的总数及青壮年人口规模却在持续减少的"外扩内空"（刘彦随，2011）悖论，除了造成土地资源的双向浪费（程连生 等，2001），还由于规模效应的原因，直接导致了农村基础设施和公共服务的供给缺乏效率（姜秀敏 等，2010）。

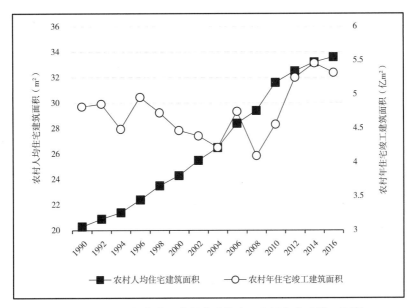

图 1-4 1990 年来我国农村人均住宅面积及年住宅竣工面积

资料来源：根据《中国城乡建设统计年鉴（2018 年）》相关数据绘制

1.2.2 "占补平衡""增减挂钩"等政策应运而生，但也导致了新的矛盾

针对上述在农村人居空间变迁过程中出现的问题，尤其是无序蔓延造成土地浪费和侵占耕地，在我国快速城镇化、城市建设用地高度紧张和中央政府坚决守住 18 亿亩耕地红线的大背景下，各地政府先后出台了一系列针对性的政策措施，其中包括"占补平衡"和"增减挂钩"政策。然而这些措施在缓解上述问题的同时，亦带来了新的矛盾或问题。

1. 用地的指标化管理与城市建设用地扩张冲突严重

为了贯彻落实严格的耕地保护制度，一直以来我国实行的都是建设用地的计划管理模式。它是通过国土资源管理部门制定中长期的"土地利用总体规划"和近短期的"年度土地利用计划"，自上而下严格实施。具体地讲，即是由国土资源管理部门制定规划期为 20 年的全国土地利用总体规划，并分别通过指标和图纸的形式，对未来 20 年内全国可以新增的建设用地的数量和位置做出刚性规定。在这之下，再通过年度土地利用计划，规定各地每年可以使用的新增建设用地数量指标，以控制各地开发建设节奏，从而保障土地利用总体规划的落实。

现实中的城市开发，往往都是由内向外逐步拓展，这就决定了新增建设用地很难避开对耕地良田的侵占；紧邻城市建成区的农村集体土地，往往都是耕地及良田。由此，快速的城市拓建与严格的土地管理之间一再发生矛盾。

2. "占补平衡"导致"以次充好"和"拆东墙补西墙"

严格来讲，用地的指标化管理能直接涉及的仅仅是紧邻城市的近郊农村地区。但1994年中央和地方财政分灶吃饭以来，地方政府对土地财政的依赖越来越严重，包括"低价征地高价卖地"的操作手法使得土地指标寅吃卯粮越来越严重。以四川省为例，1997年中央批准实施《四川省土地利用总体规划（1997—2010年）》，其中规定至2010年前，全省建设新增用地量为22.07万hm^2；而事实上，在2005年，四川全省净增建设用地面积已经达到14.10万hm^2。浙江情况更加严重，1997年中央分配给浙江省至2010年的建设占用耕地指标为100万亩，但截至2001年底，这一指标就已经达到99.2万亩（陶然 等，2011）。

针对这一情况，1998年第二次修订、1999年颁布的《中华人民共和国土地管理法》规定：国家实行占用耕地补偿制度，非农建设经批准占用耕地要按照"占多少，补多少"的原则，补充数量和质量相当的耕地。这项规定的颁布客观上使得地方政府可以突破用地指标的束缚，只要能补充相应的耕地，建设用地想扩大多少都不再是问题。这对农村土地的影响，也就从原本只是紧邻城市的近郊农村扩大到整个农村范围。

由于占补平衡政策的核心，是对建设占用耕地进行数量和质量的补充，其理想状态是将未利用土地、劣质地（如滩地、废弃地等）开垦或复垦成优质耕地。这一措施确实在缓解用地扩张和保护耕地总量的矛盾中发挥了重要作用。但在地方的实际操作过程中，往往又会出现另外两个极端。其一是"以次充好"，如将劣质地复垦成的耕地不能达到规定的质量标准；其二是"拆东墙补西墙"，将原本具有生态功能的林地、草地等优质地开垦为耕地，这在一些土地总量本身就不大、后备耕地潜力小的省份，情况尤其突出。

3. "增减挂钩"和"迁村并点"导致农民"被集中"和"被上楼"

与前述两项措施一脉相承的对农村人居空间变迁影响最大的是"增减挂钩"。这是因为在占补平衡中将劣质地开垦为耕地时，很多地方的运作能力非常有限。尤其是在一些山地和丘陵地区，耕地补充潜力很小，而城市建设用地需求量又很大。为解决这一矛盾，政府最终将目光投向了数量规模庞大的农村宅基地。最先是2004年出台的《国务院关于深化改革严格土地管理的决定》，提出城镇建设用地增加要与农村建设用地减少相挂钩；紧接着2005年国土资源部又颁布《关于规范城镇建设用地增加与农村建设用地减少相挂钩试点工作的意见》，提出将若干拟整理复垦为耕地的农村建设用地地块（拆旧地块）和拟用于城镇建设的地块（建新地块）共同组成建新拆旧项目区，通过建新拆旧和土地复垦，在保证项目区内各类土地面积平衡的基础上，最终实现项目区内建设用地总量不增加、耕地面积不减少、质量不降低、用地布局更合理的目标。2006 年，国土资源部选定山东、天津、江苏、湖北、四川 5 个省市作为第一批试点，后续又扩大到 24 个省、市、自治区❶。自此，增减挂钩政策的施行全面铺开。

增减挂钩对农村人居空间变迁影响深远。占补平衡还仅仅是规定将劣地复垦为耕地；增减挂钩虽然也说的是要复垦那些"低效使用、甚至闲置的"农村宅基地，但它确实明文规定了可以复垦农村宅基地，这就比占补平衡对农村人居空间的影响大很多。

复垦宅基地要拆除农村农民的住房，那么失去旧居的农民将去往何处居住？在具体执行这一政策的过程中，各地纷纷进行了具有各自地方特色的探索，比如成都的"拆院并院"、天津的"宅基地换房"、山东的"迁村并点"、浙江嘉兴的"两分两换"等。客观来讲，增减挂钩政策及其后续一系列的地方实践，在缓解城市建设用地紧张这一初始矛盾上，确实发挥了重要作用；同时在解决农村人居空间"无序蔓延"和"空心化"问题上，也有一定的效果。但由于增减挂钩本质上是解决城市问题导向的，所以在矛盾的另一面——农村，由于操作的不当或"不精明"，又衍生了不少新的问题，包括迁村并点资金平衡问题，农民"被集中""被上楼"问题，还有生活生产方式的不适应问题，以至于一些地方出现了暴力抗拒拆迁的恶性事件。

1.2.3 小结

无论是"无序蔓延"和"空心化"，还是在"占补平衡"和"增减挂钩"过程中出现农民"被集中"和"被上楼"，这些问题本身都是农村人居空间变迁的重要内容。所以本书首先对农村人居空间变迁进行解释性研究，在此基础上，再尝试提出新的理念和对策思路。

1.3 研究概念的界定

1.3.1 农村

从语言学的角度讲，"农村"是一个偏正结构的词："农"是名词作定语，包含农民、农业的意思，它修饰限制表示某种人居空间载体的中心词"村"。这样，从字面上讲，农村两个字就包括了"主要居民是农民，主要产业是农业的人类活动聚集点"的内涵。同样的理解放在对"渔村""牧村"的理解上也能说得通，只不过后者的主要居民和主要产业分别换成了渔民、牧民和渔业、牧业而已。

延续上述思路继续定义或者描述农村的特点，可以引出另一个重要内容，即前者

---

❶ 2008 年、2009 年国土资源部又分别批准了 19 个省份加入增减挂钩试点，分别是辽宁省、吉林省、重庆市、陕西省、黑龙江省、甘肃省、河南省、湖南省、贵州省、宁夏回族自治区、广西壮族自治区、广东省、海南省、云南省、福建省、浙江省、安徽省、江西省、内蒙古自治区。截至 2010 年，获批的城乡建设用地增减挂钩试点省份共 24 个。

"农民""农业"在后者"村"范围内的"密度"。一般来讲，作为人口聚集点，单个农村的人口规模小、人口密度低，在地理景观上呈现出一种不紧凑的、散布的状态，即使是农村与农村之间，其空间关系也是星罗棋布。

除了字面意思上的理解，参考社会学对农村的理解也很有意义。农村社会学是专门研究农村人口、家庭、社会组织、社区、生活方式、文化习俗、社会发展等内容的社会学分支学科。这里罗列农村社会学的研究内容，固然是因为它们对于更深刻地理解农村有很大帮助，更重要的是，这些内容的前面冠以"农村"的帽子，说明它们同样也是农村这一概念的重要属性，并且也是农村有别于城市等其他人类聚集点的特定属性。

1. 农村与城市

农村是与城市区别而言的。这种区别既包括外在的人口数量和规模、产业活动、空间景观，又包括相对内在的社会关系、文化习俗、生活方式等。这些大的区别显而易见，毋庸赘述。

但在一些过渡带亦存在若干容易引起争议之处。比如，一些在空间距离上靠近城市的农村，由于城市化的扩张，城市的生产生活已经蔓延到此，于是当地农民不再以传统的农业为生，转而通过向在附近城市工作的打工者提供房屋出租等赚取收入。又比如，一些农村虽然远离城市，但村里有一些能人，他们大多早年外出打工，掌握了一定技术或是积累起一定的资金，然后回乡创业并取得经济上的某种成功；在榜样的示范作用下，整村农民相继跟进，整个村子便也不再以农业生产为主。这里，判断是否仍然是传统意义上的农村的标准，主要是看主导产业还是不是农业。

此外，Irwin（2003）从通勤距离判断过渡带，认为城市的最远空间范围，也即所谓的远郊，仍然是在城市的通勤距离内，通勤距离之外则是农村（图1-5）。赵燕青（2013）则认为城市和乡村的差别，主要在于公共服务的多寡。

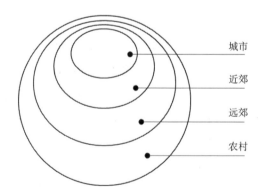

图1-5 城市、农村及其过渡带的空间关系

资料来源：E. G. Irwin et al.，*Modeling and managing urban growth at the rural-urban fringe:a parcel-level model of residential land use change*

在我国二元体制下，城市和农村还有土地所有制和行政管理体制两方面的重要区别：

（1）《中华人民共和国土地管理法》第六条规定："中华人民共和国实行土地的社会主义公有制，即全民所有制和劳动群众集体所有制。全民所有，即国家所有土地的所有权由国务院代表国家行使。"第九条进一步做出了规定："城市市区的土地属于国家所有。农村和城市郊区的土地，除由法律规定属于国家所有的以外，属于农民集体所有；宅基地和自留地、自留山，属于农民集体所有。"概言之，城市土地是国家所有，农村土地是集体所有。

（2）我国特有的垂直管理的五级政权结构，是建立在乡镇一级以上的：自上而下包括中央、省、地级市、县、乡。而在广大的农村地区，施行的是村民自治。这一制度的直接表现即是，我国的政府只存在于乡镇及乡镇以上，在农村则没有村一级政权而只有村民委员会。

这两点的不同，或者说农村在土地所有制和管理体制上的特殊性，对于农村人居空间变迁影响深远，在本书后面的分析中会多次论及。

2. 农村和乡、村、乡村、村庄

无论是日常用语还是学术研究，"乡""村""乡村""农村""村庄"等词语所表达的意思往往相近，但又不能完全互相替代。本书在比较上述词语，从而界定农村这一概念时，主要出于以下考虑：一是基于城乡规划学科与行业背景，主要从《中华人民共和国城乡规划法》《村庄和集镇规划建设管理条例》中寻找依据；二是考虑研究数据的可得性，从国务院于2008年7月批复的《统计上划分城乡的规定》，及其附录7《关于统计上划分城乡的规定（试行）》中寻找依据。

（1）《中华人民共和国城乡规划法》第二条明确规定，我国的城乡规划，"包括城镇体系规划、城市规划、镇规划、乡规划和村庄规划。"第十八条规定："乡规划、村庄规划的内容应当包括：规划区范围，住宅、道路、供水、排水、供电、垃圾收集、畜禽养殖场所等农村生产、生活服务设施、公益事业等各项建设的用地布局、建设要求，以及对耕地等自然资源和历史文化遗产保护、防灾减灾等的具体安排。乡规划还应当包括本行政区域内的村庄发展布局。"

（2）《村庄和集镇规划建设管理条例》第三条明确规定："本条例所称村庄，是指农村村民居住和从事各种生产的聚居点。本条例所称集镇，是指乡、民族乡人民政府所在地和经县经人民政府确认由集市发展而成的作为农村一定区域经济、文化和生活服务中心的非建制镇。"

以上规定，从城乡规划学科和行业的角度指明，在农村这个层面，法定的规划术语只有乡规划、村庄规划以及集镇规划。尽管乡与镇拥有相同层级的政府，但乡政府驻地为村庄或集镇。

（3）《统计上划分城乡的规定》第四条规定："城镇包括城区和镇区。城区是指在市辖区和不设区的市，区、市政府驻地的实际建设连接到的居民委员会和其他区域。镇区是指在城区以外的县人民政府驻地和其他镇，政府驻地的实际建设连接到的居民委员会和其他区域。与政府驻地的实际建设不连接，且常住人口在3000人以上的独立的工矿区、开发区、科研单位、大专院校等特殊区域及农场、林场的场部驻地视为镇区。"而对于乡村采用的是反向规定，也即第五条规定的"乡村是指本规定划定的城镇以外的区域。"

（4）《关于统计上划分城乡的规定（试行）》第八条明确"乡村是指本规定第六、七条款划定的城镇地区以外的其他地区。乡村包括集镇和农村。集镇是指乡、民族乡人民政府所在地和经县人民政府确认由集市发展而成的作为农村一定区域经济、文化和生活服务中心的非建制镇。农村指集镇以外的地区。"（表1-1）第九条进一步规定："凡地处本规定城镇地区以外的工矿区、开发区、旅游区、科研单位、大专院校等特殊地区，常住人口在3000人以上的，按镇划定；常住人口不足3000人，按乡村划定。"

统计意义上的乡村、农村比较 表1-1

代码	分类
100	城镇
110	城市
111	设区市的市区
112	不设区市的市区
120	镇
121	县及县以上人民政府所在建制镇的镇区
122	其他建制镇的镇区
200	乡村
210	集镇
220	农村

资料来源：《关于统计上划分城乡的规定（试行）》

（5）需要特别注意的是，《关于统计上划分城乡的规定（试行）》第六条："人口密度不足1500人/km²的，如果市辖区人民政府驻地的城区建设已延伸到周边建制镇（乡）的部分地域，其市区还应包括该建制镇（乡）的全部行政区域……市人民政府驻地的城区建设已延伸到周边建制镇（乡）的部分地域，其市区还应包括该建制镇（乡）的全部行政区域。"第七条规定："镇人民政府驻地的城区建设已延伸到周边村民委员会的驻地，其镇区还应包括该村民委员会的全部区域。"

从以上规定可以看出：

（1）《中华人民共和国城乡规划法》所指乡规划中的"乡"，与统计意义上的"乡村"是基本对应的。在实践中，乡规划侧重乡政府所在地的集镇规划，对于乡域只做粗线条的空间布局规划。

（2）《村庄和集镇规划建设管理条例》所指的"集镇"与统计意义上的"集镇"完全对应，既包括乡政府所在地集镇，也包括一般的非建制镇。

（3）《中华人民共和国城乡规划法》以及《村庄和集镇规划建设管理条例》所指的"村庄"与农村统计意义上的"农村"完全对应。

综上，除了前述对于农村概念内涵的分析理解，以及对我国农村特殊性的把握，进一步地由于《关于统计上划分城乡的规定（试行）》对于农村的定义而变得更加精细，并且相关统计数据易获得，所以，作为本书研究对象的农村，取《关于统计上划分城乡的规定（试行）》所规定的"农村"。而在城乡规划行业实践中，对应于农村，按照《中华人民共和国城乡规划法》使用"村庄规划"一词（图1-6）。

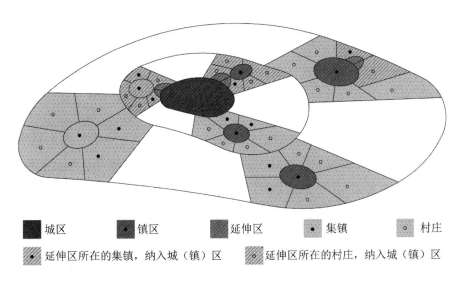

图例：
■ 城区　　● 镇区　　▨ 延伸区　　▨ 集镇　　▢ 村庄
▨ 延伸区所在的集镇，纳入城（镇）区　　▨ 延伸区所在的村庄，纳入城（镇）区

图1-6　乡村＝集镇＋村庄（农村）

资料来源：自绘

1.3.2 人居空间变迁

1. 人居空间与人居环境

人居空间是人居环境的下位概念。

吴良镛先生在《人居环境科学导论》一书中有这样的论述："人居环境，顾名思义是人类聚居生活的地方，是与人类生存活动密切相关的空间，它是人类在大自然中赖以生存的基地，是人类利用自然、改造自然的主要场所。按照对人类生存活动的功能作用和影响程度的高低，在空间上，人居环境又可以再分为生态绿地系统和人工建筑

系统两大部分。"这里，生态绿地系统主要是指自然环境，人工建筑系统也即人居空间。正是从这个意义上讲，人居空间在人居环境中具有其自身的地位。

类似观点还有："人居环境是指与乡村、集镇、城市等所有人类居住形式相关的自然环境与人文环境、物质环境与精神环境、历史环境与现实环境、政治环境与经济环境等的有机结合。"（党安荣 等，2000）其中自然环境和人文环境的分类法里，人文环境即人居空间。从这一解释中还可以看出人居环境的外延其实相当广泛。从某种意义上讲，它更多的是一种思维方式，要将其作为一个研究对象则难以聚焦。

后来学者在研究人居环境，特别是研究农村人居环境时，对此概念做了进一步的细化。一种比较全面的解释是："农村人居环境是农村居民生产劳动、生活居住、休闲娱乐和社会交往的空间场所，包括农村居民居住、生活和活动的自然环境、人文环境及人工环境，涉及农村居民生产生活的物质环境和非物质环境，其中住房条件、基础设施和聚落空间结构是衡量人居环境的重要指标。"（曾菊新，2014）

总结起来，主要有以下两方面的因素，使得本研究选择"人居空间"而非"人居环境"作为核心概念来反映本书所指的研究对象。

（1）人居环境中的"环境"一词外延非常广泛，包括田野、山地、林地、河流等在内的自然要素也都包含其中，其变迁的意涵更多的是一个地理过程，其归口的部门主体除了城乡建设系统，还有国土或者农林部门。而作为城乡规划学术研究，本书更偏重人工环境，即空间场所，包括住房、土地、基础设施等。

（2）人居环境的所指，既相对稳定又相对长期，尤其是边界范围相对固定；而人居空间是一个较短时期的概念，并且可以很具体地指代房屋建筑、道路设施等。此外，即使可以说"环境变迁"，学术上也很难接受"环境收缩"这一说法；而"空间"的概念，由于其天然的"几何维度"的特性，谈空间膨胀、空间收缩并无不妥。

但毕竟是作为人居环境的下位概念，研究人居空间不可能脱离人居环境这个系统，尤其是人居环境中的历史环境、政治环境、经济环境甚至精神环境，都是帮助理解人居空间的重要维度。

2. 人居空间与聚落

与"人居环境"和"人居空间"概念意思相近的另外两个词是"聚落"和"聚落环境"，它们是聚落地理学的研究对象。所谓聚落，是指人类聚居和生活的场所，分为城市聚落和乡村聚落。它既是人们居住、生活、休息和进行各种社会活动的场所，也是人们进行生产的场所。所谓聚落环境，是指人类有意识开发利用和改造自然而创造出来的生存环境。它不单是房屋建筑的集合体，还包括与居住直接有关的其他生活设施和生产设施（金其铭，1989）。可见，"聚落"和"聚落环境"的所指与本书中"人居空间"所指有相当程度的重合，这也体现了城乡规划学与地理学的交叉。但考虑到以下三方面，本书不选用聚落和聚落环境的概念：

（1）学科体系的归属。聚落是聚落地理学，再往上是人文地理学的概念；而人居空间是城乡规划学的概念。学科归属不同，其背后的研究目的、研究方法以及技术积累都有很大区别。本书是城乡规划学研究成果，故用人居空间而不用聚落或聚落环境。

（2）本研究特别关注人的活动及其空间载体，以及这两者之间的互动关系。人居空间一词相比聚落和聚落环境，能更好地表达这一意图。

（3）由于聚落分为城市聚落和乡村聚落，故而聚落一词的内涵，已经有前述农村一词与之相对应，故不宜再重复使用。

3．人居空间变迁

综上，本书所研究的（农村）人居空间，是指（农村）居民从事生产、生活的空间场所，具体包括住宅、道路、市政基础设施、公共服务设施以及养殖场、加工厂等用地及其房屋。人居空间这一概念范畴包含了3个要素。

（1）"人"，包括户籍人口、常住人口及暂住人口，也包括人口的数量规模、年龄结构、性别结构、文化结构等。

（2）"居"，一个居字，精练地概括了人的各种活动，并且也意涵了最主要的活动是"居住"。大的方面来讲它主要分为生产劳动、生活活动两部分，还包括教育培训、医疗保健、休闲娱乐、社会交往等。

（3）"空间"，即上述"人"及"人的各种活动"的载体。主要包括住房、土地和各类基础设施，同时也延伸到这些空间的权属和规则等隐性结构。

农村人居空间变迁，从直观的外在现象上讲，就是以上三大要素在农村内部以及在农村和农村以外地区之间的流动过程；其驱动机制则包括制度、政策、社会、资本、权力等在内的各种因素对三要素的作用力变化。

1.3.3　精明收缩

由于本书第二章将对"精明收缩"这一概念进行文献综述，并且作为全书的最终研究指向，在第八章还将建构精明收缩的人居空间发展框架，故此处只对该概念进行大致界定。

（1）精明收缩的中心词是收缩（Shrinkage）。在城乡规划学范畴内，它是人居空间变迁的一种方式；与此可以粗略类比的是城市蔓延、空间扩张、郊区化、空心化等空间变迁的具体模式。

（2）精明收缩的限定词是精明（Smart）。它暗含了在这种空间变迁的过程中存在着人为干预和价值判断，因而这种变迁不是空间的自然行为，不会自发产生。同时，精明还意涵着这种人为干预是谨慎的、实事求是的、经过通盘考虑和利弊权衡的，因而这种状态下的收缩具有正面的、积极的意义。

（3）精明收缩是一种针对特定情形的人居建设理念。对美好愿景的强烈向往、对宏伟蓝图的细心描绘是城乡规划专业的根本内在要求，也是其特有的表征。精明收缩作为一种理念，与田园城市、指状规划、生态城市、精明增长、海绵城市等规划史上众多的理念一样，本身也是一种理想状态，用以引导现状发展。正是这种理想状态的性质，决定了精明收缩是一种境界，可不断趋近，但没有止境。

1.4　研究目的和意义

1.4.1　研究目的

本研究基于问题导向，以针对现状问题的解释和面向未来发展的建构相结合。包括两方面的内容：①改革开放以来，随着农村劳动力向沿海地区以及大城市的大量转移，农村人居空间开始出现"无序蔓延"和"空心化"并存的局面，这带来了土地资源浪费和农村公共服务供给低效的问题。②政府在破解这一困局的时候，先后出台了"占补平衡""增减挂钩""迁村并点"等政策，但它们在缓解矛盾的同时又伴生了新的问题，如不当的撤村并点，农民感觉"被集中""被上楼"等。本书的研究目的正是为了回应这两方面的矛盾，研究中分成如下 3 个次目标渐次展开，以期最终能提出相应对策思路。

研究目标一，总体把握中国农村人居空间变迁的现实情景，回答农村人居空间变迁"是什么"的问题。该目标进一步又可分为农村人口变迁、农村空间变迁、农村人居空间变迁各自"是什么"3 个分目标。

研究目标二，对农村人居空间变迁进行理论解释，回答"为什么"的问题，即要回答是哪些要素，通过什么机制，对三要素的作用力产生了怎样的变化，最终导致农村人居空间变迁。

研究目标三，建构农村人居空间"精明收缩"发展理念和运作框架，即回答"怎么办"的问题。严格来讲，作为对策或政策建议，规划是对今后一段时期各项发展的预先安排，这决定了对策在制定之时是很难判定真伪的。同理，精明收缩作为针对农村人居空间发展困局的对策，也很难仅从理论上来推导；在一定的理论指导下，必须结合实践经验而加以归纳和演绎。因而在提出对策、建构框架之前，还应基于经验研究，总结既有的农村人居建设实践的经验教训，再与前置的理论研究成果相结合，做出理性归纳并探讨对策思路。

1.4.2　研究意义

改革开放以来，我国社会经济各项事业发展都取得了长足进步，工业化程度和城市化水平逐年提高。与此同时，中央对农村发展同样保持高度重视，早在 20 世纪 80 年代便连续 5 年发布以"农业、农村和农民"为主题的中央一号文件。进入 21 世纪后，从 2004 年至今，连续 15 年的中央一号文件都是以"三农"为主题。即便是在城市化率超过 50% 的今天，"三农"工作依然是各项工作的"重中之重"（胡锦涛，2012；习近平，2015）。

继"新型城镇化""城乡统筹"等发展理念之后，2017 年国家提出了"乡村振兴"发展战略，从政策层面强调了城市与乡村的共荣共生，以及农业生产、农民生活与乡村聚落的协同发展（郭炎等，2018）。乡村振兴战略在理论上契合了我国城镇化增速放缓的现实情景，以及向发达国家转型的内在诉求，在经验上也基本依循了英法德日韩等发达国家在工业化和城镇化后期着力发展农业农村的一般路径。然而相较欧美，我国乡村发展程度的区域差异更大；相较日韩，地域范围跨度更广。因此，2018 年出台的《乡村振兴战略规划》提出了"分类推进乡村振兴，不搞一刀切"的总诉求。在此背景下，本书希望通过进一步认识我国农村人居空间变迁的客观规律，为指导乡村振兴提供城乡规划新视角。具体而言，该研究具有深化理论认识和指导具体实践两方面的意义。

（1）本研究对我国农村人居空间变迁"是什么"和"为什么"两方面问题的回答，具有理论意义。前者主要体现在通过对研究对象的细分、统计数据概括、抽象模型建构以及田野补充调查，获得对农村人居空间变迁的规律性认识。后者主要体现在通过对解释框架的建构，对研究对象各部分及其加总，分别运用不同的理论工具进行解释，使对农村人居空间变迁的认识更加闭合而完整。

（2）本研究对我国农村人居空间变迁"怎么办"的回答，具有实践指导意义。基于前面理论部分对"是什么"和"为什么"的回答，以及相关农村人居建设的实践经验总结，全书最后提出农村人居空间的精明收缩发展框架，包括精明收缩的目标体系、门槛条件、阶段划分、措施手段等，希冀能对指导农村人居空间建设具有实际意义。

1.5　研究内容和技术路线

本书研究内容和逻辑过程反映在各章节安排之中。

第 1 章是绪论，主要介绍研究背景，提出论题，界定核心研究概念，明确研究目的和研究意义，提出研究的技术路线图。

第 2 章是文献综述。该部分主要围绕研究题目中"农村人居空间变迁"和"精明收缩"这两大主题进行国内外相关研究综述。

第 3 章重点考察改革开放以来我国农村人居空间变迁的现实情景，回答农村人居空间变迁"是什么"的问题。研究逻辑是先各自单独研究农村人口变迁和农村空间变迁：前者包括农村人口的时序变迁、空间变迁和结构变迁等，后者包括城乡体系的数量变迁、农村生活空间变迁、生产空间变迁以及农村公共服务设施变迁等。然后再通过建构"农村人居空间变迁模型"将两者进行统一研究，主要是用该模型对全国和分省农村人居空间变迁进行模拟，并通过田野调查进行验证。该部分提出：人居空间变迁具有膨胀、蔓延、稀释、萎缩、收缩、紧缩六种状态，而我国农村人居空间变迁正处在由稀释向萎缩推进，并且局部地区已经进入收缩状态。

第4章主要对农村人居空间变迁进行理论解释，回答农村人居空间"为什么"的问题。研究逻辑同样是按照人口变迁和空间变迁的划分，分别从人的因素和物的因素这两方面建立解释框架。其中影响农村人居空间变迁的人的因素主要从制度、产业和经济3个角度展开；而物的因素则是通过对"空间惯性"的概念建构，单纯从空间角度展开。

第5章主要是对当前农村人居空间发展困境的梳理和总结，包括空间"萎缩"和"稀释"、公共设施供给低效、农村社区缺乏活力，以及部分农村地区人居条件极端恶劣等。基于主观能动性、规模效应、集聚效应等原理初步提出精明收缩的应对策略。本章初步回答了农村人居空间发展"应该怎么办"这一问题。

第6章对具有"收缩"特征的成都农村人居空间变迁进行了案例研究。主要是通过统计分析和实地调研，总结2003年以来的成都农村人居建设的4个阶段及其各自特征，特别是对从2013年开展至今的"小组微生"模式进行了详细总结。这为后文建构农村精明收缩理论框架提供了地方实践的经验启示。

在前述各章研究基础上，第7、8、9章依次论述了农村人居空间精明收缩的概念、规划框架和运作策略，并由此初步建立起了农村精明收缩的应用框架。这3章一起回答了农村人居空间"怎么办"的问题。

第10章是结论。主要对全书研究逻辑和核心观点进行总结，并指出主要的理论创新点，以及进一步研究的可能方向。

研究技术路线如图1-7所示。

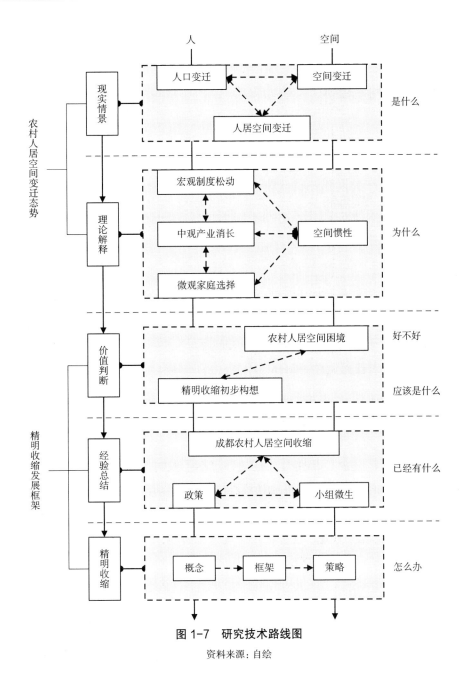

图 1-7 研究技术路线图

资料来源: 自绘

第2章 文献综述

围绕研究问题，本章主要从农村人居空间和农村精明收缩两个方向做文献综述。对于前者，又分为从经济学、社会学、地理学三个方面展开的经典理论综述和其他一般研究综述。对于后者，鉴于农村人居空间的特定语境，又引入了精明增长、收缩城市等理论作为对比而做相关综述。

2.1 农村人居空间相关的经典理论综述

农村人居空间是一个复合性概念范畴，包括了农村人口、活动、空间等三大主要内涵。对这三者之间的关系理解，其核心主线是经济活动变化引致人口结构变化，最终导致空间的变化；而反向的作用则为副线。所以，该节的文献综述选择经济学、社会学、地理学中的相关理论，也正是呼应这三大内涵，以及其内在关系。与本书2.2节的一般研究综述相比，经典理论综述更具普适性。

2.1.1 经济学相关理论

1. 地租理论

地租是经济学的一个重要概念，不同时期不同经济学家提出了不同认识。英国重商主义学派的代表人物威廉·配第（William Petty）最早提出地租是劳动产品扣除生产投入和劳动者维持生活必需后的余额，地租的实质是剩余劳动的产物。法国重农学派代表人物杜尔哥（Anne-Robert-Jacques Turgot）则指出，这种剩余的产生是由于农业中存在着一种特殊的自然生产力，是拜自然所恩赐。古典政治经济学的创始人亚当·斯密（Adam Smith）在《国富论》中系统地研究了地租，指出其是使用土地的代价，是为使用土地而支付给地主的价格，其来源是工人的无偿劳动。古典经济学家大卫·李嘉图（David Ricardo）运用劳动价值论研究了地租，他认为地租的产生是由于土地的占有，其价值等于农业经营者从利润中扣除并付给土地所有者的部分。现代经济学权威保罗·萨缪尔森（Paul Anthony Samuelson）认为，由于土地供给数量是固定的，因而地租大小取决于土地需求者的竞争。

马克思批判继承了古典地租理论，并在李嘉图地租理论基础上建立了马克思主义的地租理论。其主要内容包括，地租是直接生产者在生产中所创造的剩余生产物被土地所有者占有的部分，是土地所有权在经济上的实现形式，是社会生产关系的反映。根据地租产生的原因和条件，马克思进一步把地租分为绝对地租和级差地租。所谓绝对地租是指，由于土地私有权的存在，任何的土地使用都必须缴纳的地租，它是农产品价值超过社会生产价格的那部分超额利润，即土地所有者凭借垄断土地私有权所取得的地租。对于土地所有者而言，无论其土地是优等地还是劣等地，总要赚取一定的地租；否则，宁愿将土地闲置，也不会让其无偿使用。级差地租是由经营较优土地的农业资本家所获取，并最终归土地所有者占有的超额利润。级差地租来源于农业工人创造的剩余价值，经由农业资本家转移到土地所有者。根据级差地租形成条件不同，马克思将级差地租又分为两种形式：级差地租第一形态（级差地租Ⅰ）和第二形态（级差地租Ⅱ）。其中级差地租Ⅰ是指由农业工人因利用土地的肥沃条件和位置条件创造的超额利润转化而来的地租。级差地租Ⅱ是指通过对同一地块连续追加投资，由每次投资的生产率不同而产生的超额利润转化而来的地租。

地租理论中的绝对地租是我国城市实行土地有偿使用制度和有限期使用制度的理论基础。对于我国农村目前正在推行的土地制度改革，尤其是在坚持农村土地集体所有的基础上，承包权和经营权的进一步确立和划分，地租理论也有重要的指导作用。

2. 二元经济结构理论

二元经济结构理论是英国经济学家刘易斯（W. A. Lewis）在 1954 年首先提出的。刘易斯认为，与发达国家的经济发展条件不同，发展中国家更类似于发达国家工业化初期阶段，因此研究发展中国家的经济发展时使用古典经济范式更合适。基于这一认识，刘易斯在其名著《劳动无限供给条件下的经济发展》中提出了著名的劳动力无限供给条件下的两部门模型。该模型的假设条件是：①在发展中国家同时存在着传统农业部门和现代工业部门；②农业部门边际劳动生产率为零，并因此存在大量剩余劳动力，他们的工资只能维持最低生存标准；③劳动力可以在传统农业部门和现代工业部门之间自由流动，因此现代工业部门的工资水平也只是略高于农业部门的生存工资。在这 3 个假设条件下，刘易斯认为发展中国家的经济发展包括两个阶段。第一阶段是劳动力的无限供给阶段。只要存在高于传统农业部门的工资水平，农村的剩余劳动力就会向城市现代工业部门转移。即便现代工业部门不断扩大生产，也仍然可以按不变工资水平吸收所需要的劳动力。在这个意义上，第一阶段也被称为劳动力的无限供给阶段。第二阶段是从传统农业部门中边际劳动生产率为零的剩余劳动力转移完毕开始的，这一转折点也被称为刘易斯拐点。在这一阶段，所有生产要素包括劳动力在内都是稀缺资源，是市场竞争的，所以劳动力工资也不再仅仅停留在维持生存水平，而是由劳动边际生产率决定。因此第二阶段又被称为劳动力的有限供给阶段。与第一阶段适合古典经济学理论相对应，劳动力有限供给的第二阶段适合用新古典经济学理论解释。

1961 年，美国经济学家费景汉（John C. H. Fei）和古斯塔夫·拉尼斯（Gustav Ranis）通过重新界定剩余劳动力的概念，对刘易斯模型进行了改进。费景汉和拉尼斯认为，农业剩余劳动力除了包括边际劳动生产率为零的部分，还应该包括大于零而小于城市不变制度工资部分。在新的界定条件下，二元经济结构转化就不再是刘易斯的两阶段，而是需要 3 个阶段。第一阶段仍然是农村边际劳动生产率为零的剩余劳动力转移，不再赘述。第二阶段是边际劳动生产率大于零而小于城市不变制度工资的农业劳动力转移。费景汉和拉尼斯认为，在第二阶段中，随着边际劳动生产率大于零的这部分劳动力的转移，在没有技术增长的条件下，必然会引起农业总产量的下降。因此他们把第二阶段的起点又称为"短缺点"，表示农产品开始短缺。而农产品的短缺又会影响工业部门扩张，进而影响经济发展，由此他们给出的对策是通过发展农机技术，提高农业劳动生产率。第三阶段是边际劳动生产率大于城市不变制度工资的农业劳动力的转移。与刘易斯模型第二阶段相同，此阶段劳动力已成为稀缺资源，农业部门与工业部门一样实现了商品化，并从传统部门转变为现代部门，二元经济结构转变成统一的一元经济结构。与"短缺点"相对应，费景汉和拉尼斯把第三阶段的起点称为"商业化点"。

二元经济结构理论的进一步发展是美国经济学家托达罗（Michael P. Todaro）于 1969 年创立的托达罗模型。该模型的背景是 20 世纪 60 年代，随着经济发展和技术进步，发展中国家开始同时面临严峻的就业结构问题。一方面城市中失业人数越来越多，另一方面更多的农民还在不断离开农村进入城市。这一现象是刘易斯模型和费景汉 - 拉尼斯模型难以解释的。托达罗模型有 3 个假设条件。①农村人口转移与城市就业机会成正相关。②农村劳动力在决定是否向城市迁移时，其所依据的是自身对城市就业机会的了解，由于信息的不对称，农民进城找工作具有一定的盲目性。③农村剩余劳动力进城就业又分为两个阶段：前一阶段是进入不需要特殊技能的传统行业，即非熟练工；后一阶段则是从城市传统部门出来进入现代部门。托达罗模型的核心思想是农村剩余劳动力向城市的转移，不是由实际收入差距造成，而是由预期收入与他们在农村的实际收入差距所决定。因此，就业概率是托达罗模型对传统模型的最大修正和最大特点。而由此产生的就业概率随预期收入和实际收入发生变化，使得进城农民会继续做出是留在城市还是返回农村的决定，这对中国当下农民工返乡潮具有很强的解释力。

3. 经济增长理论

1）现代经济增长理论

现代经济增长理论分为 3 个阶段。首先是基于凯恩斯框架的哈罗德 - 多马模型（Harrod-Domar model）。该模型主要从需求方面解释经济增长，假定生产技术固定不变，把经济增长的解释变量限定为资本积累和人口增长（安虎森，2008）。"经济的自然增长率外生地决定于劳动力供给的增加，而有保证的经济增长率取决于家庭和厂商的储蓄和投资习惯"（Solow，1956），因而经济增长本质上是不稳定的。

作为对哈罗德 - 多马模型的改进，由美国经济学家罗伯特·索洛（Robert Merton Solow）和英国经济学家斯旺（Swan）创立的新古典增长理论，主要从供给方面分析经济增长。该理论认为，在技术保持不变的条件下，资本积累的边际产出递减，单独提高两种生产要素中的一种，产出的提高会越来越少；规模报酬不变，如果资本和劳动增加一倍，产量也增加一倍。由此，如果不存在外生的技术变化，经济就会收敛于一个人均水平不变的稳定状态，除非有正的人口增长率或外生的技术变化，经济体就会陷入零增长（庄子银，1998），并且在长期的经济增长中，资本、技术、劳动力有差异的经济体会最终趋同。

新古典增长理论因其对经济增长的解释只能归于外生的随机偶然的技术变化，故又被称为外生增长理论。与之相对的新增长理论"赋予了技术一个完全内生化的解释，技术不再是外生的、人类无法控制的东西，它是人类出于自利而进行投资的产物……源于厂商利润极大化的投资决策的努力"（庄子银，1998）。新增长理论的代表人物是美国经济学家保罗·罗默（Paul Romer），其在理论上的重大突破即是把技术内生化，使得边际产出递增能够成立。

2）"增长极"理论

传统的经济增长理论没有考虑空间距离因素，经济活动只是一些抽象的点，而区域经济学派，又称经济地理学派，开始把地理空间因素纳入研究框架。影响最早的当属增长极理论，它是由法国经济学家弗郎索瓦·佩鲁（Francois Perroux）于 20 世纪 50 年代提出来的。其主要观点是，经济活动是处在类似磁场的空间中，而助推这些经济活动的力量正是磁场中的磁极，也就是所谓的增长极。一般而言，增长极是区域中起主导地位的工业部门及其联合产业，这些产业不仅自身具有快速增长能力，它们还能通过乘数效应推动其他部门增长。由于这些部门不是出现在所有地方，而是以不同强度分布在一些增长点或增长极上，并通过不同的渠道向外扩散，类似物理学中磁场的运动规律，因此把这种经济现象称为增长极。

3）非均衡增长理论

瑞典经济学家缪尔达尔（Karl Gunnar Myrdal）和美国经济学家郝希曼（A. O.

Hirshman）在 20 世纪 50 年代末分别独立提出了"循环累积因果论"和"极化 - 涓滴学说"，被称为非均衡增长理论，是增长理论的又一改进。缪尔达尔与郝希曼的学术有很多相似之处，两者都认为经济发展在空间上不是同时发生和均匀扩散的。即便两个区域所有初始条件完全一样，"但当至少一个工人从南部迁移到北部时，这种初始的对称状况将遭到破坏"（安虎森，2008），并最终在循环因果累积的非均衡力作用下，形成发达的北部地区和落后的南部地区。两大区域进一步的发展，缪尔达尔认为受到回流效应和扩散效应两大作用：前者是指受收益差异吸引，生产要素将从落后地区向发达地区集聚，造成区域差距不断扩大；后者是指受市场机制作用，生产要素又从发达地区向落后地区扩散，使得区域差距不断缩小。与缪尔达尔提出回流效应和扩散效应相对应的是郝希曼独立提出的极化效应和涓滴效应。二者差别在于：前者认为回流效应总是大于扩散效应，因此地区差距会不断扩大；而后者相信通过政府的干预会使涓滴效应大于极化效应，区域差距会不断缩小。

4）"中心 - 外围"理论

20 世纪 60 年代，美国学者约翰·弗里德曼（John Friedmann）通过对发展中国家空间发展的长期研究，提出了著名的"核心 - 外围"理论，是理解和分析发展中国家空间活动的重要理论工具。弗里德曼主要是受约瑟夫·熊彼特（Joseph Alois Schumpeter）创新理论的影响并将其扩展到地理空间领域。他认为，空间发展可以看作是由最初位于中心位置上的创新群通过不断触发和扩散到整个外围区域并最终形成区域性创新系统的非连续积累过程。在这过程中，大城市由于其资本、劳动力和技术集中，以及规模报酬和外部性优势，是最具备创新条件的空间节点。因此，创新活动主要也就从大城市开始逐渐向外围周边地区进行扩散。

弗里德曼认为，经济活动的扩散是一个不连续但是逐渐累积的创新过程（安虎森，2008）。这里的创新既包括技术创新，也包括组织形式等方面的制度创新。创新不会在区域内普遍同时发生，而是首先发生在少数的"中心"，然后再由中心由内及外、由上至下地向区域内其他具有创新潜能的"外围"地区扩散，从而形成"中心 - 外围"空间系统。在这个"中心 - 外围"空间体系中，中心区处于支配性的统治地位，而外围区则是依附中心区而处于从属地位。中心区对外围区的作用，主要是通过支配效应、信息效应、心理效应、现代化效应、链锁效应和生产效应等 6 种机制来表达和实现。

弗里德曼还提出，由于市场、资源、技术和环境等区域差异的客观存在，任何国家的区域空间系统都会包含中心和外围两个子空间系统。当集聚在中心进一步累积时，往往会形成经济上的竞争优势，并逐渐发展为区域经济中心，即发达地区；而那些外围地区由于没有获得竞争优势，并且缺乏自主性，逐渐成为落后地区，最终形成具有二元特征的空间结构，并随着时间推移不断强化。但是，"中心 - 外围"理论也不否认二元结构会发生变化。包括政府作用、人口流动、市场扩大、交通改善等在内的作用以及城镇化的加快，中心 - 外围的二元结构会逐步消失，最终实现空间经济的一体化发展。但就总的趋势而言，弗里德曼认为区域经济发展不平衡是主要的，中心区的经济增长速度会超过中心区与外围区差距缩小的程度，从而使中心区与外围区差距不断扩大。

2.1.2　社会学相关理论

1. 人口"推 - 拉"理论

"推 - 拉"理论最早见于英国社会学家雷文斯坦（E. G. Ravenstein）于 1885 年提出的人口迁移法则。该理论通过分析英格兰和威尔士 1881 年人口普查资料，提出人口迁移的原因主要包括受压迫、受歧视、气候不佳、生活条件恶劣等因素，而其中经济负担沉重又占主导地位。因此，人们迁移的主要动机也就是改善生产和生活条件。系统的人口迁移"推 - 拉"理论则是到 20 世纪 50 年代末，由美国学者唐纳德·博格（D. J. Bogue）正式提出。他认为，从运动学的角度看，是两个不同方向的力量导致了人口迁移：其一是促使人口迁移的力量，其二是阻碍人口迁移的力量。对于迁出地（一般指农村），存在一种起主导作用的"推力"把农村居民推出原居住地，产生这种推力的因素有自然灾害、资源枯竭、农业成本增加、农村劳动力过剩或低收入水平等；与此同时，在迁出地还存在一种挽留人口的"拉力"，如熟悉的生长环境、家人亲朋等传统社会关系等。但两者的合力仍然表现为向外的"推力"。对于迁入地（一般指城市），起主导作用的则是把外地人口吸引过来的"拉力"，产生这种"拉力"的因素主要有较高的工资收入、较多的工作机会、较好的市政与公共服务（包括道路、交通、医疗、教育等）；同理，迁入地也存在阻碍人口迁入的"推力"，如家庭分隔、竞争激烈、社会关系陌生，但就迁入地而言，总的作用仍然是向内的"拉力"。

博格还提出了迁移选择性（migration selectivity）的概念，是迁移者区别于未迁移者的特征，通常用人口学特征表示，如年龄、性别、文化程度等，反映在总人口中，是哪部分人群更倾向于迁移。博格指出，对于农村居民而言，农村向外的"推力"造成的迁移选择性小，而城市向内的"拉力"带来的迁移选择性更大。在极端情况下，如果没有城市的"拉力"而仅仅是农村"推力"作用，迁移人群差异最小，即迁移选择性最小。

2. 差序格局理论

某种意义上讲，农村人居空间也是农村社会关系的空间投影，对中国农村的社会学研究也是本研究的重要参考。

我国社会学奠基人之一，著名社会学家费孝通先生通过对 20 世纪 30 年代中国多地农村的田野考察，在 1947 年出版的《乡土中国》一书中提出了"差序格局"的概念，主要说明中国农村社会关系特征。对于这一概念的阐释，费孝通先生没有做理论的推导和概括，而是通过与西方社会做对比，采用了一种比喻式的文本描述。在费先生眼里，"西洋的社会有些像我们在田里捆柴，几根稻草束成一把，几把束成一捆，几捆束成一挑。每一根柴在整个挑里都是属于一定的捆、扎、把。每一根柴也可以找到同把、同扎、同捆的柴，分扎得清楚不会乱的。在社会，这些单位就是团体……我们不妨称之为团体格局"。与西方社会团体格局相对应，"我们的社会结构本身和西洋的格局不相同的，我们的格局不是一捆一捆扎清楚的柴，而是好像把一块石头丢在水面上所发生的一圈圈推出去的波纹。每个人都是他社会影响所推出去的圈子的中心。被圈子的波纹所推及的就发生联系。每个人在某一时间某一地点所动用的圈子是不一定相同的"。

在差序格局理论框架中，中国传统乡土社会是以小农经济为基础的熟人社会，包含了血缘、亲缘和地缘的内容，因而也是礼治社会；与之相对的是，西方社会或者我国现代城市社会，是以业缘为纽带的法治社会。尽管随着我国改革开放的推进，城市生活方式在不断向农村扩张，城乡差距日益交融而模糊，但整体来讲，差序格局依然反映了我国农村地区的基本社会关系和社会面貌。

3. 基层市场共同体假说

20世纪60、70年代，美国社会学家、人类学家施坚雅（G. William Skinner）通过对四川成都平原的农村集市展开研究，提出了一套新的关于农村社会结构的理论体系。在这之前的观点一般认为，中国农村社会是一个自给自足的小农经济社会，因而农村社会的结构也仅仅是局限在单个自然村落的范围里。但在施坚雅看来，中国农村社会的范围应该是农民们周期性赶集的农村集市范围。由此施坚雅提出了中国农村基层市场共同体假说。

假说的主要内容是确定基层市场覆盖范围及其与村落的关系。这里，施坚雅参考了德国地理学家克里斯塔勒（Walter Christaller）的中心地理论和美国地理学家齐普夫（George K. Zipf）的位序 - 规模法则。施坚雅的推导过程是：首先，在一片空白的纯粹理想区域中，从几何学的角度看，要做到农村基层市场单元的全部覆盖，就只有正方形、正三角形和正六边形；其次，按照任意相邻两个市场单元距离要相等的原则，可以排除正方形和三角形，而只剩正六边形一种。这也就像大量的气泡要在空间中充满，其结果是互相挤压最终形成正六边形的蜂窝状。施坚雅进一步地推论，在这个由正六边形组成的空间体系中，按照每个市场单元对应相同距离村庄的原则进行几何划分，可以形成一个市场单元分别对应6、18、36个等不同的比例关系。虽然施坚雅的这一推论是建立在纯粹抽象的几何关系基础上，但在其所研究的广东省村庄与市场个数比例中等到了很好的验证，后者的比例为19.6∶1。之后还有学者调研了四川、浙江等地的农村社会，基本上当地一个农村市场覆盖的村落也大多在17～21个，与施坚雅的模型有很好的契合。

施坚雅的基层市场共同体分为标准市场、中间市场和中心市场三级。标准市场又叫基层市场，它是农产品和手工业产品向上流动进入市场体系的起点，也是外部商品向下流动供农民直接消费的终点。中心市场在流通网络中则处于战略性地位，一方面接受城市商品的输入并向农村分散下去，另一方面又收集农村产品向其他中心市场或城市输出。中间市场处于商品和劳务上下流动的中间位置。施坚雅对这 3 种类型的市场，又分别命名为标准集镇、中间集镇和中心集镇。

施坚雅这种从几何空间划分入手，继而通过市场维度剖析中国农村社会体系的研究被誉为施坚雅范式。无论是直接的市场村落数量关系，还是市场等级划分，施坚雅范式对于认识当今中国农村社会仍然有重要的参考价值。

2.1.3　地理学相关理论

1. 区位论

区位论是关于经济活动的地理分布及其成因的理论。概念不难理解，区位论具有跨经济学与地理学的交叉学科的性质。按照区位选择的目的是最大限度降低运输成本还是实现利润最大化，区位论一般又分为古典区位论和新古典区位论。

古典区位论的开山之人是德国农业经济学家杜能（Johan Heinrich von Thunnen）。他在 1826 年完成的著作《孤立国同农业和国民经济的关系》中提出了农业区位论，其核心内容是以农业消费市场为中心，由距离远近带来的运费差距决定了不同地方农作物生产的纯收益。换句话说，在杜能的理想模型中，农产品纯收益是市场距离的函数。杜能还计算了当时农作物生产布局的分界线，包含 6 个同心圆状的农业圈，即经典的杜能圈。

德国经济学家阿尔弗雷德·韦伯（Alfred Weber）的贡献是工业区位论。韦伯的区位模型假设不是市场单中心，除了运输距离以外，还有货物重量、劳动力供给等因素。在这三者的影响下，厂商到各个市场中心总成本最小的位置就是厂商最优区位。

与古典区位论不同，新古典区位论认为最优区位的标准不是生产成本最小化，而是利润最大化。克里斯塔勒的中心地理论是新古典区位论的代表。所谓中心地，是指生产各种商品和服务以供周围地区居民消费的地方。克里斯塔勒发现，一定地域范围内的中心地受市场、交通和行政 3 个因素影响，在职能、规模和空间分布上具有一定规律，并最终形成城镇体系。中心地理论将传统区位论对厂商的关注拓展到对城镇体系的研究，被认为是现代地理学和城乡规划学的重要理论基础。

总体来看，理解区位论可以对应社会发展的不同阶段及其主导产业。农业区位论（1826 年）的提出是在农业社会背景下，当时的主导产业是农业，农产品市场是最主要的市场。工业区位论（1909 年）则是诞生在德国工业化时期，工业是主导产业。中心地理论（1933 年）提出时，西方国家已经经过了第一次资本主义危机和生产过剩，而管理和服务却变得稀缺，因此解决服务业问题的城镇体系也就成了中心地理论的主要内容。在这个意义上，区位论也可看作在不同社会发展阶段，以空间距离为核心变量的社会稀缺产品的最优空间分布问题。

2. 齐普夫法则

地理学对经济活动空间分布的解释，除了以中心地理论为代表的等级规模分布，还有以齐普夫法则为代表的位序规模分布。

美国哈佛大学教授齐普夫是语言学家，他在 20 世纪 40 年代对英文文献中单词出现的频次进行大量统计研究后发现，单词出现的频次与频次按从高到低的排序两者乘积为常数，这一发现被后人称为齐普夫法则，并在地理学中得到应用。它的主要内容及数学表达式为，在一个城镇体系中，按人口规模大小排序为 r 的城市，其人口规模为 P_r，那么存在 $P_r=k/r^q$，其中 k、q 为常数。齐普夫法则的优点在于它以一个简明的数学表达式反映了一个规模分布规律；其不足之处在于，这种从语言学借鉴而来的，以统计学为基础的理论，在解释实际地理问题时会有很大出入。

等级规模分布和位序规模分布是解释区域空间分布的两大基础流派，如果说前者表示了一种突变状分布，即城镇体系是一种不同人口数量级的阶梯状聚类；那么后者就代表了一种渐变状分布，城镇规模是呈金字塔状连续变化的。但是，尽管在解释实际状况时会有较大出入，但齐普夫法则仍然是理解农村人居空间中镇村体系结构的重要参考。

3. Desakota 模型

Desakota 是两个印尼词语的组合，被引入人文地理学用于描述大城市周边城市和农村混合共存的区域。它由加拿大不列颠哥伦比亚大学麦吉教授（Terry McGee）于 1990 年在其著作《亚洲 Desakoda 的出现：一种假说的拓展》中提出。麦吉通过比较欧美发达国家以及其他地区发展中国家城市化道路异同后提出，包括中国在内的东南亚国家和地区，如中国大陆及台湾地区、印度、印尼爪哇地区、泰国等的城市化道路有其特殊形式，即在实现工业化的进程中，通过城乡兼业及在城市和农村以外的乡镇工业吸收大量就业人口从而带动大城市外围地区的快速发展和城镇化，最终形成了"城市与乡村界限日渐模糊，农业活动与非农业活动紧密联系，城市用地与乡村用地相互混杂的结构"。这种特殊的空间形态既非城市，也非农村，但又同时表现出城乡两方面的特点，因此被学者称之为"灰色区域"，即麦吉所提的Desakota（图 2-1）。

根据麦吉教授的描述，Desakota 区域主要有如下主要特征：①人口密集，农业以分散分户经营为主，主要农作物为水稻。与欧美大都市之间是人口密度较低的空白地区不同，亚洲 Desakota 区域以水稻种植为主要的农业活动，这一方面需要大量的农业劳动力，另一方面由于水稻种植的季节性，在农闲时期大量劳动力会寻找

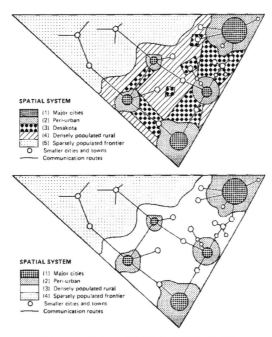

图 2-1　欧美、东亚城乡空间模式对比

资料来源：T.G. McGee，*The emergence of Desakota regions in Asia：Expanding a hypothesis*，1991

非农就业机会从而转为非农劳动力，这是城乡混杂的空间结构的基础。② Desakota 的形成主要包括两方面的作用，一是中心城市的工业外扩，二是乡村地区非农产业发展。相较而言，欧美国家大都市外围区域主要是单纯的居民外迁。③西方大都市外围区域一般是环境优美的居住或休憩用地，但在 Desakota 则是各种土地利用混杂，这一方面有利于农产品加工，发展当地的非农产业，另一方面也造成环境污染。④ Desakota 既不是城市部门的日常管辖范围，又不受传统乡规民约约束，因此在管理上，也是一种非正式（informal sector）状态，并由此成为一种"灰色区域"。

　　Desakota 模型很好地总结了 20 世纪 80、90 年代东南亚国家的大城市外围区域的空间发展特点。但至少就我国而言，自 20 世纪 90 年代以来，随着相关制度的松动，农民工大量涌入城市而不再仅仅停留在乡镇企业；同时规范化的工业园区也开始普遍建立，使得 20 世纪 80 年代在城市外围以乡镇工业为主要内容的空间发展模式不再成为主流。

2.2　农村人居空间相关的一般研究综述

2.2.1　国外农村人居空间变迁研究

　　达菲（Duffy，1969）研究了 20 世纪 60—80 年代爱尔兰农村人居空间的变迁。研究指出，在这 20 年中，由于战后人口数量的恢复和稳定，农村人居空间组织方式发生了巨大变化，经典的农村分散布局模式发生了潜移默化的改变。传统的农村聚落空间安排主要是围绕农业生产活动进行，即房屋建筑大多围绕农场布局。而到了20世纪80年代，由于人口数量的增长和稳定、财富的积累和流动，尤其是农村居民的职业构成发生变化，导致在传统农村人居环境下出现大量新的非农元素。与传统人居空间不同，新的农村聚落空间生长表现出一种带状、线形的模式，新建房屋以及聚落组团空间的形式越来越向城镇附近的交通主干道沿线集聚，而偏远地区农村要么停滞不前，要么萎缩空心。这反映了一种"城市导向主义"。这与班农（Bannon，1982）对这段时期城市发展的概括可以说是异曲同工，"越来越多的人工作在市中心，而居住在城市意义上的新农村"。由此也可看出在爱尔兰，经济学意义上的城市化对农村人居空间变迁产生了巨大的影响。

科瓦廖夫（Kovalev，1972）回顾了苏联在大革命前期、革命后期、社会主义农业重组时期、二战后、20世纪70年代等不同时期的农村聚落变迁及其主要特征（表2-1）。首先农村人口占全国总人口比重从1926年的82%下降到1940年的67%，再降到1950年的61%，1959年的52%以及1970年的44%。这其中，直接从事农业生产的农村居民比重也在不断下降，而从事其他形式生产的农村居民比重在持续上升。其次是农村居民点的规模构成在不断变化。按照小于100人、大于100人小于1000人、大于1000人的标准，将农村居民点分成小、中、大三种类型，则三类农村居民点构成演变的突出表现为：大型居民点数量到第二次世界大战时期迅速减少，第二次世界大战后到20世纪70年代又快速恢复并超过20世纪20年代水平。人口占比同样也是大型居民点恢复快于中小型。总体来讲，苏联在农村经济生活中的转变导致了农村聚落形态的显著变化，无论形状还是尺寸都呈现出了相当大的区域差异。在乡村聚落向大型化集中的过程中，随着规模不断扩大，大型农村聚居点的公共服务设施水平也相应提高，而这一切又都是建立在现代工业快速发展基础上的。

苏联不同时期农村居民点数量占比与人口数量占比　　　　　　　　　　表2-1

	1926年		1959年		1970年	
	居民点数量占比	人口数量占比	居民点数量占比	人口数量占比	居民点数量占比	人口数量占比
小型农村居民点（< 100人）	61.2%	10.7%	71.1%	10.1%	62.3%	7.1%
中型农村居民点（100 ~ 1000人）	35.0%	49.3%	26.0%	53.0%	32.7%	49.1%
大型农村居民点（> 1000人）	3.8%	40.0%	2.9%	36.9%	5.0%	43.8%

资料来源：根据 S. A. Kovalev, *Transformation of rural settlements in the Soviet Union* 总结

威廉姆斯（Williams，1977）以南澳大利亚默里马利（Murray Mallee）地区农

村为例，研究了空间规划在 20 世纪初和第二次世界大战后的区别，而这一区别主要又是基于农村聚居模式的变化。20 世纪初，当地农村的聚居模式是以年复一年的谷物种植和养羊这种简单农业生产模式为基础的；因此相应的空间规划只需保证每户农民距离铁路以及至少一个小型集贸市场不超过 16km。然而这样一个简单的规划体系在战后发生了改变，主要是 1954—1971 年间当地贸易体系的变化，以及机械化的推广和普及。此外还有农民个人流动性的增强以及对乡村人居环境提出更高要求，学校体系的重新组织，政府收购粮食与农民专业合作社的脱钩等。所有这些因素使得规划的注意力被吸引到更多地关注未来的某种发展趋势，尤其是某些功能的关键区位的选址；而对于农村人居空间规划，只是需要提供简单的基本服务设施。

荒木仁志（ARAKI，1991）以广岛市和岩美町为案例，从城乡关系的角度对比研究了日本农村聚落社区空间结构的变化；定性研究了城镇化背景下，农村聚落的区域分布和空间结构变化。其主要研究思路是，在所选的两个研究案例区中，通过对 3 个层面的社会群体（基本社区团体、广泛社区团体和内部社区小组），按照与城市的距离远近关系，研究其聚落空间结构和功能的变化。研究的主要结论包括：①日本农村地区经历了人口减少和非正式工作增多的变化，而农村的区域差异主要是由就业机会和距城市距离不同造成的。在远离城市的人烟稀少地区，社区组织已经重构；而在那些人口增加而农业用地减少的地区，乡村性已大大弱化。②随着农村人口的改变，基层社区空间的重组也已经出现：在人口稠密地区基层农村社区空间倾向于分散，而在人烟稀少的地区是趋向统一。在这两类农村中，基层组织的自治功能依然保持，但农业管理功能已大大弱化。③大范围上讲，农村社区空间变化的特点是空间的收缩与传统农业功能的丧失；同时在人烟稀少的地区，学校空间往往被合并，但神社一直保持其传统的空间单位。④总体来看，偏远内陆地区农村聚落空间趋于消失，它们仅仅保留着行政组织的最小单元这一基本功能，而传统的组织农业互助和农业生产的功能几乎丧失。影响这一过程的一个重要因素是城市生活方式的传播。

维奥莱特·雷伊等人（Rey et al.，1998）研究了从 20 世纪 40—90 年代，中东欧地区国家在社会主义从萌芽到强盛再到衰微的过程中，农村地区面临的危机和挑战。研究同时还列出了中东欧不同国家地区在这一时期中农村发展的不同特点。波兰农村特点是保存较好的农业功能、相对合理的农村人口结构和较好的环境条件；波西米亚、摩拉维亚先于其他中东欧国家完成了工业化和城市化，因而农村人居环境变化最彻底，城乡边界已近模糊；匈牙利、斯洛伐克、克罗地亚、东斯洛文尼亚等国家地区属于典型的潘诺尼亚模式，这些国家虽然早在 20 世纪 70 年代就开始现代化，但农村发展一直受到限制，农村人居面貌变化缓慢；巴尔干半岛国家受社会主义影响巨大，以保加利亚为代表，由于广泛开展了土地集中、农村劳动力迁移，造成农村老龄化严重，大部分农村功能丧失，人居环境破败；罗马尼亚农村发展介于潘洛尼亚和巴尔干模式之间，此外还与波兰相似的一点是农业工业化还处于初级阶段，农业人口和农业潜力尚未发挥出来。

马洛·韦斯特比等人（Vesterby et al.，2002）通过城乡对比研究了1980—1997年间，美国农村居住用地变化情况。研究指出，该时期内居住用地在农村地区的增长不仅在百分比上，同时也在绝对数量上远超其在城市地区的增长。此外，如果将土地仅分为城市和农村两大类，该时期美国城乡居住用地已经出现：不仅非居住用地总面积，城市远小于农村；而且居住用地总面积，农村也已经反超城市的情形（图2-2）。

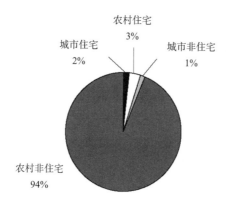

图2-2　美国农村居住用地超过城市居住用地

资料来源：Marlow Vesterby& Kenneth S.Krupa，*Rural Residential Land Use：Tracking Its Growth*，2002

斯梅尔（Smailes，2002）研究了南澳大利亚农村人居空间稀释的问题。该研究首先介绍了农村人居空间稀释这一概念，它是源于20世纪50年代英国，主要是指单位空间范围内农村社区人口组成的变化：由于农业生产方式以及相应的农村服务业的变革，造成了农业结构调整和劳动力需求减少，并且同一时期还伴随着传统农业工人退休、长距离通勤涌现、生活方式变更等社会变化，最终导致英国农村社区空间稀释的产生。在此基础上，该研究以南澳大利亚的南约克半岛传统农村社区为例，分别于1984年和2000年先后两次对同一地区进行调查，并通过详细对比最终确认南澳大利亚农村在这段时间内也经历了空间稀释，而造成空间稀释的主要因素包括社区认同和忠诚度的变化、新的购物和商务模式，以及电子通信创新等。研究还指出南澳大利亚这种农村稀释的状况还将持续10 ~ 20年。除此之外，作者对南澳农村稀释的状态也并非完全悲观，他认为强烈的社区意识和地域认同感，提高了澳大利亚的乡村生活质量，也注入了特别的活力，并且在这样的地区，人口变化的速度总体是相对缓慢和渐进的，因此有时间应对社会结构调整的变化。

迈克尔·希尔（Hill，2003）以英国和意大利为例，重点研究了农村聚落形态结构中的连续性与变化性问题。该书首先界定了乡村性的概念，以及如何量度乡村的聚集和扩散。在此基础上，研究讨论了农村聚落布局、结构、层级、形态的地理变化，并归纳出随机型、规则型、集聚型、线型、高密度型和低密度型等六种乡村聚落空间形式。研究还指出在英国存在着农村人口减少与郊区化并行的现象，这其中相关的规划措施起了一定作用。研究最后通过一种"后乡村社会"的视角，总结了英国农村人居环境中，"后生产性农村景观"与英国乡村权力变化和乡村冲突的关系。

与我国作为世界最大的发展中国家、人居环境建设处于快速城市化阶段不同，世界头号发达国家美国所处的是逆城市化阶段，城市人口不断向农村迁移和农村人居空间的持续增长相伴而生。怀特等人（White et al.，2009）主要就研究了美国在逆城市化阶段农村土地开发总量的变化。研究指出，1982—2003 年间，美国农村开发用地面积总共增加了 14.2 万 km^2。按照预测，到 2030 年美国人口增加至 3.6 亿，农村土地开发的扩张还将继续。随着人口增长，乡村土地的持续开发，相伴而生的乡村公共空间缩减将带来一系列社会、经济、生态等方面的影响。研究还使用美国人口普查局和国土资源部数据，按照农村中每新增一个住房单位将增加 0.5 hm^2 土地开发量，同时参考区域差异，中南部和大平原区标准最高，而太平洋沿岸和落基山脉区域最低，再结合人口预测和人均住房标准，估算出从 2003 年到 2030 年，美国农村土地开发面积还将增加 22 万 km^2。

2.2.2 国内农村人居空间变迁研究

农村人居空间是城乡规划学近年来的研究热点，但对这一现象认识的积累，可以溯源到乡村地理学。本节在回顾既有研究时，主要考察农村人居空间这一研究对象是如何选取、研究方法以及最后关于农村人居空间变迁的结论。

对于我国农村人居空间变迁的解释性研究，主要以国内研究为主。在这一领域，国内学术界主要是地理学科已有一定程度的积累，可概括为两种思路。一种是从人和环境两方面直接归纳。包括从经济增长、人口变化、技术发展、生态环境、交通条件、耕作半径等角度来解释（金其铭，1982；张小林，1999；刘彦随等，2011；龙花楼，2012）。这类研究主要是经验导向，长处是直观，并且随着时间的推移可以不断更新；不足之处在于理论解释力较弱。另一种则偏重逻辑推导。如按照农业技术进步和农民追求生活质量两者互动的主线，推导农村聚落的区位、功能、规模和结构变化（范少言，1994）；又如从农村工业化出发，按照工业化引起农村社区竞争，继而空间地位变化的线索，推论出农村社区融合、发展或消亡（丁志铭，1996）；还有以外部制度约束和内部行为响应为框架，推论出不同制度环境下，农户行为变化对人居空间的影响（李伯华 等，2014）。这类研究以逻辑推演为主，解释力较强。

金其铭（1982）以江苏省为例，归纳了制约农村聚落发展的几大因素。①农村聚落的分布，与自然环境密切相关。②方便的水陆交通，既是农村聚落最初形成的重要条件;反过来随着集镇的发育,商业贸易、文化生活等活动又会促进交通的发展。此外,研究还总结了河流水网道路交汇处的聚落、山区中较大冲击盆地上的村落以及平原地区村落的形成差异。③饮用水和生活用水取用点的分布。④耕作半径。在人多地少的地区,土地需要精耕细作和经常管理,因而不能离聚落太远;人少地多地区则相反。同理,水稻种植区因工作量较大,耕作半径较小;而小麦等旱粮区,耕作半径可以较大。即便是相同耕作半径下还存在点状聚落与带状聚落的差异(图2-3)。⑤其他社会经济条件的变化,包括社会政治条件、经济产业发展、生活水平提供、人口规模的消长、行政范围的变更等。

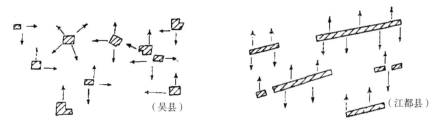

(吴县)　　　　(江都县)

图2-3　相同耕作半径下点状聚落与带状聚落示意图

资料来源:金其铭《农村聚落地理研究——以江苏省为例》,1982

范少言(1994)抓住乡村聚落空间结构这一核心概念来研究我国农村人居空间发展,以理论推演为主。研究首先探讨了乡村聚落空间结构的本质,它是特定的生产力水平下,人类认识自然和利用自然的活动及其分布地区的反映,是乡村经济、社会文化过程综合作用的结果。而乡村聚落空间结构的内容则包括村庄分布、农业土地利用、村庄空间形态及其构成要素间的数量关系。在完成概念辨析之后,研究进一步指出,乡村聚落空间结构演变的基本形式是集中和分散,演进状态又分为萌芽、生长、成熟三个阶段,并呈螺旋上升之势。

尹怀庭、陈宗兴(1995)研究了陕西省乡村聚落的发展演变和趋势。就传统村落空间变迁而言,对于关中平原区,其乡村聚落空间变迁的过程是围绕人口扩张和粮食产量不足的矛盾,建筑用地逐渐蚕食耕地、非耕地并扩张的过程,其结果是农村聚落的不断衍生,最终遍布整个关中平原,形成密集的大小相间分布的聚落体系。在这一过程中,聚落密度初期较低,新派生聚落距离可以较大;但当平原上聚落达到一定密度后,新生聚落只能占据既有聚落体系之间的狭小非耕地或荒地,从而使得关中平原地区聚落规模不仅较小,而且分布较均匀。对于陕北和陕南丘陵地区,乡村聚落空间结构受自然地理条件限制,呈沿河谷川道线形分布的特征;同时由于土地单产低,聚落的发展不仅规模小而且密度低,零散不成片,当地多三五户的小村甚至独户村。改革开放以来,陕西三大区农村聚落空间演变表现为:①农宅院落空间及建筑式样的趋同;

②乡村聚落分散与集聚并存，内部结构演化加剧，包括村落沿公路线形扩展，以及生产生活双核心空间结构的出现；③各地区乡村聚落功能等级体系趋于完善。

丁志铭（1996）在《农村社区空间变迁研究》一文中指出，社区空间变迁是农村社区变迁的重要方面，它制约着农村社区发展的进程。在生产力的作用下，农村社区空间结构的变迁大致经过自然经济时期、转型期、工业化时期等3个阶段，呈现出"平衡—不平衡—平衡"螺旋式上升趋势：农村工业化促进农村社区封闭结构的瓦解；社区竞争引起社区空间地位的变化以及社区的融合、发展与消亡；社区功能的拓展与地域范围的扩大促进社区发生分化；社区政府整合作用推动社区趋向新的平衡。社区发展必须由自发变迁向计划变迁转变，社区规划工作应引起重视。

张小林（1997）以苏南为例，对乡村空间系统及其演变进行了深入系统研究。传统乡村地理学往往侧重于聚落地理研究的老框框，而张小林认为乡村空间系统由经济、社会、聚落三大空间结构组成。其中，乡村经济空间是指以聚落为中心的经济活动、经济联系的地域范围及其组织形式；乡村社会空间是指乡村居民社会活动、社会交往的地域结构；乡村聚落空间则是乡村聚落的规模等级、职能及其空间分布结构；三者之间存在着密切的相互关系（崔功豪，1999）。在这一逻辑框架下，作者将苏南农村人居空间变迁纳入历史研究范畴，并按照"社会发展阶段（包括总体特征、经济特征、社会特征）→乡村空间系统发展动力→乡村空间结构及模式"的逻辑进行了总结（表2-2）。

苏南乡村空间结构的演化　　　　　表 2-2

阶段分期		传统乡村空间系统	封建社会后期乡村空间系统	近代乡村空间系统	现代乡村空间系统
社会经济变迁	总体	自然经济	初步商品化	畸形商品化	社会主义市场经济
	经济	耕织结合自给自足	农业商品化	农业、手工业进一步商品化	集体化与乡村工业化
	社会	封建社会前期	封建社会后期	半封建半殖民地社会	社会主义初级阶段
	聚落	未中心化阶段	初步市集化	市镇密集化	村镇职能转型
乡村空间系统的动力	动力	自给自足的自然经济	人地矛盾推动农业生产集约化和农业结构变化	市场需求扩大城市的近代化	乡村工业化
	类型	传统基质	内生型（自下而上）	外推型（自上而下）	内生与外推并重
乡村空间结构	经济空间	村落经济圈	初级市场体系（基层市场区）	分枝状市场系统	多种经济组织模式
	社会空间	地缘、血缘社会	同前	同前（范围扩大）	选择性社会空间
	聚落空间	离散型均质结构	网状中心地系统	多层次、密集型分枝状结构	城镇密集区
乡村空间结构模式		以村落为中心的圈层模式	中心地模式	分枝状等级分化模式	多元化空间模式

资料来源：张小林《乡村空间系统及其演变研究：以苏南为例》，1999

　　除了大的宏观层面的逻辑结构有所突破，在一些微观层面，该文也有创新点。比如作者在总结农村合理耕作半径时，提出最大耕作半径 R_{max} 和最小生存半径 R_{min}。其中，前者以家庭劳动力人均可耕地量为 0 的距离来确定，后者以维持村落全部人口生存的空间来确定。后者的计算式如下：

$$\pi R^2_{min} = \frac{PC_{min}}{KM}$$

$$R_{min} = \sqrt{\frac{PC_{min}}{\pi KM}}$$

　　式中，R_{min} 为村落的最小生存半径；P 为村落人口；C_{min} 为人均粮食最低需求量；M 为耕地平均单产水平；K 土地垦殖指数（%）。理论上讲，R_{min} 小于 R_{max}，并且每个农业村的实际经济活动半径应该介于这两者之间（图 2-4）。

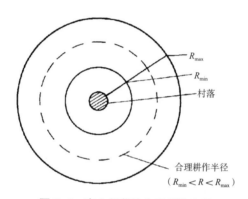

图 2-4　农业村落的合理耕作半径

资料来源：张小林《乡村空间系统及其演变研究：以苏南为例》，1999

　　薛力、吴明伟（2001）对比研究了 1984—1999 年间，苏南、苏北、苏中农村人居空间变迁分异，指出差异主要体现在农村居民点分布体系和农村住宅建设水平两大方面。其中，对于农村居民点分布体系的研究，主要从各地区农村居民点的分布密度和平均规模两方面展开。对于前者，研究指出苏南苏中苏北居民点的分布密度呈依次递减的状态；对于后者，研究又分平均人口规模和平均用地规模，并指出两者由南至北均呈递增的状态。对于农村住宅建设情况，研究主要从住宅质量、形态和人均面积 3 个方面展开。其中，住宅质量的考察主要根据房屋的结构类型，包括砖墙或钢筋混凝土结构的混合结构、砖木结构、土草房 3 档，继而根据 3 地统计资料指出，就住宅质量而言，苏南最好、苏中次之、苏北最差。住宅形态的考察主要是指楼房和平房的比例，由南至北递减。对于人均面积，研究除了使用所有农宅的人均面积反映居住"量"的差异，还使用混合结构住房的人居面积反映居住"质"的差异，并指出苏南优于苏中、苏北，不仅存在量上的差异，质的差异更明显。

田光进、刘纪远、庄大方(2003)利用 1 : 10 万土地利用动态变化数据和单元自动机、人工神经网络模型,对我国九大区 20 世纪 90 年代农村居民点用地时空变化进行了研究。研究指出:①东部沿海地区尤其是华北平原、长三角和珠三角,在 20 世纪 90 年代前 5 年农村居民点用地迅速扩张,而后 5 年出现大幅回落;②鲁中山地丘陵、江汉平原等中部平原地区,农村居民点用地变化则是前五年增长较快,而后五年扩展缓慢;类似情况还包括东北区;③西部地区农村居民点增长情况则是前五年增长较慢,后 5 年增长迅猛,甚至超过沿海地区农村居民点用地扩展面积。因此整个 20 世纪 90 年代,我国农村居民点人居空间变迁特征呈现出东部沿海向西部转移的趋势。

曹海林（2005）《村落公共空间——透视乡村社会秩序生成与重构的一个分析视角》一文,把村落公共空间界定为乡村社会内部业已存在着的社会关联形式和人际交往结构方式,它具有某种公共性且以特定空间相对固定下来。依据型构动力不同,文章将村落公共空间分为"行政嵌入型"与"村庄内生型"两种理想类型。随着乡村社会变迁,行政嵌入型公共空间的萎缩与村庄内生型公共空间的凸显导致村庄秩序基础的变更:前者引发乡村"捆绑式社会关联"的解体,后者则带来乡村"自致性社会关联"发生的可能。由此乡村社会的整合主要不再是建立在外部的"建构性秩序"基础之上,而是更多地依靠乡村社会内部形成的"自然性秩序"。

同济大学陆嘉（2006）博士论文《我国经济发达地区城市化进程中农村居民点改造的策略研究》,以上海奉贤和无锡惠山大量一手资料为基础,总结我国发达地区农村居民点发展特征及存在问题,指出这一地区普遍存在的人口规模小、布局分散、用地不集约、非农就业比例高等诸方面的问题。论文还对北京、上海等地目前已经实施或正在实施的农村居民点改造策略进行了分析和总结,提出建构新型农村居民点的两种类型:①农村居民安置区;②农村居住社区。前者主要采用政府主导与市场结合的改造策略模式,后者则采用政府专项资金扶持、村集体经济组织资金投入和农民个人出资结合的改造策略模式。

邢谷锐、徐逸伦、郑颖(2007)研究了城市化背景下乡村聚落空间演变的类型和特征。研究指出,从空间变迁结果来看,乡村聚落可以分为三大类:

（1）主动式的空间改变,如空间规模和空间性质上的积极变化,它又可分为逾越发展式、集聚扩展式和无序扩张式 3 种形式。其中:①逾越发展式意味着乡村聚落空间的升级和质变,突出代表是"苏南模式"和"珠江模式",这类乡村空间变迁,最终将蜕变成为城市聚落或具有城镇景观特征的新型乡村聚落形态;②集聚扩展式受外部条件的限制,其聚落空间变迁没有发生质的变化,只是在原有基础上进行再集聚再扩张,并表现为聚落规模不断扩大、形体不断膨胀,小聚落向大聚落趋近并逐步集中,部分沿交通线的聚落出现蔓延;③无序扩张式的典型是"空心村",最直观的空间变迁特征是出现单核或多核的同心圆式的聚落空间形态。

（2）被动式的空间改造，如乡村用地被转化为城市用地，它又可分为被包围的"城中村"和被撤并的村两类。这类农村空间变迁的根本原因是直接与城镇接触，要么本身就位于城镇内部，要么处于城镇边缘。

（3）乡村聚落的消极存在甚至逐步消亡等。消极发展型村落是远离城市发展区的数量广大的农村聚落，我国绝大多数农村都属此类。这些村落既没能如第一类农村那样，实现从乡村到城镇的质变，又不具备第二类农村那样因为跟城市直接发生空间"躯体"上碰撞或牵连，因而能被侵蚀或撤并；这类村落在城镇化的冲击下，传统发展路径被阻断，乡村聚落实体景观也不断衰落。

彭震伟等（2007）在《经济发达地区和欠发达地区农村人居环境体系比较》一文中，以无锡市郊及沈阳市北郊的农村为案例，分析了发达地区和欠发达地区农村人居环境体系的现状特征，并提出农村人居环境体系规划的策略及方法建议。

王玲（2007）的《乡村公共空间与基层社区整合——以川北自然村落 H 村为例》在总结学术界对"公共空间"以及社区研究的基础上，提出以自然村落社区为分析单位，并通过对川北山区自然村落 H 村的田野调查，考察了村落社区存在的多元公共空间与乡村民众的公共生活，以及村落公共空间结构的转型对村落社区公共生活变迁的影响，最后提出重构村落公共空间以促进村落社区的整合。

吴文恒等人（2008）以江苏省邳州碾庄镇吴楼村为例，通过访谈调查和实地测量，获得该村不同时期宅基地面积变化曲线，以此为基础探讨该村人居空间变化，进而推演黄淮海平原中部地区村庄格局演变。研究指出，从发展阶段上讲，该村空间格局经历了新中国成立前绝对缓慢发展、改革开放前相对缓慢发展、20 世纪 80 年代快速扩张、20 世纪 90 年代稳定前进、新世纪以来逐步衰退等阶段性变化，期间还伴随道路和池塘的相应变化。从空间规模看，改革开放以前村庄规模变化较小，改革开放以来至20 世纪 90 年代村庄规模显著扩大，2000 年左右村庄内部空弃房屋开始增多，并伴以宅基地出现空余和较大面积的土地闲置。李伯华等人（2008）的《乡村人居环境研究进展与展望》指出，乡村人居环境的内涵可分解为人文环境、地域空间环境和自然生态环境；三者之间遵循一定的逻辑关联，共同构成乡村人居环境的内容。国外乡村人居环境研究经历了乡村地理、乡村发展和乡村转型 3 个阶段，研究趋势也由单一学科向综合学科发展。国内乡村人居环境的研究学科主要有建筑学、地理学和社会政治学等，其中地理学经历了乡村聚落研究、乡村环境研究和乡村文化转型研究 3 个阶段。

经典的研究成果包括龙花楼、李裕瑞、刘彦随（2009）的《中国空心化村庄演化特征及其动力机制》。该研究基于"区域经济社会与自然条件的差异性决定差异化的空心村类型"这一原理，划分了空心村演化类型及类型区域。重点揭示了城乡接合部和平原农区空心化村庄发展演化的阶段特征。城乡接合部典型空心化村庄会在原址上完整演绎着实心化、亚空心化、空心化和再实心化等 4 个阶段；平原农区的空心村主要包括外出务工型集中高度空心化、外出务工型分散高度空心化、农业主导型集中低度空心化、农业主导型集中高度空心化等 4 种类型。一般状态下空心化村庄发展演化所表现出来的阶段性，大致与经济社会发展的时段特点相对应。最后，研究结合高分辨率航片和入户调查数据，基于平原农区村庄空心化演化的案例研究，剖析了农村空心化演化的动力机制。

刘彦随等人（2011）在《中国乡村发展研究报告：农村空心化及其整治策略》中，系统总结了空心村的空间变迁特点。研究指出，我国农村空心化过程，是一个具有出现期、成长期、兴盛期、稳定期、衰退期的生命周期过程（图 2-5）。

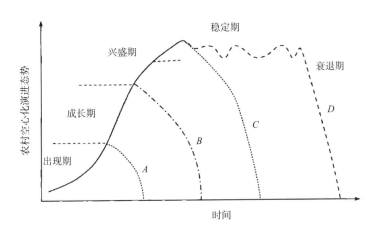

图 2-5　空心村演进的生命周期

资料来源：刘彦随等《中国乡村发展研究报告：农村空心化及其整治策略》，2011

从微观层面讲，对于某一个具体的农村而言，空心村可以分为 4 代：第一代表现为明显的资源趋向，土地资源禀赋、耕作半径是决定因素；第二代增加了对区位选择的敏感；第三代则开始出现外延拓展与内部废弃住宅再开发的有机结合；第四代由于村庄内部已经饱和，干脆远离村中心，占用外围空旷农田新建。最终形成"荷包蛋"式的圈层格局（图 2-6）。

从宏观层面看，该研究利用统计数据，重点考察了我国农村居民点用地、人均居民点用地两项指标的省际差异。研究指出，我国省际农村居民点面积变化呈现中部省区有所减少而四周省区明显增加的特征；而农村人居居民点用地变化则呈"北高南低、东高西低"的特征，但大部分省区的农村人均居民点用地仍在增加。该研究借鉴毕军等人（1996）关于环境与社会经济发展图谱的思路，通过人口的变化与农村居民点面积变化，构建农村人口与居民点用地变化协调度分析模型（图 2-7）用以考察各省农村人居空间演变情况，并划分为协调区和失调区两大类。

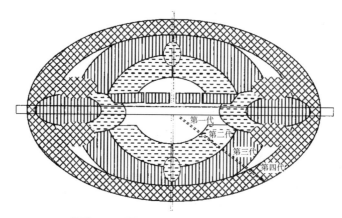

☐ 第一代　⊟ 第二代　▥ 第三代　▨ 第四代

图 2-6　空心村的代际演替

资料来源：刘彦随等《中国乡村发展研究报告：农村空心化及其整治策略》，2011

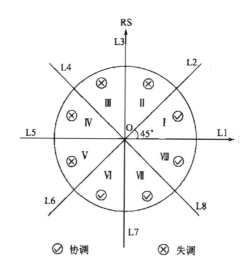

☑ 协调　　　⊗ 失调

图 2-7　农村人口与农村居民点用地变化关系的象限图

资料来源：刘彦随等《中国乡村发展研究报告：农村空心化及其整治策略》，2011

韩非、蔡建明（2011）以半城市化地区的乡村聚落为研究对象，总结指出其在快速城市化背景下，乡村聚落变迁主要表现为：①由"同质同构"转向"异质异构"；②乡村空间日益散乱，表现为"村村像城镇、镇镇像农村"；③乡村景观逐步变迁，由"乡村性"向"城市性"演变。

谭雪兰（2011）以长沙市为例，采用景观学方法研究了1989—2009年20年间农村居民点空间布局演变情况。研究指出，从景观学角度看，长沙市20年来农村居民点的斑块面积不断扩大，尤其是后10年的增长幅度特别快，农村居民点的斑块个数、斑块密度、平均斑块面积、最大斑块指数、斑块所占景观面积比、面缘比都有一定的提高，而分离度和分维数有所下降，斑块形状趋于聚集和简单。从空间格局演变角度看，长沙市农村人居空间变迁具有明显的低地指向性、道路指向性和河流指向性特征。此外还具有地域差异逐渐减少，空间格局趋同的特征。

鲁西奇（2013）用历史地理的方法和视野，从散村和集村两个角度，探讨了我国传统乡村聚落形态及其演变。研究指出，以分散居住为主的小规模散村一直是我国传统乡村聚落的主导形态。相较而言，北方地区集村出现较早，在汉唐宋元时期就有史料记载，但现今北方地区普遍以集村为主的聚落空间形态，是直到清中期才形成。而南方地区一直是以散村为主，只在局部地区的部分村落出现了向集村发展的现象，但没有普遍性。所以，该研究认为，散村是我国传统乡村聚落空间形态的原生方式，而集村则是长期发展或演变的结果。

新近的相关研究进展包括：王春程（2014）《乡村公共空间演变特征及驱动机制研究》。该文以乡村公共空间变迁的动力机制为主线，对新中国成立后不同时期乡村公共空间的特征进行分析，探讨了乡村公共空间变迁的原因。文章认为，计划经济以来，乡村社会的变迁中国家力量呈现"全面渗透—退场—弱化—回归"的转向，乡村公共空间经历了计划经济时期的"异化"，改革开放时期逐渐走向"复兴"，快速城市化背景下日趋"衰亡"，新时期乡村建设中对村民需求的忽视以及乡村文化的丢失，导致乡村公共空间的"迷失"。

雷振东、于洋、马琰（2015）研究了青海高海拔浅山区农村人居空间发展演变情况。对于传统村镇而言，研究选取坡度、坡向、高程、地理分区、水系分布等自然地理元素，分析其与村镇聚落空间的关系，总结出几条结论：①浅山区村镇沿主要河道呈线形分布；②耕地位于河谷一级阶地，村镇分布于河谷二级阶地及陡坡地；③聚落空间格局大分散、小聚合等规律。对于社会主义新农村建设以来，当地村庄人居空间发展出现的新情况，研究指出，在以撤乡并镇、迁村并点、合村并校、移民安置为主要内容的村庄集聚过程中，当地村庄表现出盲目无序、重复浪费、混乱低效、空废失衡等一系列严重问题。

2.3　农村精明收缩相关研究综述

农村人居空间精明收缩概念的提出还是近几年的事情，不管是理论建构还是指导实践都还有待加强。因此，这部分的文献综述，首先是考察国外已经较为成熟的精明增长理论以及同样兴起不久的收缩城市理论，然后对农村人居空间精明收缩研究做简要综述。

2.3.1　精明增长

精明增长理论主要是针对美国郊区"城市蔓延"（Urban Sprawl）提出的。20 世纪中后期，随着第二次世界大战结束，小汽车全面普及以及国家公路的大量建设，美国率先进入当代意义上的郊区城市化（马强，2004）。20世纪70年代以后，小汽车主导的交通方式进一步加剧了居住、就业的低密度扩散，改变了传统的城市边缘区高密度蔓延的城市化局面，形成所谓的"城市蔓延"。美国学者伯切尔（Burchell）总结了城市蔓延8个方面的特点：①低密度空间开发；②单一功能土地利用；③"蛙跳式"开发模式；④带状商业；⑤小汽车交通导向；⑥牺牲城市中心的发展；⑦就业分散；⑧侵占农业用地和开敞空间。另外有研究对1950—1990年美国大都市区土地增长与人口增长做了对比，结果显示土地增长速度是人口增长速度的21.72倍。对于城市蔓延的影响主要是负面评价，包括交通出行成本提高、能耗过大、空气污染、占用农田、就业和空间分布的不平衡以及由此带来的中心城区的衰败等。也有积极的评价认为提高居住质量、缓解城市生活压力、由于就业分散带来交通分散从而缓解中心区的拥挤等。

针对城市蔓延，美国规划师协会（APA）1994年提出了精明增长的发展方式，其主要思想是通过修改法律法规，帮助政府引导城市发展。1997年美国马里兰州州长格兰邓宁（Glendening）对精明增长做了响应，他认为精明增长是州政府通过财政支出控制城市开发的一种手段。得克萨斯州奥斯汀市长则认为精明增长的目的是重塑城市和郊区的发展模式。此外，克林顿政府以及戈尔副总统也都将精明增长作为重要的施政纲领。还有专门的精明增长组织Smart Growth Network提出了10条原则：①土地多功能混合利用；②紧凑建筑；③满足不同阶层的多住房选择；④步行友好；⑤富有个性和吸引力的社区场所；⑥多种类交通选择；⑦保护农田、空地等生态敏感区；⑧对现有社区的充分利用；⑨发展决策更注重公平；⑩公众参与。

可以说，精明增长对于已经成为建成环境的城市蔓延地区更多的只能是改善，而真正能发挥重要作用的是对那些原本可能要被蔓延的地区进行引导和控制。其中一个重要手段是加强对中心城区存量空间的利用（唐相龙，2009）。这也是虽然针对的是"城市蔓延"，但仍然要强调"增长"的意义所在。精明增长不是不要增长，它只是强调对城市外围增长范围和边界进行控制，并将增长和发展的重心放在建成区。

国外城市精明增长（其中实际上隐含着精明收缩的思想）与我国农村精明收缩的根本出发点都是要提高空间效率，以及尽量降低由于空间低效带来的能源、土地等方面的不良影响。国外精明增长30年的实践经验也给予了我国农村精明收缩以启示。①如同精明增长一样，精明收缩也应该有宏观、中观、微观层面，涵盖从顶层设计到具体的空间安排。②农村精明收缩不要仅仅局限于空间层面，更重要的是用好制度政策工具，包括财政、金融、交通等。③虽然是从提高空间效率出发，但精明收缩同样可以实现包括盘活农村经济、平衡农村公共服务、提高人居环境品质等多目标。④与精明增长绝不仅是城市郊区一端的问题，而是郊区和中心区共同的事情一样；精明收缩也绝不仅是农村一边的事，而是应纳入农村-城镇体系来谋划和解决。

2.3.2 收缩城市

与城市蔓延相对的是城市收缩。前者产生在工业化上升期，以汽车工业大发展和高速公路的大规模建设为依托，在城市外围地区形成用地增长远大于人口增长的人居空间特征。而收缩城市产生于工业化下行期，人口流失是其最重要的判断标准。收缩城市最早在 1988 年由德国学者提出，意指随着工业化进入后期，部分传统工业城市人口逐渐减少，并由此产生一系列社会经济问题（徐博，2015），包括经济衰退、大量基础设施剩余以及进一步的经济恶化等。到 1998 年，德国学者霍韦（Howe）正式提出收缩城市（Shrinking City）概念，特指在郊区化影响下中心城区人口大量流失带来的空心化（高舒琦，2015）。

收缩城市作为一种客观现象，在德国最早凸显，但在欧美国家和地区也广泛存在，其形成的主要原因包括以下几方面：①随着全球化的发展，资本、技术、劳动力等越来越向全球城市、节点城市集聚，这是造成收缩城市的外部拉力；② 1990 年前后，随着苏联的解体，原来社会主义阵营国家在转向西方经济体系的过程中出现了结构性问题；传统的工业体系瓦解带来工业城市的衰败；③在整个技术革新、产业升级的过程中，传统工业城市不敌以金融、研发、设计等现代服务业为主的新兴城市而陷入发展危机；④城市蔓延加剧内城空心化导致收缩城市。⑤以晚婚晚育、低生育率、老龄化为主的新人口学特征使人口从结构上减少。

西方国家应对收缩城市的策略包括：①绿色基础设施规划，即是对空置建筑和地块在没有明确进一步如何发展时，通过绿化美化生态化的措施填补环境缺陷；②政府对空置物业进行低价回收，再将其转让给非营利性组织或出租给开发商进行二次利用；③落实公众参与，改变传统的图纸规划为当地居民广泛参与的行动规划。

西方国家出现的城市收缩与我国农村收缩在成因上很不同，但亦有若干相似之处，如全球化导致的城乡产业结构变化、人口流动及老龄化等。为应对收缩城市而采取的措施对我国农村收缩亦有一定借鉴意义。

2.3.3 精明收缩

精明收缩，最早是欧美国家一些矿区城市、工业城市，为应对后工业化转型而提出的一种城市发展策略。由德国联邦文化基金会支持的"收缩的城市"研究计划，对这一现象进行了总结，其成果《收缩的城市》是当前国内为数不多的介绍城市收缩的作品。该书主要探讨了曼彻斯特、利物浦、底特律等欧美城市收缩的过程和原因，书中所指的"收缩"，实质是针对城市既有发展状况的一种描述。国内学者黄鹤（2011）的文章《精明收缩：应对城市衰退的规划策略及其在美国的实践》，以"扬斯敦 2010 规划"为例，介绍了精明收缩的城市规划策略在美国的兴起和实际应用。文章进一步还对现有的精明收缩的规划策略进行总结，包括强调收缩下的集中增长发展、注重合理城市尺度、建设绿色基础设施、土地银行及公众参与等。同时，文章探讨了对中国城市的借鉴意义。总的来讲，该研究所指"收缩"的含义偏重对未来城市发展的引导。

与欧美发达国家普遍处于后工业化阶段、城市化发展已进入成熟期不同；我国大多数城市还停留在工业化阶段，城市化面临快速发展的挑战，因此用收缩城市的理念引导我国城市发展未必合适。首先，国外出现收缩城市的背景大多是在发达国家，当地城市化和工业化已经完成。由于人口出生率的下降、传统产业的没落（产业工人转移）和移民，造成当地居民减少；而建成空间由于其不动产特性很难变化，最终出现"收缩城市"。而我国现阶段总体还处在城镇化上升期，离发达国家普遍城镇化水平还有较大差距。其次，判定收缩城市的标准是人口减少，这其实与我国所谓的"收缩城市"人口减少有很大部分是流动人口造成的大不相同。国外的收缩城市倾向于永久性人口减少，而我国的"收缩城市"更多地具有季节性、阶段性特征，比如几年来各地关于"农民工回流潮"的报道就屡见不鲜。此外，随着居民收入水平的不断提高，一户人家在多个城市有多处住房的现象也很常见，并且未来会越来越普遍，这也容易造成所谓的"收缩城市"。但很显然，这两种情况与国外的收缩城市在本质上并不相同。鉴于这两点，国外工业城市精明收缩的经验，于我国而言更有借鉴意义的是分析和应对农村发展。

关于农村的精明收缩概念的较为正式提出，可回溯到赵民教授于2013年11月26日在北京香山科学会议上做的"关于我国农村发展的'精明收缩'指向及策略"主题演讲。报告分为4个部分：中国城镇化与农村发展，农村发展的现实问题，农村规划的现状，农村的发展导向。其中报告最后一部分就农村发展5个方面问题提出思考：①农村的大趋势，承认缩减——谋划精明收缩；②农村规划，注重物质型规划，更要注重社会型规划；③新农村，公共服务质量比公共设施均好更重要；④农村社区，主要不是再建设新的农村集中居民点；⑤农村建设，村委会驻地居民点是配建设施和提供服务的基层支点。

此外，《城市规划学刊》2014年第1期"新型城镇化座谈会发言摘要"也记录了赵民教授关于农村精明收缩的表述："我国人口总量从2000年开始基本上处于缓慢增长的态势。一个简单的数学逻辑，在城镇人口继续增长的未来，农村的人口总量一定是处于持续的下降通道，由此引发的对偶命题便是城市要'精明增长'，农村聚落要'精明收缩'。"在发言中，赵民教授还提到精明收缩的缘起包括农村持续的空心化和破败；精明收缩理念下的规划目标不再是应对增长；精明收缩不仅是空间问题，更是政策问题，是制度创新；并且这种新的理念也对传统的城乡规划提出了具体操作和方法上的挑战。

关于农村精明收缩研究的文章作者，也曾主要为赵民教授研究团队的成员或研究生，如郝晋伟、赵民《"中等收入陷阱"之"惑"与城镇化战略新思维》（2013），朱金、赵民《从结构性失衡到均衡——我国城镇化发展的现实状况与未来趋势》（2014），朱雯娟、邢栋《生态文明时代新型城镇化的路径探索——以安徽省五河县为例》(2014)、赵民、游猎、陈晨《论农村人居空间的"精明收缩"导向和规划策略》(2015),均提到或应用了精明收缩的概念。同时还需要指出,上述研究中的农村,均是指农村聚落,规范的提法应是农村人居空间的精明收缩。

此后,罗震东、周洋岑(2016)的文章也研究了精明收缩的命题,认为对农村规划和建设的理解,是建立在改革开放以来我国经济结构的变化以及由此带来的农村社会结构变化这一整体框架基础上的。他们提出"乡村收缩是快速城镇化过程中的必然趋势"的判断主要基于两个方面:一是随着传统农业向现代农业的转型,土地等资源要素集聚程度会不断提高;其二是随着"互联网+""生态+"等新经济的出现,还会导致跨区域的乡村空间集聚,而集聚的过程也就是收缩的过程。作为规划应对,作者提出欧美国家针对城市衰败的精明收缩理念可以给中国农村发展以启迪。他们提出的农村精明收缩主张主要包含以下内容:①精明收缩的特征是更新导向的加减法,精明的收缩不以消灭乡村为最终结果,而以发展乡村为根本目的;②精明收缩的最终目的是在中国现代化转型的关键阶段,助推传统乡村社会实现现代化转型,从而建构稳定、强健的新社会结构;③精明收缩的关键在于精明,在于缩小城乡差距、打破二元结构,在城乡聚落系统内通过收缩将城乡差距变为城乡均等,实现城乡要素自由流动、公共服务基本均等,同时差异化地保持或赋予乡村丰富的内涵与地位。该文对农村精明收缩的经济社会背景、特征、目的、手段做了有益的思考,对丰富精明收缩概念有一定帮助;但总体论述较为零散,观点虽然较多但由于缺乏核心主线,使得观点的系统性不强。

王雨村等(2017)以农村精明收缩理论为框架,分析了苏南乡村空间发展过程和趋势并提出相应策略,这反过来也丰富了农村精明收缩理论。尤其文章将乡村空间收缩按生活空间、工业空间、农业空间分类,并在此基础上总结各自的收缩策略,具有一定的新意。文章存在的不足主要是对农村精明收缩内核分析不够。虽然在前面比较精明增长和精明收缩时,作者也提到"政府主导、市场运作、公众参与";但政府、农户和市场这三者作为主体,他们参与精明收缩的原动力是什么需要做交代。精明收缩的表现是空间收缩,但内核是制度设计,也就是对三大空间主体参与空间活动的利益安排。所以文章虽然对于农村生活空间、工业空间、农业空间三类空间收缩提了很多策略,甚至也涉及了土地等制度,但对其内在联系分析不够,更像是把既有政策打包放在精明收缩的筐里。

郭炎等(2018)以武汉市为例探讨了基于精明收缩的乡村发展转型与聚落体系规划。针对武汉乡村户籍人口普遍外流、乡村农地经营闲置与流转并存、流转阻碍严重、乡村建设总量不大、聚落空间破碎化明显等问题,提出以人地流向定规模、基于竞争力评价定布局、以聚落体系定配套的精明收缩方案。

其他相关研究还包括基于精明收缩的广州城边村规划对策（张俊杰 等，2018），严寒地区村庄空间优化策略（朱琦静，2017）等。

2.4 本章小结

（1）由于农业、农民、农村及经典的经济学、社会学、地理学等学科已经有相当成熟的理论积淀，本章对此进行了回顾和梳理，它们是本研究的基础。另外，由于传统的学科划分，经典理论往往仅侧重"三农"中的某一方面，而将三者放在一个统一框架里展开研究的并不多见，而这却是城乡规划学科的题中之意。此外，由于经典理论的普适性，在解释中国农村人居空间变迁这样一个复杂对象时，还存在一个具体情况具体分析的问题，并非是引用经典理论就能奏效的。

（2）在农村人居空间变迁的一般研究中，针对"是什么"的问题，大多都从人口结构变迁和空间结构变迁两个角度分别展开，尽管有部分研究试图将两者纳入一个框架，但也仅停留在定性层面，缺乏定量的描述。本书试图通过构建农村人居空间变迁的"R_a-R_s变化率模型"，对其进行定性和定量分析。至于针对"为什么"的问题，大部分研究都从人口流动角度去解释，而本书进一步扩展到宏观制度、中观产业和微观家庭，并将三者统一概括为"人"的因素。与之相对，本书还认为人居空间中"物"的那部分因素在整个变迁过程中的作用被低估了，目前这方面的研究几乎为空白，而本书则试图通过构建"空间惯性"的概念对此进行阐述。

（3）由于农村人居空间精明收缩是一个新提出的概念，研究工作总体上还处在概念建构阶段。因而本书试图对此展开系统性阐述，以期做出新的理论贡献。与精明收缩相关的精明增长、收缩城市理论等，在中国农村人居空间精明收缩的本体研究中并不能直接加以套用，其意义更多的是研究方法和规划策略方面的借鉴。此外，迄今的农村人居建设实践还难言已经接受了精明收缩的理念，因此，本书以"是什么"和"为什么"的理论研究为基础，结合既有实践所提供的经验，试图较为系统地诠释我国农村人居空间精明收缩的理念，并试图提出面向实务的运作框架建构。

第3章 农村人居空间变迁的现实情景

在前述国内外学者关于农村人居空间变迁研究的基础上，本章就我国农村人居空间变迁的现实情境做进一步研究。主要从四个方面展开：①考察农村人口变迁情况，分为时序变迁、空间变迁和结构变迁等方面的统计分析；②考察农村空间变迁情况，主要分为城乡建制体系、生活空间、生产空间和公共服务设施四方面的统计分析；③通过建立农村人居空间变迁的"R_a-R_s 变化率模型"，定性与定量相结合揭示农村人居空间变迁的趋势和规律；④辅以对农村人居空间的田野调查，形成实证支撑。

3.1 农村人口变迁的统计分析

3.1.1 农村人口总量的历时性变迁

根据历年《中国人口和就业统计年鉴》和国家统计局网站相关数据，以及2014—2018 年中央政府统计公报，并结合我国对于人口的统计分为户籍标准和居住地标准两种，可以获得 1949 年以来我国农村常住人口、农业人口（户籍），以及城镇常住人口、非农业人口（户籍）和总人口等数据（图 3-1）。

以农村常住人口自身变化趋势为重点考察对象，并通过与农业户籍人口、城镇常住人口等变化相对比，可将我国农村常住人口变化趋势分为 4 个时段。

（1）1949—1964 年，农村常住人口数量略大于农业户籍人口数量。这说明还有少量非农业户籍人口居住在农村，而这部分居住在农村的非农业人口，主要是由于1953—1957 年的"一五计划"和1958—1962 年的"二五计划"期间，国家对若干重大建设项目和生产力布局做出规划，使得一批非农业户口的城市工人随工程项目迁移至农村地区。此外，除 1959—1961 三年政策失误加自然灾害，导致的人口数量减少以外，其余各年农村和城镇人口数量都处于同步增加状态。

（2）1964—1978 年，农村常住人口数量略小于农业户籍人口数量，同时农村人口增速略大于城镇人口。这一部分新增农业户籍人口除了农村自然生育的因素，另一主要来源是总量达 1700 多万的"知识青年下乡"❶——由非农业人口转为农业人口。

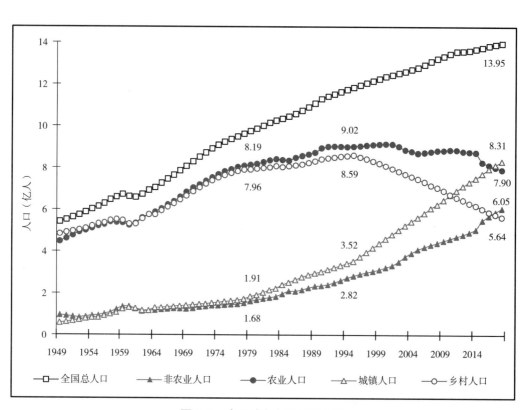

图 3-1　全国城乡人口数量变化

数据来源：中国人口和就业统计年鉴

　　总的来讲，虽然前两个阶段农村户籍人口和常住人口数量关系出现了反转，但就共同点而言，1978 年以前我国农村人口数量变化特点是户籍人口与常住人口数量高度契合，"人户合一"特征非常显著。

　　（3）1978—1995 年，农村常住人口数量增速明显放缓，开始出现"人户分离"。并且同时期无论户口标准还是居住地标准，农村人口增速均显著小于城镇人口增速（图 3-2），呈"城镇人口＞非农业人口＞农业人口＞农村人口"的态势。到 1995 年，农村常住人口数量达到 8.59 亿的最高值，呈现了拐点。

　　（4）1995 年至今，农村常住人口绝对数量急遽减小，"人户分离"现象日益明显。2010 年农村常住人口首次小于城镇人口，截至 2018 年，农村常住人口数量减少至 5.64 亿，而同期城镇常住人口则为 8.31 亿。此外，从图 3-1 中还可看出，农业和非农业的户籍人口差距也随着城乡常住人口的反转变化在逐渐缩小：从 1995 年的 9.02：2.82

---

❶ 《中国劳动工资统计资料》，中国统计出版社 1987 年版。

缩小到 2018 年的 7.90 ∶ 6.05，这其中尤其是非农业户口数量大幅增加，可谓做出了主要贡献。

除了从人口绝对数量变化的角度总结我国农村人口变化所具有的上述"四阶段"特征外，还可进一步从人口数量变化率的角度揭示我国人口变化所具有的"城乡反转，人户分离"特征。

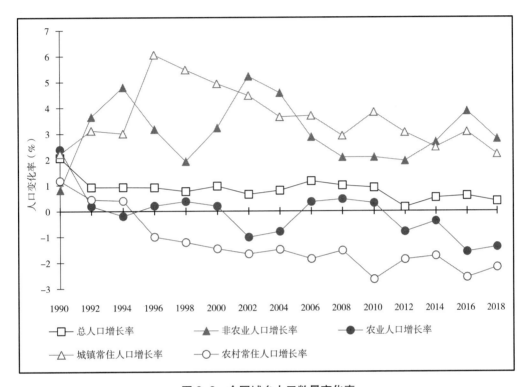

图 3-2　全国城乡人口数量变化率

数据来源：根据全国城乡人口数量变化自绘

如图 3-2 所示，1978 年以来，随着计划生育政策的普遍推行，全国总人口增长逐渐趋于放缓。城乡人口变化大体表现为两条主线：一是从城乡角度看，城镇人口增速始终保持为正，而农村人口增速逐年放缓且下降率不断扩大。尤其是实际居住在农村的常住人口连续多年都是负增长。二是从户口角度看，无论城乡，"人户分离"现象均十分明显，即在同一居住范围上的两类不同人群变化出现分离。对于农村而言，农村常住人口减速大于农业人口减速；对于城镇而言，城镇常住人口增速大于非农业人口增速。

3.1.2　农村人口分布的空间变迁

1. 农村人口的空间分布

首先考察我国农村人口的空间分布。从"五普""六普"分市农村人口统计数据可以看出，我国农村人口的主体仍分布在传统的"爱辉—腾冲"线东南的非沿海沿边省市，主要包括中部各省市和西南的川渝，以及云贵部分地区。东北地区除哈尔滨、绥化、长春三市以外，其余地区农村人口规模也偏小 ❶。

此外从注释①二维码图中 2000 年与 2010 年的农村人口空间分布对比中还可看出，无论是东部沿海还是中部内陆地区，10 年间农村人口数量都有明显下降。

2. 农村人口的横向空间变迁

由本书 3.1.1 节的分析可知，我国农村常住人口经历了改革开放前的快速增加和改革开放后的缓慢增加阶段，到 1995 年达到最大峰值 9.02 亿，之后进入了快速减少时期。截至 2014 年，农村常住人口相比 1995 年减少了 2.83 亿，平均每年减少 1.7 个百分点。以下通过对《中国农村统计年鉴》1994 年至 2014 年各省份农村人口数量统计数据的分析，可进一步考察我国农村人口减少的空间分布情况。

注释②二维码图中，颜色深浅的变化反映了农村人口绝对数量的变化，颜色越深，人口减少规模越大；圆圈大小表示农村人口减少百分比的大小，圆圈越大，减少百分比越大。从图中可以看出：①除京津沪和个别省份如福建、辽宁之外，省一级层面农村人口减少的绝对量与百分比大致相符，这说明我国农村人口减少的空间差异不大。②在农村人口大量减少的省份中，既有传统农业大省和劳务输出大省如四川、河南、安徽、湖南，也有东部沿海发达省份如山东、江苏、广东、浙江。出现这种情况的原因主要有两方面因素：一是城镇化程度，即地区发达程度；二是劳动力外出务工的影响。对于四川、河南等省份而言则是两种因素的叠加，一方面本身省内城镇化将转化大量乡村人口为城镇人口；另一方面是大量农村劳动力外出打工，导致本省农村人口数量进一步减少。对于山东、江苏等省份而言，主要是省内城镇化对本省农民的转化导致农村人口数量的大量减少。至于大量外来务工人群，由于其居住范围大多在小城镇一级以上，并不算在农村人口数量内，所以并不影响该省农村人口数量减少。③相较而言，农村人口减少较小的省份与农村人口数量较小省份一致，主要分布在传统的"爱辉—腾冲"线西北部，全国唯独两个农村人口增加的省份是新疆和西藏自治区。

实际通过人口数量变化顺序图便可获得直接的对比（图 3-3）。同时，根据农村人口减少百分比顺序表（表 3-1）将除京津沪以外的各省份进行分类，将减幅超过 1/3，

---

❶ "五普""六普"分市农村人口数量，数据来源："五普""六普"统计数据（具体图例请扫二维码）。

"五普""六普"分市农村人口数量二维码

❷ ②1994—2014 年分省农村人口数量变化和百分比变化（分段设色和气泡图），数据来源：自绘（具体图例请扫二维码）。

1994 ~ 2014 分省农村人口数量变化和百分比变化（分段设色和气泡图）二维码

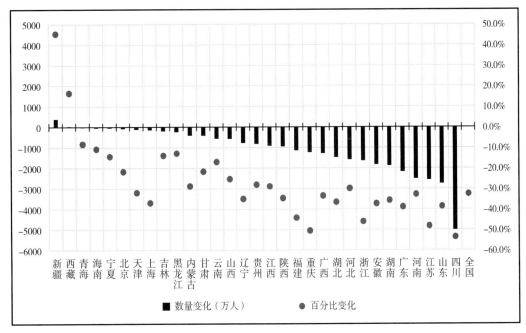

图 3-3　1994—2014 年各省份农村人口数量变化顺序图和百分比变化顺序图

数据来源：历年中国农村统计年鉴

同时也是高于全国平均水平 32% 的省份设为快速减少区；减幅大于 1/4 小于 1/3，同时也是小于全国平均水平的设为一般减少区；减幅小于 1/4 的设为缓慢减少区。此外，对于快速减少区，由于沿海发达省份和内地欠发达省份减少性质不同，可进一步将快速减少区再分成两类。综合分类结果如下：

第一类：农村人口快速减少的非沿海发达地区，包括四川、重庆、安徽、湖北、湖南、辽宁、陕西、广西、河南等共计九省市。

第二类：农村人口快速减少的沿海发达地区，包括江苏、浙江、福建、广东、山东等共计五省。

第三类：农村人口一般减少区，包括河北、江西、内蒙古、贵州、山西共计五省区。

第四类：农村人口缓慢减少区，包括甘肃、云南、宁夏、吉林、黑龙江、海南、青海共计 7 省区。

1994—2014 年各省份农村人口数量变化百分比顺序表　　　　　　　　　　表 3-1

1	2	3	4	5	6	7	8	9	10	11	12	13	14	15	16
四川	重庆	江苏	浙江	福建	广东	山东	安徽	上海	湖北	湖南	辽宁	陕西	广西	河南	全国
−53%	−51%	−48%	−46%	−44%	−39%	−38%	−37%	−37%	−37%	−36%	−35%	−35%	−33%	−33%	−32%

17	18	19	20	21	22	23	24	25	26	27	28	29	30	31	32
天津	河北	江西	内蒙古	贵州	山西	北京	甘肃	云南	宁夏	吉林	黑龙江	海南	青海	西藏	新疆
−32%	−30%	−29%	−29%	−28%	−25%	−22%	−22%	−17%	−14%	−14%	−13%	−11%	−8%	16%	45%

数据来源：历年中国农村统计年鉴

3. 农村人口的纵向空间变迁

从我国城市、镇、乡村的人口变化角度，可进一步看出农村人口在纵向空间体系上的变化。我国人口和就业统计年鉴自 2002 年开始，分城市、镇、乡村分别统计人口学相关指标。其中城市是指设区市的市区和不设区市的市区，镇是指县及县以上人民政府所在建制镇的镇区和其他建制镇的镇区，乡村是指集镇和农村。同时，由于在统计中，除 2010 年"六普"数据反映了人口总量，其余年份均是抽样数据，故这里对于城镇乡的人口变化用百分比表示（图 3-4）。

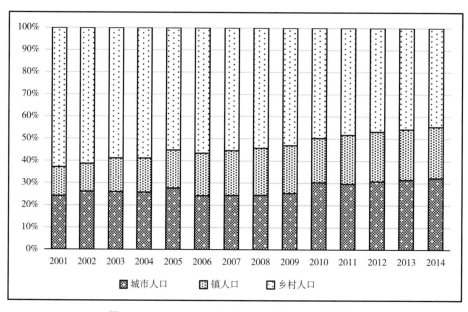

图 3-4　2001—2015 年我国人口的纵向空间变迁

数据来源：根据 2002—2015 年《中国人口和就业统计年鉴》自绘

从图中可以看出，21 世纪以来，我国农村人口在纵向空间体系中的占比逐年减小，从 2001 年的 62.8% 减少到 2014 年的 44.7%；而城市和镇分别从 2001 的 24.2% 和 13.0% 增加到 2014 年的 32.2% 和 23.0%。可见，在吸收农村人口的力度方面，虽然主力仍然是城市，但镇的作用增长更快，两者差距从 2001 年的 1.87 倍缩小到 2014 年的 1.40 倍。

3.1.3　农村人口的结构变迁

人口结构又称人口构成，是指按人口本身所固有的自然特征、地理特征、生理特征、社会特征等不同标准，将人口进行划分所得到的数量关系，它反映了人口本身质的规定性。相较于前两文对农村人口总量外部变化的考察，以下将更侧重于分析农村人口内部关系变化。

我国"人口和就业统计年鉴"自 2002 年（统计对象为 2001 年）开始，按统一口径分全国、城市、镇、乡村 4 级，对相关人口结构指标进行连续统计。本研究数据即采自 2002—2015 年《中国人口和就业统计年鉴》，统计对象为 2001—2014 年。主要研究方法是：①横向对比 2001 年以及 2014 年各自全国、城市、镇、乡村人口结构差异；②纵向对比 2001 年与 2014 年乡村人口结构差异。

结合统计年鉴可获得数据，下文所考察的农村人口结构具体包括年龄与性别、抚养比、文化程度、死亡率等内容，以期较为综合全面地反映农村人口结构情况。

1. 年龄与性别结构变化

1）就 2001 年全国、城市、镇、乡村比较而言（图 3-5），其年龄与性别结构具有如下特点：

（1）"全国"层面的年龄性别结构与"镇"层面相类似，而"城市"与"乡村"分别处于两级，这说明从人口的年龄性别角度来讲，城市、镇、乡村具有差异性，镇处于中间位置。

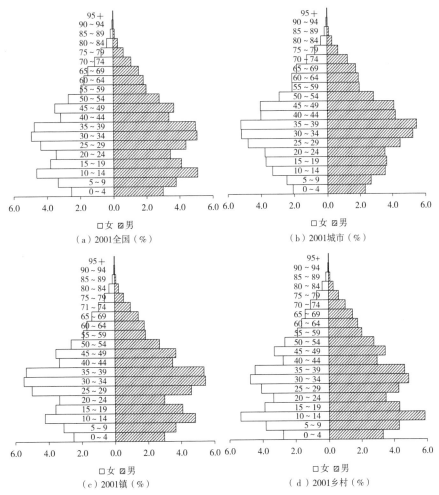

图 3-5　2001 年全国、城市、镇、乡村人口年龄结构图

数据来源：根据《2002 年中国人口和就业统计年鉴》自绘

（2）以乡村为重点分析对象，分别将镇和城市与乡村进行比较（图 3-6、表 3-2），具体从年龄结构看，可以分为 3 个年龄段。

① 0 ~ 20 岁乡村人口比重分别大于镇人口和城市人口比重，其中尤以 15 岁以下青少年人口数量占比差异特别明显，乡村分别高出镇人口比重 10 ~ 19 个百分点，高出城市人口比重 28 ~ 39 个百分点。

② 20 ~ 50 岁年龄段人口比重，乡村依次小于镇和城市，最大差值分别达到 20 和 44 个百分点。其中城乡人口比重差距最大值发生在 40 ~ 44 岁。

③ 50 岁以上年龄段人口比重，乡村略高于镇，最大不超过 13 个百分点；但明显小于城市人口比重，最低达到 25 个百分点。

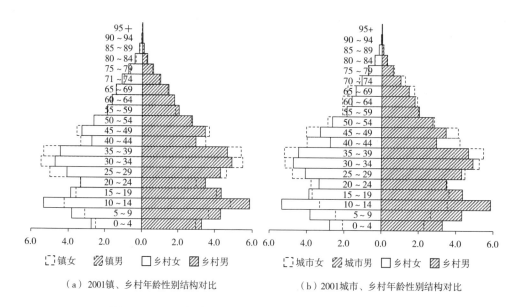

（a）2001镇、乡村年龄性别结构对比　　　　（b）2001城市、乡村年龄性别结构对比

图 3-6　2001 年镇 / 乡村、城市 / 乡村年龄性别结构对比图

数据来源：根据《2002 年中国人口和就业统计年鉴》自绘

2001 年镇 / 乡村、城市 / 乡村不同年龄段人口数量比									表 3-2
年龄	0 ~ 4	5 ~ 9	10 ~ 14	15 ~ 19	20 ~ 24	25 ~ 29	30 ~ 34	35 ~ 39	40 ~ 44	45 ~ 49
镇 / 乡	0.90	0.83	0.81	0.93	0.93	1.15	1.14	1.18	1.20	1.07
城市 / 乡	0.72	0.63	0.61	0.89	1.07	1.10	1.08	1.17	1.44	1.21
年龄	50 ~ 54	55 ~ 59	60 ~ 64	65 ~ 69	70 ~ 74	75 ~ 79	80 ~ 84	85 ~ 89	90 ~ 94	95 及以上
镇 / 乡	0.99	0.96	1.02	0.98	0.91	0.87	0.87	0.88	1.17	
城市 / 乡	1.06	1.04	1.19	1.25	1.18	1.06	1.01	1.04	1.17	

数据来源：根据《2002 年中国人口和就业统计年鉴》自绘

进一步的，2001 年城市、镇、乡村的年龄结构具有表 3-3 所列的特点。

2001 年城市、镇、乡村不同年龄段人口占比关系	表 3-3
青少年（0 ~ 20 岁）	乡村>镇>城市
壮年（20 ~ 50 岁）	乡村<镇<城市
中老年（50 岁以上）	乡村<镇<城市

数据来源：根据《2002 年中国人口和就业统计年鉴》自绘

（3）对于性别结构，分不同年龄段分别统计 2001 年城市、镇、乡村男女数量比例（图 3-7），并重点关注乡村变化，发现有以下特点：

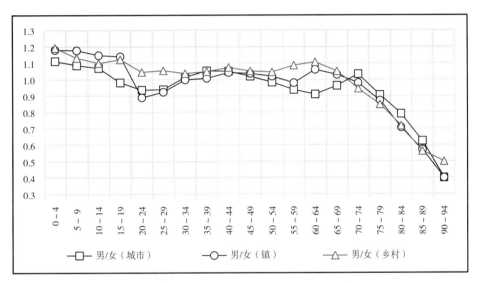

图 3-7　2001 年城市、镇、乡村分年龄段男女数量比

数据来源：根据《2002 年中国人口和就业统计年鉴》自绘

①0 ~ 70 岁各年龄段，乡村中男性人口比例均高于女性。其中 0 ~ 20 岁和 55 ~ 65 岁年龄段尤为突出，其男性比重分别高出女性 10 ~ 19 个百分点和 9 ~ 11 个百分点。20 ~ 55 岁年龄段男性数量占比相对较低，但也保持平均高出女性数量 5 个百分点。

②70 岁以后，乡村中男性人口比例锐减，女性人口数量剧增。每增加 5 岁，女性人口增加超过 10 个百分点。

③2001 年城市、镇的性别结构与乡村情况类似，大体也是以 70 岁为界，70 岁以前男女性别比例在 1.0 上下浮动，70 岁以后男性比重锐减。区别在于城市和镇在 70 岁以前，有个别年龄段女性比重高于男性；并且 20 ~ 70 岁年龄段，乡村男性人口占比明显高于城市和镇。

2）就 2014 年全国、城市、镇、乡村比较而言（图 3-8），其年龄与性别结构具有如下特点：

（1）与2001年类似，2014年的年龄性别结构仍然保持较明显的城市、镇、乡村3种类型，并且其中的镇仍处于中间位置，与全国年龄性别结构相类似。

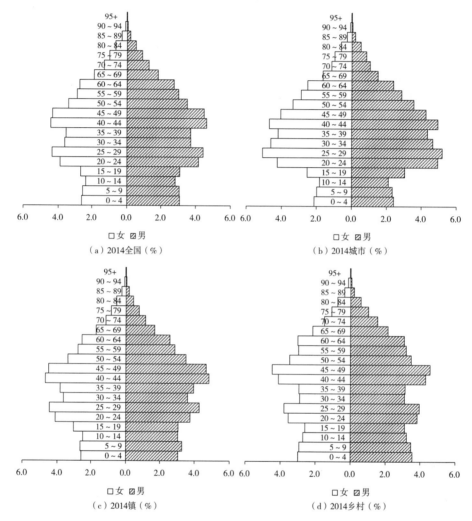

图3-8　2014年全国、城市、镇、乡村人口年龄结构图

数据来源：根据《2015年中国人口和就业统计年鉴》自绘

（2）以乡村为重点分析对象，分别将镇和城市与乡村进行比较（图3-9、表3-4），可以分为3个年龄段：

①0～20岁乡村人口比重仍然高于镇和城市，15岁以下最大值分别达到14%和34%。

②20～50岁年龄段人口比重，乡村分别低于镇和城市7～28个百分点和14～54个百分点。其中25～40岁年龄段城乡人口比重差距均保持在30个百分点以上。

③与2001年反差最大的是50岁以上中老年人口数量比重，乡村高出镇1～32个

百分点，比 2001 年进一步加强。同时还扭转了 2001 城市多农村少的局面，变为农村多城市少，其中又尤以 60 岁以上差距特别明显，农村人口比重高出城市人口比重达 13 ～ 27 个百分点。

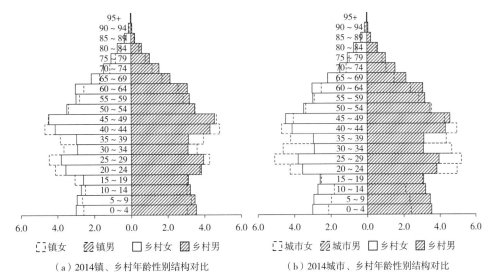

（a）2014镇、乡村年龄性别结构对比　　　（b）2014城市、乡村年龄性别结构对比

图 3-9　2014 年镇 / 乡村、城市 / 乡村年龄性别结构对比图

资料来源：根据《2015 年中国人口和就业统计年鉴》自绘

2014 年镇 / 乡村、城市 / 乡村不同年龄段人口数量比　　　　　　　　表 3-4

年龄	0 ～ 4	5 ～ 9	10 ～ 14	15 ～ 19	20 ～ 24	25 ～ 29	30 ～ 34	35 ～ 39	40 ～ 44	45 ～ 49
镇 / 乡	0.86	0.92	0.93	1.07	1.07	1.13	1.21	1.28	1.13	1.02
城市 / 乡	0.69	0.67	0.66	0.98	1.24	1.32	1.54	1.41	1.14	0.92
年龄	50 ～ 54	55 ～ 59	60 ～ 64	65 ～ 69	70 ～ 74	75 ～ 79	80 ～ 84	85-89	90-94	95 及以上
镇 / 乡	0.99	0.91	0.84	0.79	0.76	0.77	0.74	0.77	0.68	
城市 / 乡	0.99	0.93	0.80	0.73	0.73	0.87	0.84	0.84	0.74	

数据来源：根据《2015 年中国人口和就业统计年鉴》自绘

由上，2014 年城市、镇、乡村的年龄结构特点可总结为表 3-5。较 2001 年而言，乡村青少年人口比重相对提高，青壮年人口比重相对减少，中老年人口比重出现反转并且大幅增加的趋势更加明显。

2014 年城市、镇、乡村不同年龄段人口占比关系　　　　　　　　表 3-5

青少年（0 ～ 20 岁）	乡村>镇>城市
壮年（20 ～ 50 岁）	乡村<镇<城市
中老年（50 岁以上）	乡村>城市>镇

数据来源：根据《2015 年中国人口和就业统计年鉴》自绘

（3）对于性别结构而言，相较 2001 年，2014 年城市、镇、乡村性别结构大体可以分为 3 段：0 ~ 25 岁为第一段，城市和乡村男性比重均大幅高于女性；25 ~ 70 岁为第二段，男女比例较为平衡，男性比重只略高于女性；70 岁以后，男性比重显著下降，乡村情况最为突出（图 3-10）。

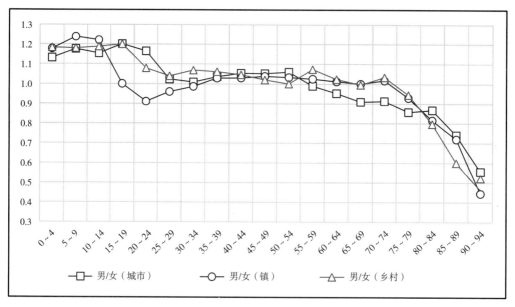

图 3-10　2014 年城市、镇、乡村分年龄段男女数量比

数据来源：根据《2015 年中国人口和就业统计年鉴》自绘

此外，对于 5 ~ 20 岁低龄人口，乡村男性比重较 2001 年增加了 5 ~ 9 个百分点。而乡村老龄人口男女比重失调的情况，2014 年比 2001 年推迟了 5 岁，到 75 岁才开始出现男性比重锐减。

3）纵向比较 2001 与 2014 年乡村人口年龄性别结构（图 3-11、图 3-12），2014 年乡村人口年龄结构较 2001 年变化可分为两个部分：

（1）40 岁以下人口占比大幅减少，其中尤以 10 ~ 20 岁和 30 ~ 40 岁形成两个波谷，分别较 2001 年减少 31 ~ 47 个百分点和 33 ~ 38 个百分点。

（2）40 岁以上人口占比大幅增加，其中又可分为 40 ~ 65 岁和 65 岁以后两个年龄段，前者增幅最低超过 29 个百分点，最高达到 80%；后者增幅最低超过 44 个百分点，80 岁以后达到 2 ~ 3 倍。

2. 生育率和死亡率

在我国人口和就业统计年鉴中，生育率是由 15 ~ 50 岁育龄妇女人数所对应的出生人数按照千分比抽样计算而得，死亡率是由全年龄段死亡人口数占总人口数比例抽样计算而得。

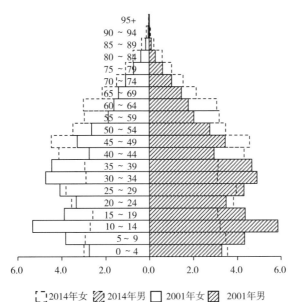

图 3-11　2001 年、2014 年乡村人口年龄性别结构对比图

数据来源：根据 2002 年和 2015 年《中国人口和就业统计年鉴》自绘

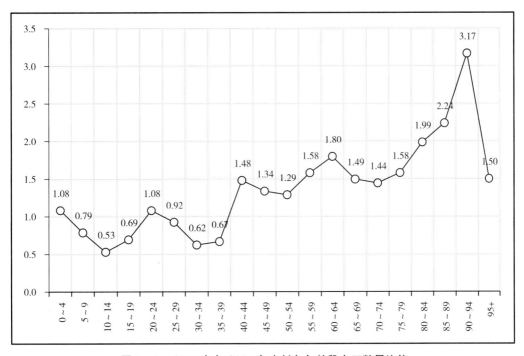

图 3-12　2014 年与 2001 年乡村各年龄段人口数量比值

数据来源：根据 2002 年和 2015 年《中国人口和就业统计年鉴》自绘

　　在 2001—2014 年观察期内，就生育率而言具有两大特征（图 3-13）：①城市、镇、乡村人口生育率变化具有较强的同步性；②各个观察年份都表现出乡村人口生育率最高，镇次之，城市最低的特征。其中，乡村人口生育率高出镇 4.88 ~ 11.20 个千分点，高出城市 10.35 ~ 17.55 个千分点。

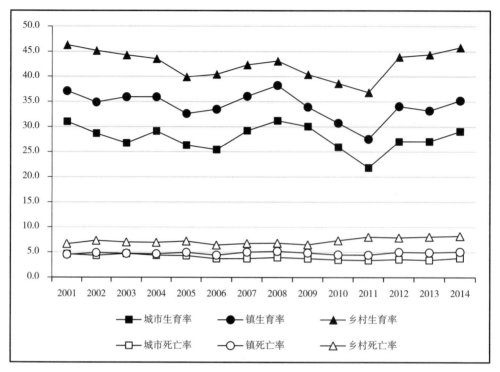

图 3-13　2001—2014 年城市、镇、乡村生育率与死亡率变化图

数据来源：根据 2002—2015 年《中国人口和就业统计年鉴》自绘

就死亡率而言也具有两点特征（图 3-13）：①各观察年份都具有乡村人口死亡率最高，镇次之，城市最低的特征。其中最高年份乡村死亡率达到城市死亡率的 2.37 倍，镇死亡率的 1.80 倍；最低也分别达到 1.44 倍和 1.32 倍；②就变化趋势而言，乡村死亡率有缓慢上升的趋势，从 2001 年的 6.64‰上升到 2014 年的 8.18‰。这与城市死亡率缓慢降低形成鲜明对比，后者从 2001 年的 4.61‰下降到 2014 年的 3.83‰。

单独比较 2001 年和 2014 两个时间截面的城市、镇、乡村生育率（图 3-14），可进一步发现：①从时间进程来看，2014 年生育率较 2001 年更为分散，突出表现在 21 岁以前和 29 岁以后，2014 年的生育率高于 2001 年；而 2001 年生育较为集中的 21 ~ 29 岁，在 2014 年生育率大幅下降超过 30%；②从生育高峰年龄看，乡村比镇、城市明显提前 2 ~ 3 岁，同时生育率也高出镇和城市 30 ~ 60 个千分点。

单独就死亡率而言，分别比较 2001 和 2014 两个年份乡村与城市、乡村与镇的关系（图 3-15），可以发现两点特征：①个别年份除外，乡村死亡率普遍高于城市和镇，并且这一变化从 2001—2014 年有加强的趋势；② 2001 年乡村与城市以及乡村与镇的

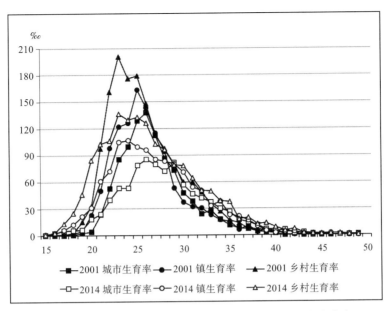

图 3-14　2001 年和 2014 年城市、镇、乡村分年龄段生育率
数据来源：根据 2002 年和 2014 年《中国人口和就业统计年鉴》自绘

死亡率差异在各年龄段较为平均。但这一形势在 2014 年发生了变化，乡村死亡率分别在 20 ~ 50 岁和 15 ~ 55 岁年龄段较镇和城市高了 2 ~ 3 倍。

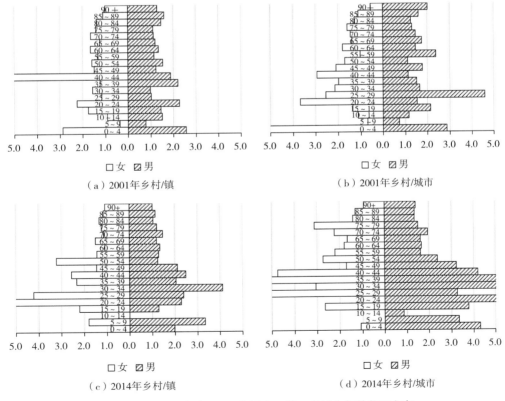

图 3-15　2001 年和 2014 年城市、镇、乡村分年龄段死亡率
数据来源：根据 2002 年和 2014 年《中国人口和就业统计年鉴》自绘

3. 抚养比的变化

抚养比也称抚养系数或人口负担系数，常用来反映某人口总体中，非劳动年龄人口数与劳动年龄人口数的比值。由于非劳动年龄人口又分为 0 ~ 14 岁的少年儿童人口和 65 岁以上的老年人口，所以抚养比又分为少年儿童抚养比、老年人口抚养比以及总人口抚养比。根据 2002 ~ 2015 年《中国人口和就业统计年鉴》对我国城市、镇、乡村抚养比的连续统计，可以绘制 2001 年以来我国人口抚养比的变化曲线（图 3-16），从中可以观察到我国人口抚养比变化的三点特征。

（1）无论 2001 年还是 2014 年，总抚养比、少儿抚养比和老年抚养比都具有乡村高于镇、更高于城市的特点。并且从 2001—2014 年有少儿抚养比降低、老年抚养比升高，以及合成后的总抚养比略微下降的趋势。

（2）城市、镇、乡村的少儿抚养比差异远高于老人抚养比差异。三者比较，少儿抚养比，乡村分别高于镇 3.22 ~ 7.40 个百分点，高于城市 10.18 ~ 14.27 个百分点。此外，城市、镇、乡村少儿抚养比从 2001 年到 2010 年均有明显降低的趋势，2010 年以后保持平稳。

（3）就老年抚养比而言，城市、镇、乡村在 2009 年以前差距不大，总体呈缓慢上升趋势；但城市和镇在 2010 年有所回落，而乡村老年抚养比保持逐年增高，从 2001 年的 11.60% 上升到 2014 年的 16.55%，分别高出 2014 年城市和镇 5.18 和 4.56 个百分点。

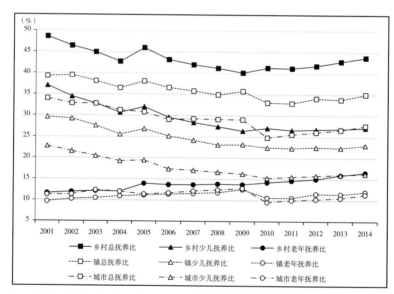

图 3-16　2001—2014 乡村、镇、城市总抚养比、少儿抚养比、老年抚养比变化对比图

数据来源：根据 2002 年和 2015 年《中国人口和就业统计年鉴》自绘

综上，我国人口抚养比变化的最突出特征是乡村老年抚养比的持续上升，总体上看，乡村的人口老化及社会保障问题比城市和镇更为严峻。

4. 受教育程度变化

按照统计年鉴对 2001 和 2014 两个年份城市、镇、乡村人口受教育程度的统计并绘制饼状图（图 3-17），可以发现如下特点：

（1）受教育程度明显具有城市最高、镇次之、乡村最低的特征。

（2）从城市、镇、乡村横向比较来看，就城市而言，主要是大专以上人口增加了13%，小学及以下人口减少 10%；就乡村而言，主要是初中和小学以下人口的此起彼伏，前者增加了 7% 而后者减少了 13%，高中以上人口只增加了 6%；就镇而言，2014 年与2001 年相比变化最小。

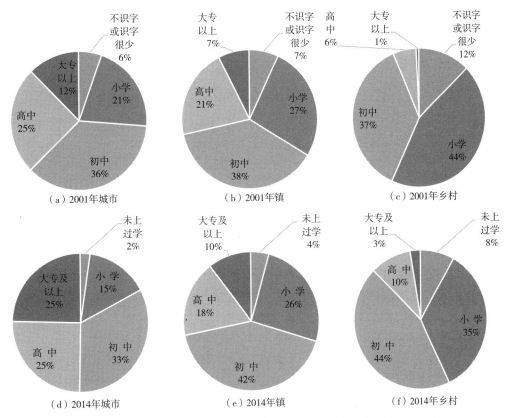

图 3-17　2001 年与 2014 年城市、镇、乡村人口受教育程度变化对比图

数据来源：根据 2002 年和 2015 年《中国人口和就业统计年鉴》自绘

3.1.4　农村人口变迁的其他维度考察

1. 农民工的数量变迁

按照国家统计局发布的《全国农民工监测调查报告》对农民工的定义，所谓农民工，是指户籍仍在农村，在本地从事非农产业或者外出从业 6 个月及以上的劳动者。从定义可以看出，农民工由于其身份性质、从业性质、属地性质这三者都具有明显的城乡

二元特征，因而也是农村人口的重要研究对象维度。

国家统计局自2008年开始建立农民工监测调查制度，主要是通过对全国31个省(自治区、直辖市)的农村地域，包括上千个调查县(区)近万个村和超过20万名农村劳动力，采用入户访问调查的形式按季度连续调查。该数据的连续性好，可信度较高。下文即采用此数据，总结农民工人口学方面的变化特征，以作为对农村人口变迁的补充说明。

1）从总量来看，分别考察农业人口、乡村人口和农民工（图3-18），可以明显看出：以户籍标准划分的农业人口总量保持较为稳定，从2008年的8.82亿变化到2014年的8.73亿，仅减少了1.02%；而以实际居住范围标准划分的乡村人口数量则从7.04亿减少到6.03亿，减少了14.28%；与此同时，农民工数量逐年上升，从2008年的2.25亿增加到2015年的2.77亿，增加了23.09%。

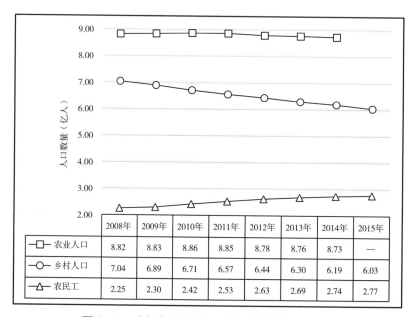

图3-18　乡村人口数量与农民工数量的消长对比

数据来源：根据2008—2015年《国民经济和社会发展统计公报》和《全国农民工监测调查报告》自绘

由上可以看出，在农业户籍这一统一标准下，农民工数量的大幅增加正好对应了农村人口数量的大幅减少。

2）按照从业地域范围的不同，以乡镇为界限，农民工又分为在户籍所在乡镇地域内从业的本地农民工，和在户籍所在乡镇地域外从业的农民工，前者也被称为本地农民工，后者被称为外出农民工。观察2008—2015年两者数量变化趋势（图3-21），可以总结出若干特征。

（1）在以乡镇为界限的农民工的数量构成中，约2/3是外出农民工，1/3是本地农民工。

（2）两者数量都在逐年增加，其中外出农民工从2008年的1.40亿上升到2015年

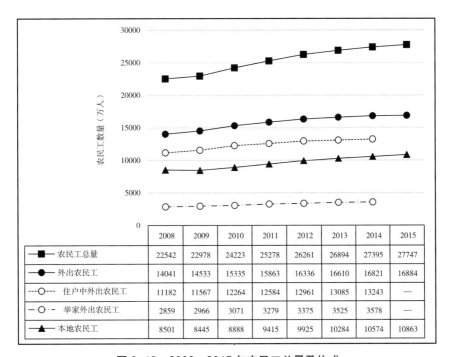

图 3-19　2008—2015 年农民工总量及构成

数据来源：根据 2008—2015 年《全国农民工监测调查报告》自绘

	2008	2009	2010	2011	2012	2013	2014	2015
■　农民工总量	22542	22978	24223	25278	26261	26894	27395	27747
●　外出农民工	14041	14533	15335	15863	16336	16610	16821	16884
----○----　住户中外出农民工	11182	11567	12264	12584	12961	13085	13243	—
-○-　举家外出农民工	2859	2966	3071	3279	3375	3525	3578	—
▲　本地农民工	8501	8445	8888	9415	9925	10284	10574	10863

的 1.69 亿，增加了 20.2%，但占农民工总量的比例却 62.3% 下降到 60.8%；而本地农民工从 2008 年的 0.85 亿上升到 2015 年的 1.09 亿，增加了 27.8%，占农民工总量的比例从 37.7% 上升到 39.2%。由此可以看出，乡镇地域内的农民工份额在不断提高，增长更快。

（3）对于外出农民工，统计又分为住户中外出农民工和举家外出农民工，前者仅指农村劳动力本人，而后者还包括了劳动力家人。从占外出农民工数量比重来看，住户中外出农民工从 2008 年的 1.12 亿人、占比 79.6%，变化到 2014 年的 1.21 亿人、占比 78.7%；而举家外出农民工则从 2008 年的 0.29 亿人、占比 12.7%，变化到 2014 年的 0.36 亿人、占比 13.1%。虽然从总量规模来讲，仍然是住户中外出农民工数量占绝大多数，但举家外出农民工数量增长更快，占所有外出农民工的份额在逐年扩大。

3）农民工的年龄结构正在逐步变化，从图 3-20 中可以明显看出，我国农民工平均年龄呈逐年上升趋势。各年龄段人口数量的变化中，41 ~ 50 岁农民工增幅最大，从 2008 年的 18.6% 增长到 2015 年的 26.9%，增加了 8.3 个百分点；其次是 50 岁以上农民工，增加了 6.5 个百分点。而 40 岁以下各年龄段数量占比都处于下行状态，其中 16 ~ 20 岁减少最快，从 2008 年的 10.7% 减少到 2015 年的 3.7%，减少了 7.0 个百分点；其次是 20 ~ 30 岁和 30 ~ 40 岁，分别减少了 6.1 和 1.7 个百分点。

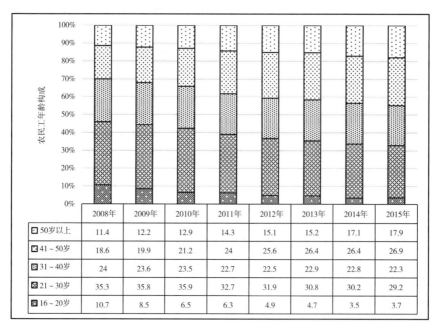

图 3-20　2008—2015 年农民工年龄构成变化

数据来源：根据 2008—2015 年《全国农民工监测调查报告》自绘

农民工年龄结构的变化应与我国人口出生率持续下降、人口红利出现拐点等大趋势有关。

4）从东中西三大区域❶历年农民工跨省流动情况来看，主要有以下两点特征。

（1）横向来看，外出农民工跨省流动以中部地区规模最大、占比最高，西部地区次之，东部地区最少。以 2015 年为例，中部地区外出农民工跨省流动人口为 4024 万（表 3-6），占中部地区外出农民工总量的 61.1%；西部和东部地区分别为 2863 万和 858 万，占各自外出农民工总量的 53.5% 和 17.3%。

（2）纵向来看，除东部区域 2011 年、2012 年两年外，2008—2015 年，东中西三大区域都表现出外出农民工跨省流动占比减小，省内流动比例逐年提高的特征。其中，西部区域共减少 15.1%，东部和中部分别减少 14.8% 和 13.9%（图 3-21）。

2015 年外出农民工地区分布及构成　　　　　　　　　　　　表 3-6

按输出地分	外出农民工总量（万人）			构成（%）		
	外出农民工	其中		外出农民工	其中	
		跨省流动	省内流动		跨省流动	省内流动
合计	16884	7745	9139	100.0	45.9	54.1

❶　东部地区：包括北京、天津、河北、辽宁、上海、江苏、浙江、福建、山东、广东、海南 11 个省（市）。中部地区：包括山西、吉林、黑龙江、安徽、江西、河南、湖北、湖南 8 省。西部地区：包括内蒙古、广西、重庆、四川、贵州、云南、西藏、陕西、甘肃、青海、宁夏、新疆 12 个省（自治区、市）。

续表

按输出地分	外出农民工总量（万人）			构成（%）		
	外出农民工	其中		外出农民工	其中	
		跨省流动	省内流动		跨省流动	省内流动
东部地区	4944	858	4086	100.0	17.3	82.7
中部地区	6592	4024	2568	100.0	61.1	38.9
西部地区	5348	2863	2485	100.0	53.5	46.5.

资料来源：2015 年农民工监测调查报告

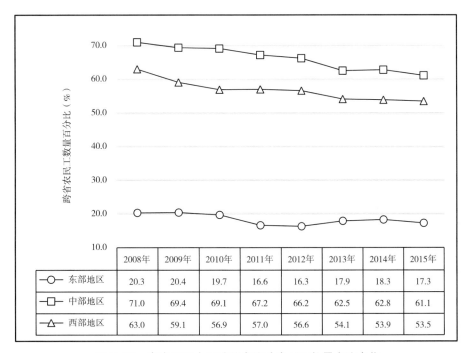

	2008年	2009年	2010年	2011年	2012年	2013年	2014年	2015年
东部地区	20.3	20.4	19.7	16.6	16.3	17.9	18.3	17.3
中部地区	71.0	69.4	69.1	67.2	66.2	62.5	62.8	61.1
西部地区	63.0	59.1	56.9	57.0	56.6	54.1	53.9	53.5

图 3-21　东中西三大区域跨省流动农民工数量占比变化

数据来源：2015 年农民工监测调查报告

5）国家统计局从 2013 年开始，对外出农民工流向的地区分布进行统计（表 3-7）。从 2015 年数据来看，外出农民工跨省流动的占 45.9%，省内乡外的占 54.1%，主要流向是地级市和小城镇，两者各占外出农民工总量的近 1/3。其中，跨省流动的外出农民工主要流向地级市，占整个跨省流动农民工数量的 42.1%；流向省会城市与小城镇的分列二、三位，分别占 22.6% 和 19%。省内乡外流动的外出流动农民工主要流向省内小城镇，占整个省内外出流动农民工的 45.4%，其次是地级市和省会城市，分别为29.1% 和 22.5%。

6）外出农民工从业时间普遍在每年 10 个月左右，即实际居住在农村老家的时间每年只有 2 个月。从 2010—2015 年数据来看，农民工外出从业时间有变长的趋势（图 3-22）。

2015 年外出农民工流向地区分布及构成　　　　　　　　　表 3-7

	合计	直辖市	省会城市	地级市	小城镇	其他
外出农民工总量（万人）	16884	1460	3811	5919	5621	73
其中：跨省流动	7745	1188	1752	3258	1473	73
省内乡外流动	9139	272	2059	2660	4148	0
外出农民工构成（%）	100	8.6	22.6	35.1	33.3	0.4
其中：跨省流动	100	15.3	22.6	42.1	19	0.9
省内乡外流动	100	3	22.5	29.1	45.4	0

资料来源：2015 年农民工监测调查报告

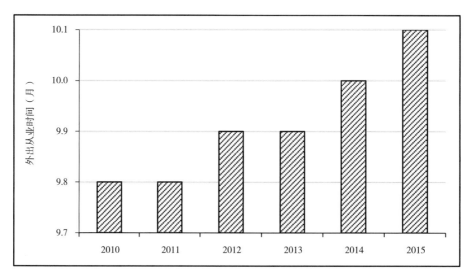

图 3-22　2010—2015 年外出农民工从业时间

数据来源：2015 年农民工监测调查报告

2. 城乡居民收入水平与消费水平的变迁和比较

改革开放以来，城乡居民收入大幅提高。根据 2015 年《中国财政年鉴》统计数据，2014 年城镇居民人均可支配收入和农村居民人均纯收入分别为 29381 元和 9892 元，除去价格因素影响，分别是 1978 年的 13.1 倍和 14.0 倍。但与此同时，城乡收入差距也在不断扩大（图 3-23）。改革开放初期的城乡收入比为 2.57，在经历了 20 世纪 80 年代中期和 20 世纪 90 年代中期两次短暂缩小后，快速上升到了 2009 年的最高点 3.33；直到近年来才又开始逐步缩小，2014 年城乡收入比降为 2.97，但仍比改革开放初期的城乡收入比高出 0.4。

随着收入的大幅提高，消费水平也不断提高（图 3-25）。2014 年城镇和农村居民家庭人均生活消费支出分别为 18022 元和 6626 元，除去价格因素影响，分别是 1978 年的 9.6 倍和 10.5 倍。相比收入差距，城乡消费差距缩小得更快，改革开放初的城乡

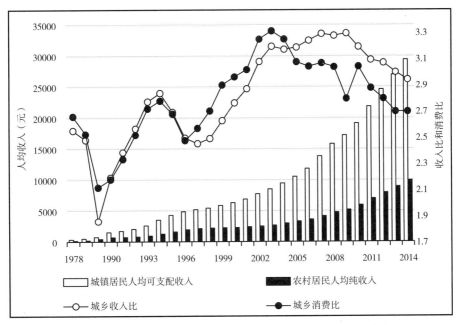

图 3-23　1978—2014 年城乡居民人均收入变化与收入对比、消费对比

数据来源：根据 2015 年《中国财政年鉴》

消费比为 2.68，在同样经历了 20 世纪 80 年代中期和 20 世纪 90 年代中期两次缩小后，在 2003 年达到最大值 3.35，之后近 10 年在逐步减少，到 2013 降为 2.72，仅仅比改革开放初期城乡消费比高出 0.04。

恩格尔系数指食品支出总额占个人消费支出总额的比重，常用来反映一个家庭或国家的富裕程度。通常认为恩格尔系数达 59% 以上为贫困，50% ~ 59% 为温饱，40% ~ 50% 为小康，30% ~ 40% 为富裕，低于 30% 为最富裕。根据这一标准，按照《中国人口年鉴》的数据，我国农村在 1984 年以前处于贫困状态，1985 年进入温饱，2000 实现小康，2012 年实现富裕，比城市晚了 12 年（图 3-24）。

3. 城乡 60 岁及以上老龄人口的生活来源比较

《中国人口就业和统计年鉴》2007—2010 年对我国 60 岁及以上老龄人口生活来源，分城市、镇、乡村进行了统计。生活来源的细分包括劳动收入、离退休金或养老金、最低生活保障金、财产性收入、家庭其他成员供养及其他等六大类。

以 2010 年为例，乡村 60 岁及以上人口生活来源，第一是靠家庭其他成员供养，占总生活来源的 47.7%；其次是靠劳动收入，占 41.2%；离退休金、养老金和最低生活保障金分别占 4.6% 和 4.5%；财产性收入和其他收入分别仅占 0.2% 和 1.8%（表 3-8）。

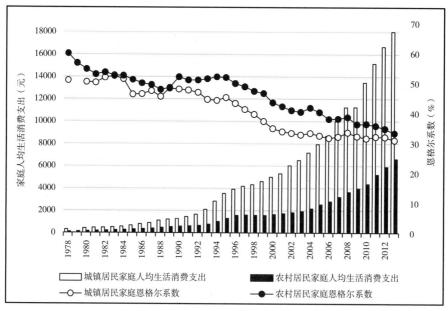

图 3-24　1978—2014 年城乡居民家庭人均生活消费支出及恩格尔系数变化

数据来源：根据《中国人口年鉴（2014 年）》自绘

2010 年城市、镇、乡村 60 岁及以上人口生活来源构成　　表 3-8

	劳动收入	离退休金、养老金	最低生活保障金	财产性收入	家庭其他成员供养	其他
城市	6.6%	66.3%	2.3%	0.7%	22.4%	1.6%
镇	22.3%	26.3%	4.2%	0.5%	44.5%	2.2%
乡村	41.2%	4.6%	4.5%	0.2%	47.7%	1.8%

数据来源：根据《中国人口和就业统计年鉴（2011 年）》自绘

　　城市情况与农村形成鲜明对比。在城市 60 岁及以上人口生活来源中，66.3% 是靠离退休金、养老金；其次是子女供养，占 22.4%。镇的情况与农村类似，主要也是靠子女供养，占总生活来源的 44.5%；与农村不同之处在于，镇 60 岁及以上人口生活来源中，劳动收入占比只有农村的一半，而离退休金、养老金则高出农村 20%。

　　再与 2007 年城镇乡 60 岁及以上人口生活来源构成相对比（表 3-9），可以进一步看出乡村生活来源中，家庭其他成员供养和最低生活保障金两项增长较快，分别增长了 5.4% 和 2.8%，使得劳动收入占比从 2007 年的 50.0% 下降到 2010 年的 41.2%。

2007 年城市、镇、乡村 60 岁及以上人口生活来源构成　　表 3-9

	劳动收入	离退休金、养老金	最低生活保障金	家庭其他成员供养	其他
城市	6.7%	66.9%	2.1%	21.9%	2.4%
镇	28.7%	21.7%	2.9%	44.2%	2.6%
乡村	50.0%	4.2%	1.7%	42.3%	1.7%

数据来源：根据《中国人口和就业统计年鉴（2008 年）》自绘

　　由上述分析可以看出，我国乡村 60 岁及以上人口生活来源主要是靠家庭其他成员供养和自身劳动，并且随着子女供养的增多以及社会最低生活保障金的不断提高，自身劳动收入比重在不断降低。这反映了农村老年人对子女的依赖加强，同时社会保障也在不断改善。

图 3-25 进一步地反映了 2011 年全国城市、镇、乡村 60 岁及以上人口具体各年龄生活来源构成。其中，与城市、镇相比，乡村 60 岁及以上人口的生活来源在 68 岁以前主要都是依靠自身劳动收入，68 岁以后家庭其他成员供养才逐渐占主要地位。此外，从劳动年龄的延续时间看，也明显具有乡村大于镇、大于城市的特征。

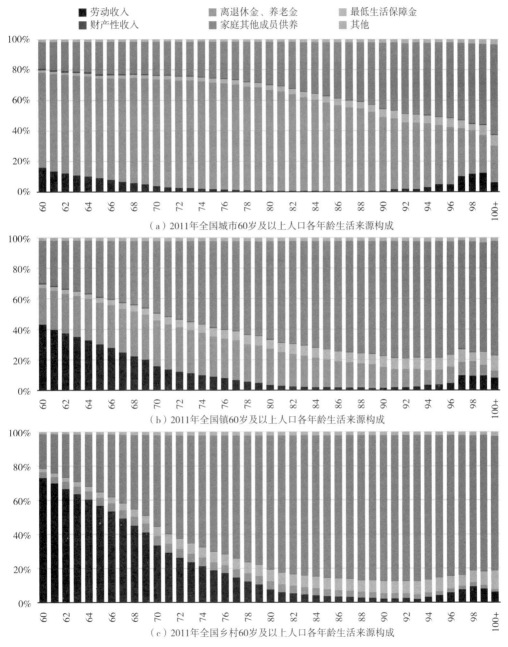

图 3-25 2011 年全国城市、镇、乡村 60 岁及以上人口各年龄生活来源构成

数据来源：根据《中国人口和就业统计年鉴（2011 年）》自绘

3.2 农村空间变迁的统计分析

3.2.1 城乡行政单元的数量变迁

城乡行政单元的数量变迁是指市、县、镇、乡以及村庄（行政村）的数量变化，牵涉行政区划调整和公共资源配置的变化，一定程度上反映了城乡体系的变化趋势。改革开放后，特别是 1990 年以来，我国城乡体系经历了城市（包括县级市和地级市）和镇的数量增加，以及县、乡、村庄的数量减少（图 3-26、表 3-10）的演变过程。

1990 年，我国的乡和村庄的数量分别为 4.02 万和 377.3 万个；到 2014 年，这一数字分别减少到 1.19 万和 270.2 万，减少了 70% 和 28%。县城数量则先后从 1978 年的 2153 个，减少到 1990 年的 1903 个，再到 2014 年的 1596 个；后者相比 1978 和 1990 年分别减少了 26% 和 16%。而城市数量则从 1978 年的 193 个，快速增加到 1990 年的 467 个和 2014 年的 653 个，后者分别是 1978 年和 1990 年的 3.38 倍和 1.40 倍。建制镇则从 1990 年的 1.01 万个增加到 2014 年的 1.77 万个，增加了 75%。

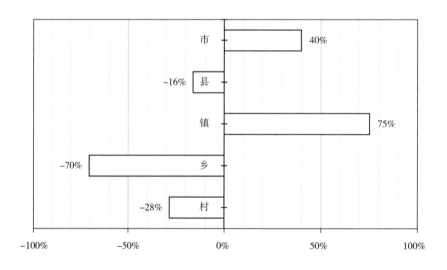

图 3-26　2014 年相比 1990 年我国市、县、镇、乡、村数量变化对比图

数据来源：根据《中国城乡建设统计年鉴（2014 年）》自绘

年份	市（个）	其中		县（个）	镇（万个）	乡（万个）	村庄（万个）
		地级	县级				
1978	193	98	92	2153	—	—	—
1979	216	104	109	2153	—	—	—
1980	223	107	113	2151	—	—	—
1981	226	110	113	2144	—	—	—

我国历年市、县、镇、乡、村庄数量变化　　表 3-10

续表

年份	市（个）	其中		县（个）	镇（万个）	乡（万个）	村庄（万个）
		地级	县级				
1982	245	109	133	2140	—	—	—
1983	281	137	141	2091	—	—	—
1984	300	148	149	2069	—	—	—
1985	324	162	159	2046	—	—	—
1986	353	166	184	2017	—	—	—
1987	381	170	208	1986	—	—	—
1988	434	183	248	1936	—	—	—
1989	450	185	262	1919	—	—	—
1990	467	185	279	1903	1.01	4.02	377.30
1991	479	187	289	1894	1.03	3.90	376.20
1992	517	191	323	1848	1.20	3.72	375.50
1993	570	196	371	1795	1.29	3.64	372.10
1994	622	206	413	1735	1.43	3.39	371.30
1995	640	210	427	1716	1.50	3.42	369.50
1996	666	218	445	1696	1.58	3.15	367.60
1997	668	222	442	1693	1.65	3.03	365.90
1998	668	227	437	1689	1.70	2.91	355.80
1999	667	236	427	1682	1.73	2.87	359.00
2000	663	259	400	1674	1.79	2.76	353.70
2001	662	265	393	1660	1.81	2.35	345.90
2002	660	275	381	1649	1.84	2.26	339.60
2003	660	282	374	1642	1.81	2.22	330.15
2004	661	283	374	1636	1.78	2.18	320.70
2005	661	283	374	1636	1.77	2.07	313.70
2006	656	283	369	1635	1.77	1.46	270.90
2007	655	283	368	1635	1.67	1.42	264.70
2008	655	283	368	1635	1.70	1.41	266.60
2009	654	283	367	1636	1.69	1.39	271.40
2010	657	283	370	1633	1.68	1.37	273.00
2011	657	284	369	1627	1.71	1.29	266.90
2012	657	285	368	1624	1.72	1.27	267.00
2013	658	286	368	1613	1.74	1.23	265.00
2014	653	288	361	1596	1.77	1.19	270.20

数据来源:《中国城乡建设统计年鉴（2014 年）》

若以 1990 年为基期，将城乡体系中的城镇乡村数量按照可比数据进行对比，可以进一步看出变化趋势（图 3-27）。主要为：① 1990 年以前，地级市和县级市数量逐年递增，并且县级市增幅大于地级市，而县城数量则缓慢减少。② 1990 年以后，就城市而言，2000 年以前县级市增幅最大，1997 年达到峰值；2000 年以后地级市增幅超过县级市，并在 2003 年之后城市数量进入相对稳定。③ 1990 年以后，建制镇的数量大幅增加，2002 年以后有所回落，至 2007 又开始缓慢上升。④ 1990 年以后县城、乡、村庄数量持续减少，其中县城数量变化较为平缓；村庄数量在 2006 年以后保持相对稳定；而乡的数量持续下降。

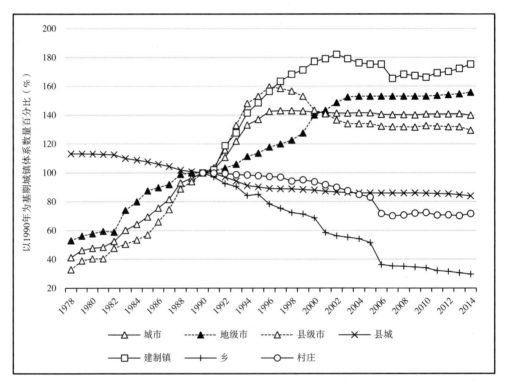

图 3-27　城乡体系可比的数量幅度变化

数据来源：根据《中国城乡建设统计年鉴（2014 年）》自绘

3.2.2　农村人居空间变迁

农村人居空间包括生活、公共服务和非农产业等空间。本研究首先从农村建设用地和住宅建筑面积两方面做分析。

1. 农村建设用地面积变迁

根据《中国城乡建设统计年鉴（2014 年）》对城乡建成区的土地使用情况统计，可以纵向考察农村非农建设用地的变化，并与城市、县城、镇、乡进行横向对比（图 3-28）。

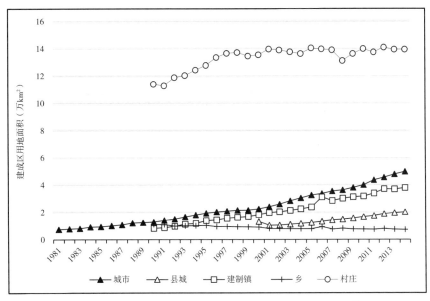

图 3-28 城镇乡建成区用地面积和村庄现状用地面积 ❶

数据来源：根据 2014 年《中国城乡建设统计年鉴》自绘

1）总建设用地变迁

（1）从总量来看，在城乡体系中，历年来均是村庄建设用地面积数量最大，2014 年为 13.94 万 km²，其后依次是城市 4.98 万 km²、建制镇 3.80 万 km²、县城 2.01 万 km² 和乡（集镇）0.72 万 km²。

（2）从增加量来看，以 1990 年为基准，至 2014 年建设用地增加面积最多的是城市，15 年间共增加了 3.69 万 km²；其次是建制镇增加了 2.97 万 km²、村庄增加了 2.54 万 km²；县城 2014 年较 2000 年增加了 2.01 万 km²。只有乡（集镇）减少了 0.38 万 km²。

（3）从城乡体系的建设用地总量构成来看（图 3-29），以 2000 年为基准，主要表现为村庄占比下降，从 68.3% 下降到 2014 年的 54.8%；其次是乡，从 4.6% 下降到 2.8%。占比增加的主要是城市、建制镇和县城，分别从 2000 年的 11.3%、9.2%、6.6% 增加到 2014 年的 19.6%、14.9% 和 7.9%。

2）人均建设用地变迁

在历年中国城乡建设统计年鉴中，因为统计口径的原因，2006 年建制镇和乡的人口数据较 2005 年发生了突变，用以计算人均建设用地面积时会产生严重误差，故此考察人均建设用地变迁时将建制镇和乡排除，仅对城市、镇、村庄进行对比（图 3-30）。

（1）村庄人均建设用地面积远大于县城和城市。就相对比值而言，即便村庄人均建设用地面积已经从城市的 3.43 倍逐渐缩小到 1.75 倍，从县城的 1.81 倍缩小到 1.57 倍，

❶ 统计年鉴中，除乡村的指标是"现状用地面积"，其余城市、县城、建制镇、乡均采用"建成区面积"。县城为 2000 年以来数据（下同）。

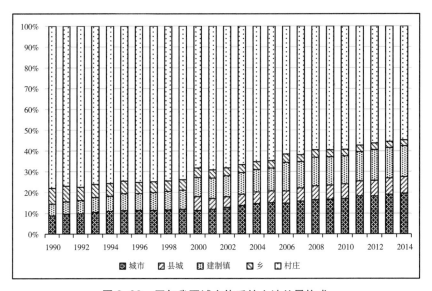

图 3-29　历年我国城乡体系的土地总量构成

数据来源：根据 2014 年《中国城乡建设统计年鉴》自绘

但就绝对量而言村庄仍然比城市大出 85 ～ 110 m²，比县城大出 55 ～ 85 m²。

（2）城市、县城、村庄的人均建设用地面积均呈上升趋势。其中，村庄人均建设用地面积从 1990 年的 135.50 m² 上升到 2014 年的 225.34 m²；城市人均建设用地面积从 1990 年的 39.52 m² 上升到 2014 年的 129.02 m²。两者均增加了约 90 m²。与县城相比，2000 年村庄和县城人均建设用地面积分别为 167.66m² 和 92.78m²，到 2014 年，村庄和县城数据变为 225.34m² 和 143.26m²，分别较 2000 年增加了 50.48m² 和 57.68m²。

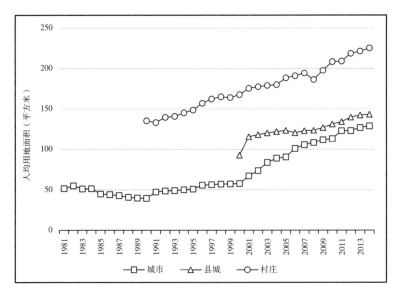

图 3-30　城乡体系中人均用地面积变化

数据来源：根据 2014 年《中国城乡建设统计年鉴》自绘

村庄总建设用地面积以及人均建设用地面积的逐年增加，与村庄常住人口的逐年减少（图 3-1）形成了鲜明对比。

2. 人均住宅建筑面积变迁

农村空间的另一重要组成部分是住宅空间。《中国城乡建设统计年鉴（2014）》和《2015 年城乡建设统计公报》相关数据显示，1990 年以来，我国建制镇、乡和村庄❶都经历了人均住宅建筑面积的大幅提升（图 3-31）。①村庄人均住宅建筑面积从 1990 年的 20.3 m²，增加到 2015 年的 33.37m²，增长了 64%。② 2007 年以前，村庄人均住宅建筑面积高于乡和建制镇，2007 年以后，建制镇的人均住宅建筑面积反超村庄，2015 年达到 34.6 m²，相比 1990 的 19.9 m² 增加了 74%。③乡人均住宅建筑面积在三者中最小，其变化与村庄接近，2015 年达到 31.17m²，相比 1990 的 19.1m² 增加了 63%。

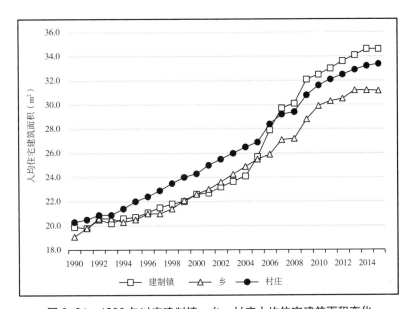

图 3-31　1990 年以来建制镇、乡、村庄人均住宅建筑面积变化

数据来源：根据《中国城乡建设统计年鉴（2014 年）》和《2015 年城乡建设统计公报》自绘

村庄人居住宅建筑面积的逐年递增与村庄常住人口的逐年减少（图 3-1）形成了鲜明对比。

3.2.3　农村公共服务设施配置变迁

农村公共服务设施是农村人居空间的重要内容，也是城乡规划的重要对象。本节主要从教育、卫生、文化、养老四个领域，考察我国历年农村公共服务设施配置的变化情况。

---

❶ 城乡建设统计年鉴和城乡建设统计公报中，均没有对城市、县城的人均住宅建筑面积的统计。

1. 教育设施变迁

1）普通学校数量不断缩减

改革开放以来，承担基础教育的我国农村普通学校经历了大幅度的数量缩减。其中高初中学校数量缩减可以分为两个阶段：① 1978—1984 年的快速缩减阶段，高初中分别从 1978 年的 3.6 万和 10.7 万所缩减到 1984 年的 0.7 万和 6.5 万所，分别减少了80% 和 40%，每年平均分别减少 4000 所和 6000 所。② 1984 年至今的平稳缩减阶段，2014 年高初中学校数量分别为 667 所和 17707 所，20 年间各自又分别减少了 90% 和73%，每年平均分别减少约 200 所和 1500 所。小学数量自改革开放以来呈直线下降，从 1978 年的 92 万所直线减少到 2014 年的 13 万所，每年缩减 2.1 万所，如图 3-32（a）、（e）、（i）所示。

2）教师和学生数量总体缩减

与农村学校数量不断缩减相并行的是农村中小学教师和学生数量的下降。在这一过程中，高初中的变化同样可以分为三个阶段：① 1978—1984 年农村高初中师生人数快速缩减阶段；② 1984—2006 年平稳回升阶段；③ 2006 年前后至今的缩减阶段。就最近一阶段来看，高初中老师数量分别从 2006 年的 13 万和 150 万减少到 2014 年的 6 万和 69 万，9 年间两者均减少了 54%；学生数量则分别从 2006 年的 232 万和 2004 年的 3168 万减少到 79 万和 749 万，减少了 2/3，如图 3-32（b）、（c）、（f）、（g）、（j）、（k）所示。

小学师生数量减少情况较高初中更为明显，其中除小学生数量在 20 世纪 90 年代中期略有回升外，整个改革开放以来的 30 多年来，农村小学教师和学生数量都在不断下降。1978 年我国小学教师和学生数量分别为 454 万和 1.29 亿，到 2014 年已经减为212 万和 3050 万人。

3）师生比近年来不断降低

农村普通学校专任教师属于事业单位人员，一方面其数量相较于学生更为稳定，另一方面也反映了公共资源在农村的投放力度。从图 3-32 可以看出，1978 年以来，我国农村普通学校师生比大致经历了 4 次起落。①改革开放初的高师生比，高、初、小分别达到 22、20 和 28；② 20 世纪 90 年代的低师生比分别为 11、17 和 23；③ 2000 前后回升到 18、20 和 25；④ 2000 年前后至今持续下降，到 2014 年我国农村高中、初中、小学师生比已经降为为 14、11、14，亦即状况在改善。

2. 卫生设施变迁

随着农村人口数量的不断变化，农村医疗卫生机构和医疗卫生人员也在发生变化。其中，农村医疗卫生机构主要包括乡镇一级的卫生院和村一级的卫生室，前者从 1995年的 5.2 万所逐年减少到 2014 年的 3.7 万所，后者也从 20 世纪 90 年代高峰时期的约80 万所减少到 2014 年的 65 万所，期间在 2003 年左右曾最低减少到 51.5 万所，如图 3-33（a）、（b）所示。

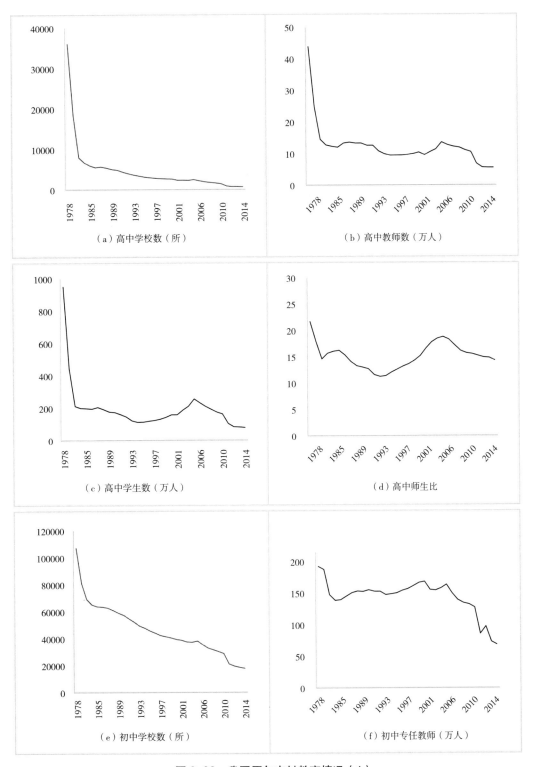

图 3-32　我国历年农村教育情况（1）

数据来源：根据历年《中国农村统计年鉴》自绘

图 3-32 我国历年农村教育情况（2）

数据来源：根据历年《中国农村统计年鉴》自绘

就医卫人员来讲，乡村医生数量从 20 世纪 80 年代初的 60 万人平稳增加到 2014 年的 98 万人，而卫生员数量则先是从 1980 年的 236 万人快速减少到 1990 年的 45 万人，然后缓慢减少到 2000 年初的约 7 万余人，之后保持相对稳定。两者结合来看，近年我国农村平均到每个村的乡村医生和卫生员人数保持在 1.3 ～ 1.8 人，如图 3-33（c）、（d）所示。

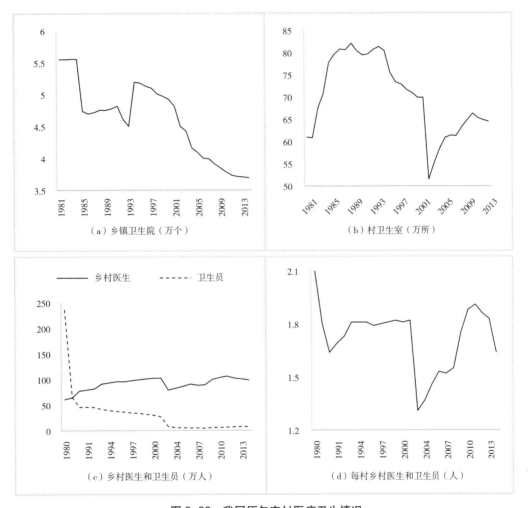

（a）乡镇卫生院（万个）

（b）村卫生室（万所）

（c）乡村医生和卫生员（万人）

（d）每村乡村医生和卫生员（人）

图 3-33　我国历年农村医疗卫生情况

数据来源：根据 2015 年《中国卫生和计划生育统计年鉴》自绘

3. 文化设施变迁

以乡镇文化站为代表的农村文化设施，自改革开放以来先后经历了 20 世纪 80 年代的短暂扩张，到 1988 年达到顶峰，约 5 万余个；之后开始逐渐减少，2006 年为最低，减少至 3.3 万个。2006 年以后，得益于实施"社会主义新农村"建设，乡镇文化站数量有所回升；2014 年增长到了 3.4 万个（图 3-34），更多的变化应是在质量上。

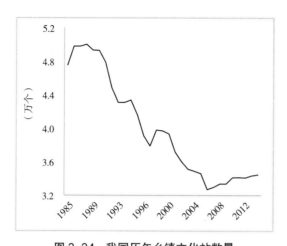

图 3-34　我国历年乡镇文化站数量

数据来源: 根据历年《中国农村统计年鉴》自绘

4. 养老设施变迁

随着我国农村老龄化程度的不断加剧（见图 3-9、表 3-5），农村养老机构的数量也在不断增加。根据 2015 年《中国民政统计年鉴（中国社会服务统计资料）》对城乡提供住宿的养老服务机构进行的历年统计 ❶，可以看出我国农村养老设施变迁有如下特点。

（1）改革开放初到 20 世纪 90 年代以前，城乡养老服务机构数量快速攀升。农村养老机构从 1978 年的 0.78 万个，增加到 1989 年的 2.96 万个。20 世纪 90 年代以后，农村养老机构数量起伏较大，但基本维持在 2.4 万～ 3.4 万个。2014 年农村养老机构数量为 3.30 万个，如图 3-35（a）所示。

（2）单个养老机构的规模在不断扩大，床位数在不断增多。其中农村单个养老机构平均床位数由最低时期 1987 年的 14 个增加到 2014 年的 106 个。城市单个养老机构比农村规模大，且 2000 年以来城乡差距不断扩大，2014 年城市单个养老机构床位数达到最高的 160 个，如图 3-35（b）所示。

（3）从收养老人数量来看，总量上讲，改革开放以来城乡养老机构收养老人数量有了大幅增加。其中农村养老机构 1978 年收养老人 10.6 万人，2005 年的达到 67.9 万人，继而快速增加到 2013 年的 201 万人，如图 3-35（c）所示。

（4）虽然总量上农村养老机构比城市收养老人多，但单个养老机构收养人数农村小于城市。就单个养老机构收养老人数量而言，城市经历了先减少后增加的过程，从改革开放初的平均 78 人减少到 1990 年的 20 ～ 28 人；2000 年后逐渐恢复，2014 年达到平均每个机构收养 77 人。农村单个养老机构收养人数经历了 2005 年之前的缓慢增

---

❶　统计中 1995—1999 年未区分城乡，故这 5 年的城市和农村数据空缺。

长，从 1978 年的机构平均 14 人增加到 2005 年的 23 人。2005 年以后开始快速上涨，到 2013 年农村养老机构平均收养老人数量达到 67 人，如图 3-35（d）所示。

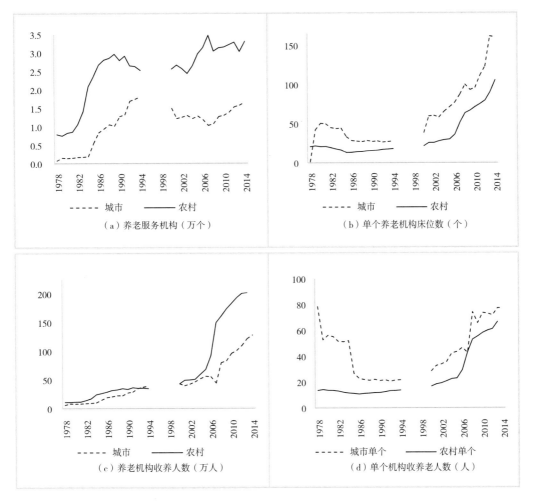

（a）养老服务机构（万个）

（b）单个养老机构床位数（个）

（c）养老机构收养人数（万人）

（d）单个机构收养老人数（人）

图 3-35　我国历年养老服务情况

数据来源：根据 2015《中国民政统计年鉴（中国社会服务统计资料）》自绘

3.2.4　农村生产空间变迁

农村生产空间是与农村人居空间相并行的另一类空间。随着城乡间信息、资源、技术交流的日益深入，农村中出现了诸多新的生产方式和生产空间。但是与城市相比，农业仍然是农村的主要产业，农业活动空间仍然是农村最主要的生产空间。以农作物总播种面积代表农业生产空间，根据历年中国农村统计年鉴数据整理可以看出如下特征（图 3-36）。

（1）改革开放以来，我国农作物总播种面积总体呈上升态势。1978 年我国农作物总播种面积为 15010.4 万 hm^2，到 2014 年增加到 16544.6 万 hm^2，增加了 1534.2

万 hm²，是改革开放初的 1.1 倍。

（2）农作物总播种面积变化有较大起伏。1978 年以来，分别经历了周期不一的 4 次波峰波谷，体现了农村生产空间的多变特性。

（3）2007 年以来，农作物总播种面积已经连续 8 年保持减速上升态势。

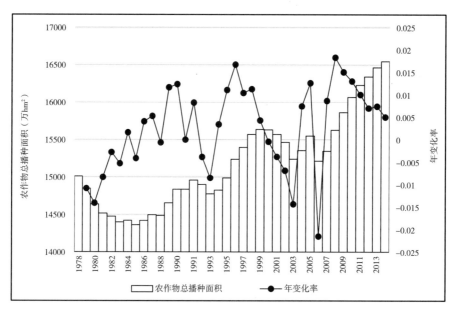

图 3-36　我国历年农作物总播种面积变化

数据来源：根据 1995 年和 2015 年《中国农村统计年鉴》自绘

3.3　农村人居空间变迁模型描述

在统计分析所揭示的直观现象基础上，似可进一步通过数理模型来加以分析研究，以求获得对农村人居空间变迁的抽象描述。

3.3.1　农村人居空间变迁的模型研究

1. 模型原理

认识农村人居空间变迁，既可以单独从"人口变迁"角度去认识，包括人口的时序变迁、空间变迁、结构变迁等，也可以从"空间变迁"角度展开，包括农村数量、现状用地、住宅建筑以及公共服务设施等的变迁。此外，作为一个动态的整体，更重要、更全面的是从"人口变迁"和"空间变迁"两者对比的角度来展开分析研究。

本章提出的农村人居空间变迁的"R_a-R_s 变化率模型"核心即是通过将空间的变化率 R_s 与人的变化率 R_a 相比，来获得对农村人居空间变迁的整体认识（图 3-37）。其中，横轴为人居活动变化率 R_a，纵轴为人居空间变化率 R_s，过原点有一条 45° 线。坐标系上的每个点可称为人居空间变迁点，对应一组坐标（R_a，R_s），表示一单位观察期内，某人居空间变迁的状态。该点到原点的斜率为人居空间变迁的弹性系数 I。

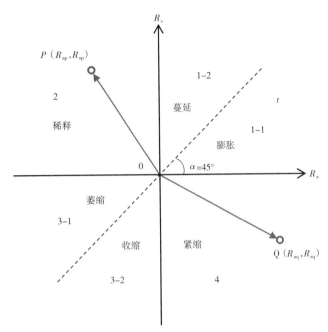

图 3-37　农村人居空间变迁的 R_a-R_s 变化率模型

数据来源：自绘

模型中：

横轴 R_a 为人居活动变化率（式 3-1），反映农民活动增减或强弱；

纵轴 R_s 为人居空间变化率（式 3-2），反映农村空间变化的大小和快慢；

坐标系上的每个点对应一组坐标（R_a，R_s），表示一段观察期内某人居空间变迁的状态；

坐标系上任意点到原点的斜率 I，又称为该段时期人居空间变迁的弹性系数（式 3-3），其意义是空间变迁相对于人口变迁的难易程度；

虚线以及坐标轴代表了人居空间演变的临界点。

模型中，根据 R_s 和 R_a 的正负及大小，对照图 3-37，可将农村人居空间变迁抽象为 6 种类型：膨胀、蔓延、稀释、萎缩、收缩、紧缩。

区间 1 表示农民活动与农村空间都在增长；其中的区间 1-1 表示农民活动增长更快，农村空间表现为缓慢膨胀（$R_a > R_s > 0, 0 < I < 1$）；区间 1-2 表示农村空间增长更快，人居空间表现为粗放蔓延（$R_s > R_a > 0, I > 1$）。

区间 2 表示农村空间增加，而农民活动减少，即人居空间的利用率下降，可称之为空间稀释（$R_a < 0, R_s > 0, I < 0$）。

区间 3 表示农民活动与农村空间都在减少。其中区间 3-1 表示农村空间减少慢而农民活动减少快，人居空间表现为萎缩（$R_a < R_s < 0, 0 < I < 1$）；而区间 3-2 表示农村空间减少快而农民活动减少慢，其人居空间变化的特点可称为空间收缩（$R_s < R_a < 0, I > 1$）。

区间 4 表示农民活动增加而农村空间减少，人居空间表现为紧缩（$R_a > 0, R_s < 0, I < 0$）。此种状态下的农村人居空间变迁已经接近城镇化的状态。

大体上，萎缩、稀释、蔓延这几种情形都可归为粗放变化态势。

2. 模型建构

在实际应用中可采用变化率模型，通过对人与空间两个变量分别进行期初和期末两个时点的考察，以理性认识和概括描绘整个人居空间变迁状况。对此有两点需要说明：

（1）就人与空间而言，其各自属性均很多：如人的属性还包括性别、职业、文化程度、宗教信仰等；就空间而言，还包括区位、新旧、造价等。本章出于属性上的可比，选择人口数量和空间数量分别代表人居和空间，从而使两者相互关系可比，即数量关系的对比。同时本章也认为人和空间的数量变化，是认识和评判人居空间变迁的主要切入点。

（2）从技术层面看，不同于城市人居空间的异质性、多层级、规模大、结构复杂等特征，农村人居空间由于自身的相对均值、单一、结构简单、规模较小，适宜于用人和空间关系的数量分析方法。

模型的具体建构如下：

任意时间段 t 内，人居活动变化率 R_{at}（用人口数量表示）的计算公式为：

$$R_{at} = \frac{Q_{at} - Q_{at0}}{Q_{at0}} \tag{3-1}$$

式中，Q_{at} 为考察期期末的人口数量，Q_{a0} 为考察期期初的人口数量。

人居空间变化率 R_{st}（用现状用地面积或建筑面积表示）的计算公式为：

$$R_{st} = \frac{Q_{st} - Q_{st0}}{Q_{st0}} \tag{3-2}$$

式中，Q_{st} 为考察期期末的农村用地面积，Q_{s0} 为考察期期初的用地面积。

人居空间变迁的弹性系数 I_t 的计算公式为：

$$I_t = \frac{R_{st}}{R_{at}} \tag{3-3}$$

对此模型建构还有如下 3 点需要特别说明：

（1）在表征人的变化和空间的变化时，模型选用了变化率而不是变化量。这一方面是因为前者统一了量纲使得可比性更强；另一方面是变化率还反映了变化强度，模型效果更好。

（2）I（人居空间弹性系数，或称惯性系数）的意义是衡量空间变化受人居活动的影响程度。I 的绝对值越大，人居空间越富有弹性；I 的值为正，人居空间随人居活动同方向变化的程度越深。

（3）模型中对考察期 t 的设定非常重要。一般而言，人居空间变迁的效果要较长时间才能显现；如果仅仅通过考察一段长时间，如 T 年的首尾两个时点来判断人居空间变迁，那么将遗漏大量中间过程的变化信息。此时，考虑时间的连贯性，可将长时间 T 分成 t 段（$t \in \mathrm{N}$ 且 $t \geqslant 1$），每一段为一年，则长时间 T 年内的人居空间变迁又可用矩阵 $T_{a \times s}$ 表示。

$$T_{a \times s} = \begin{bmatrix} R_{a1} & R_{s1} \\ R_{a2} & R_{s2} \\ \vdots & \vdots \\ R_{at-1} & R_{st-1} \\ R_{at} & R_{st} \end{bmatrix} \quad (3\text{-}4)$$

$$= \begin{bmatrix} \dfrac{Q_{at1} - Q_{at0}}{Q_{at0}} & \dfrac{Q_{st1} - Q_{st0}}{Q_{st0}} \\[2ex] \dfrac{Q_{at2} - Q_{at1}}{Q_{at1}} & \dfrac{Q_{st2} - Q_{st1}}{Q_{st1}} \\[2ex] \vdots & \vdots \\[2ex] \dfrac{Q_{at-1} - Q_{at-2}}{Q_{at-2}} & \dfrac{Q_{st-1} - Q_{st-2}}{Q_{st-2}} \\[2ex] \dfrac{Q_{at} - Q_{at-1}}{Q_{at-1}} & \dfrac{Q_{st} - Q_{st-1}}{Q_{st-1}} \end{bmatrix} \quad (3\text{-}5)$$

3.3.2　全国农村人居空间变迁

1. 数据来源

本章用上述模型对全国层面的农村人居空间变迁进行模拟分析。其中，农村人居活动年变化率 R_a 用乡村人口数量计算，数据来源自《2015 年中国统计年鉴》，时间范围为 1978—2014 年。农村人居空间年变化率 R_s 分别用村庄现状用地面积和农村年末实有住宅建筑面积计算，数据来源自《2014 年城乡建设统计年鉴》，数据范围为

1990—2014 年。本章还采用农作物播种面积表示农业生产空间，以作为人居空间变迁的对照；其面积变化率可反映农业生产空间年变化率 R_{sp}，数据来源自 1985 年、1990 年、2015 年共三年的《中国农村统计年鉴》，数据范围为 1978—2014 年。

2. 模拟结果

20 世纪 90 年代以来，基于农村常住人口与空间要素相互关系分析的我国农村人居空间变迁如表 3-11、图 3-38，表 3-12、图 3-39 所示，农村农业生产空间变迁如表 3-13、图 3-40 所示。作为时间上的补充和对照，1978 年以来，农村农业生产空间变迁如表 3-14、图 3-41 所示。

1）1990 年以来由村庄现状用地面积反映的我国农村人居空间变迁（表 3-11 及图 3-38）

1990 年以来我国村庄面积与人口数量变化情况　　　　表 3-11

年份	村庄现状用地面积（万 hm²）	村庄面积年增长率 R_s	乡村人口数量（万人）	人口年增长率 R_a	$I=R_s/R_a$	模型象限分布	人居空间变迁状态
1990	1140.1		84138				
1991	1127.2	-1.13%	84620	0.57%	-2.0	4	紧缩
1992	1187.7	5.37%	84996	0.44%	12.1	1-2	蔓延
1993	1202.7	1.26%	85344	0.41%	3.1	1-2	蔓延
1994	1243.8	3.42%	85681	0.39%	8.7	1-2	蔓延
1995	1277.1	2.68%	85947	0.31%	8.6	1-2	蔓延
1996	1336.1	4.62%	85085	-1.00%	-4.6	2	稀释
1997	1366.4	2.27%	84177	-1.07%	-2.1	2	稀释
1998	1372.6	0.45%	83153	-1.22%	-0.4	2	稀释
1999	1346.3	-1.92%	82038	-1.34%	1.4	3-2	收缩
2000	1355.3	0.67%	80837	-1.46%	-0.5	2	稀释
2001	1396.1	3.01%	79563	-1.58%	-1.9	2	稀释
2002	1388.8	-0.52%	78241	-1.66%	0.3	3-1	萎缩
2003	1375.8	-0.94%	76851	-1.78%	0.5	3-1	萎缩
2004	1362.7	-0.95%	75705	-1.49%	0.6	3-1	萎缩
2005	1404.2	3.05%	74544	-1.53%	-2.0	2	稀释
2006	1397.1	-0.51%	73160	-1.86%	0.3	3-1	萎缩
2007	1389.9	-0.51%	71496	-2.27%	0.2	3-1	萎缩
2008	1311.7	-5.63%	70399	-1.53%	3.7	3-2	收缩
2009	1362.8	3.90%	68938	-2.08%	-1.9	2	稀释
2010	1399.2	2.67%	67113	-2.65%	-1.0	2	稀释
2011	1373.8	-1.82%	65656	-2.17%	0.8	3-2	萎缩
2012	1409.0	2.56%	64222	-2.18%	-1.2	2	稀释
2013	1394.3	-1.04%	62961	-1.96%	0.5	3-2	萎缩
2014	1394.1	-0.01%	61866	-1.74%	0.0	3-2	萎缩

资料来源：自绘

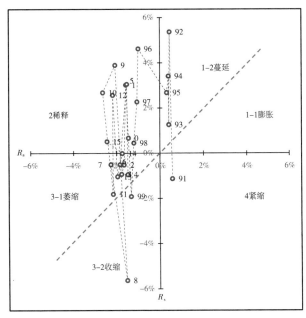

图 3-38 1990 年以来由村庄现状用地面积反映的我国农村人居空间变迁

资料来源: 自绘

从表 3-11 及图 3-38 可以看出, 用村庄现状用地面积反映的我国农村人居空间变迁, 在 R_a-R_s 模型象限中经历了从象限 1 向象限 2 再向象限 3 变迁的总体趋势。其空间状态则对应地表现为从膨胀、蔓延向稀释、萎缩、收缩进行演替。与此同时, 在这一大的趋势下, 2002 年后, 在空间状态由 2 (稀释) 向 3-1 (萎缩)、3-2 (收缩) 的变迁过程中, 也有零星年份出现倒退。在图 3-40 中, 2008 年出现了突变点, 主要表现为农村用地大幅缩减 (-5.63%), 超过农村人口减少幅度 (-1.53%), 从而形成空间收缩。造成这一突变的原因或与 2008 年经济危机影响有关, 经济下行导致农民务工收入大幅减少, 使得农村建房及土地需求也相应地大幅减少。

2) 1990 年以来由年末实有住宅建筑面积反映的我国农村人居空间变迁 (表 3-12 及图 3-39)

1990 年以来我国农村年末实有住宅建筑面积与人口数量变化情况   表 3-12

年份	年末实有住宅面积 （亿 m²）	年末实有住宅 面积年增长率 R_s	乡村人口 数量（万人）	人口年 增长率 R_a	$I=R_s/R_a$	模型象限 分布	人居空间 变迁状态
1990	159.3	—	84138	—	—	—	—
1991	163.3	2.55%	84620	0.57%	4.5	1-2	蔓延
1992	167.4	2.49%	84996	0.44%	5.6	1-2	蔓延
1993	170.0	1.58%	85344	0.41%	3.9	1-2	蔓延
1994	169.1	-0.56%	85681	0.39%	-1.4	4	紧缩
1995	177.7	5.07%	85947	0.31%	16.3	1-2	蔓延

续表

年份	年末实有住宅面积（亿 m²）	年末实有住宅面积年增长率 R_s	乡村人口数量（万人）	人口年增长率 R_a	$I=R_s/R_a$	模型象限分布	人居空间变迁状态
1996	182.4	2.66%	85085	-1.00%	-2.7	2	稀释
1997	185.9	1.91%	84177	-1.07%	-1.8	2	稀释
1998	189.2	1.80%	83153	-1.22%	-1.5	2	稀释
1999	192.8	1.91%	82038	-1.34%	-1.4	2	稀释
2000	195.2	1.22%	80837	-1.46%	-0.8	2	稀释
2001	199.1	2.03%	79563	-1.58%	-1.3	2	稀释
2002	202.5	1.67%	78241	-1.66%	-1.0	2	稀释
2003	203.8	0.63%	76851	-1.78%	-0.4	2	稀释
2004	205.0	0.62%	75705	-1.49%	-0.4	2	稀释
2005	208.0	1.46%	74544	-1.53%	-0.9	2	稀释
2006	202.9	-2.46%	73160	-1.86%	1.3	3-2	收缩
2007	222.7	9.76%	71496	-2.27%	-4.3	2	稀释
2008	227.2	2.02%	70399	-1.53%	-1.3	2	稀释
2009	237.0	4.31%	68938	-2.08%	-2.1	2	稀释
2010	242.6	2.36%	67113	-2.65%	-0.9	2	稀释
2011	245.1	1.03%	65656	-2.17%	-0.5	2	稀释
2012	247.8	1.10%	64222	-2.18%	-0.5	2	稀释
2013	250.6	1.13%	62961	-1.96%	-0.6	2	稀释
2014	253.4	1.12%	61866	-1.74%	-0.6	2	稀释

资料来源：自绘

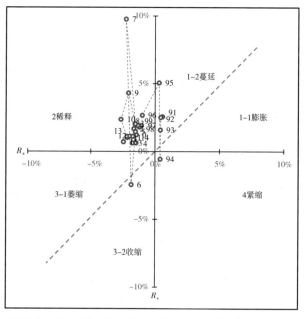

图 3-39　1990 年以来由年末实有住宅建筑面积反映的我国农村人居空间变迁

资料来源：自绘

用年末实有住宅建筑面积反映的农村人居空间变迁，较用地反映的变迁幅度小：
20 世纪 90 年代以来，基本只经历了从 1-2（空间蔓延）向 2（空间稀释）的变化，并
主要集中在空间稀释状态。这反映了用地变化的弹性较建筑变化的弹性更大。图 3-39
中 2006 年、2007 年两年出现突变点，年末实有住宅面积出现大幅度的先减后增。这
一突变或与 2005 年 10 月中央提出新农村建设有关，后者会牵涉大量农宅的拆除和新建，
从而改变了农村住宅的既有发展路径，引起人居空间状态的短期突变。

　　3）1990 年以来我国农村农业生产空间变迁情景（表 3-13 及图 3-40）

1990 年以来我国农作物播种面积与农村人口数量变化情况　　　　表 3-13

年份	农作物播种面积（万 hm²）	农作物播种面积年增长率 R_s	乡村人口数量（万人）	人口年增长率 R_a	$I=R_s/R_a$	模型象限分布	人居空间变迁状态
1990	148362	1.24%	84138	1.17%	1.1	1-2	蔓延
1991	149586	0.83%	84620	0.57%	1.4	1-2	蔓延
1992	149007	-0.39%	84996	0.44%	-0.9	4	紧缩
1993	147741	-0.85%	85344	0.41%	-2.1	4	紧缩
1994	148241	0.34%	85681	0.39%	0.9	1-1	膨胀
1995	149879	1.10%	85947	0.31%	3.6	1-2	蔓延
1996	152381	1.67%	85085	-1.00%	-1.7	2	稀释
1997	153969	1.04%	84177	-1.07%	-1.0	2	稀释
1998	155706	1.13%	83153	-1.22%	-0.9	2	稀释
1999	156373	0.43%	82038	-1.34%	-0.3	2	稀释
2000	156300	-0.05%	80837	-1.46%	0.0	3-1	萎缩
2001	155708	-0.38%	79563	-1.58%	0.2	3-1	萎缩
2002	154636	-0.69%	78241	-1.66%	0.4	3-1	萎缩
2003	152415	-1.44%	76851	-1.78%	0.8	3-1	萎缩
2004	153553	0.75%	75705	-1.49%	-0.5	2	稀释
2005	155488	1.26%	74544	-1.53%	-0.8	2	稀释
2006	152149	-2.15%	73160	-1.86%	1.2	3-2	收缩
2007	153464	0.86%	71496	-2.27%	-0.4	2	稀释
2008	156266	1.83%	70399	-1.53%	-1.2	2	稀释
2009	158614	1.50%	68938	-2.08%	-0.7	2	稀释
2010	160675	1.30%	67113	-2.65%	-0.5	2	稀释
2011	162283	1.00%	65656	-2.17%	-0.5	2	稀释
2012	163416	0.70%	64222	-2.18%	-0.3	2	稀释
2013	164627	0.74%	62961	-1.96%	-0.4	2	稀释
2014	165446	0.50%	61866	-1.74%	-0.3	2	稀释

资料来源：自绘

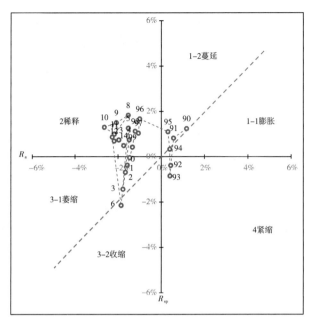

图 3-40　1990 年以来我国农村农业生产空间变迁情景

资料来源：自绘

　　与前述两种情况类似，用播种面积表示的农村生产空间也大致经历了从蔓延到稀释的变迁过程。其中 2000 年初由于农业播种面积减少，导致农业生产空间有几年进入萎缩状态。造成这一变化的原因或有三种可能：①21 世纪初正是我国城镇化高速推进的时期，城市房地产建设以及各类工业园区建设占用了大量农田，使得农业用地减少。②农村内部，包括乡镇企业在内的非农活动对农田的占用。③同一时期农村大量劳动力外出务工，使得部分地区出现农田抛荒。

　　4）1978 年以来我国农村农业生产空间变迁情景（表 3-14 及图 3-41）

1978—1990 年我国农作物播种面积与农村人口数量变化情况　　　　　表 3-14

年份	农作物播种面积（万 hm²）	农作物播种面积年增长率 R_s	乡村人口数量（万人）	人口年增长率 R_a	$I=R_s/R_a$	模型象限分布	人居空间变迁状态
1975	149545		76390				
1978	150089	0.36%	79014	3.44%	0.1	1-1	膨胀
1979	148462	-1.08%	79047	0.04%	-26.0	4	紧缩
1980	146365	-1.41%	79565	0.66%	-2.2	4	紧缩
1981	145143	-0.83%	79901	0.42%	-2.0	4	紧缩
1982	144740	-0.28%	80174	0.34%	-0.8	4	紧缩
1983	143983	-0.52%	80734	0.70%	-0.7	4	紧缩
1984	144207	0.16%	80340	-0.49%	-0.3	2	稀释
1985	143612	-0.41%	80757	0.52%	-0.8	4	紧缩

年份	农作物播种面积（万 hm²）	农作物播种面积年增长率 R_s	乡村人口数量（万人）	人口年增长率 R_a	$I=R_s/R_a$	模型象限分布	人居空间变迁状态
1986	144190	0.40%	81141	0.48%	0.8	1-1	膨胀
1987	144942	0.52%	81626	0.60%	0.9	1-1	膨胀
1988	144855	-0.06%	82365	0.91%	-0.1	4	紧缩
1989	146539	1.16%	83164	0.97%	1.2	1-2	蔓延
1990	148362	1.24%	84138	1.17%	0.1	1-2	蔓延

资料来源：自绘

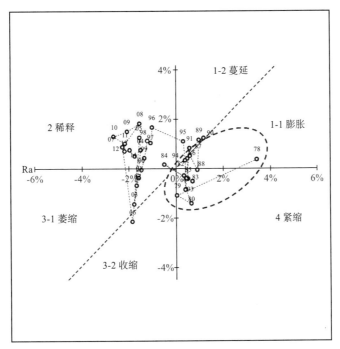

图 3-41　1978 年以来我国农村农业生产空间变迁情景

资料来源：自绘

由于数据的可获得，对农村生产空间变迁的研究可扩大到 1978 年以来，并作为对前述 3 种情况的对照补充。

从表 3-14、图 3-41 可明显看出：从改革开放开始到 20 世纪 90 年代之前，农村生产空间经历了从空间紧缩到空间膨胀的跨越。其中 1978—1985 年期间，由农作物播种面积反映的农业生产空间紧缩，其背后的原因应是 20 世纪 80 年代初乡镇企业蓬勃发展，大量的非农活动吞噬农田用地所致。这一现象直至 20 世纪 90 年代初仍有零星发生。

将上述变化进一步在时间轴上表示出来，结果如图 3-42 所示。

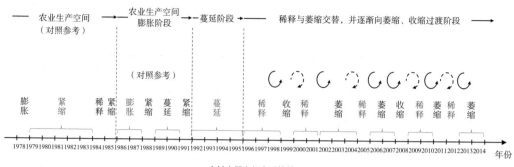

农村人居空间变迁情景

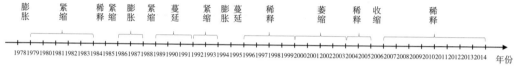

作为对照的农业生产空间变迁情景

图3-42 我国农村人居空间变迁的时间轴

数据来源：自绘

3. 特点总结

根据以上模拟结果，对于我国农村人居空间变迁，可以总结如下两大特点。

1）长期趋势性

我国农村人居空间变迁，无论从用地角度还是住房角度，在模型中均表现出从1-1膨胀到1-2蔓延，再到2稀释，再到3-1萎缩、3-2收缩的特点，这在模型图示中体现为逆时针旋转。在图3-38和图3-39中所缺少的20世纪80年代空间变迁信息，可从图3-40与图3-41的对比中获得提示，亦即可从4可以再旋转到1。由此似可大胆推想：长期来看，农村人居空间变迁应该存在着一种"膨胀→蔓延→稀释→萎缩→收缩→紧缩，然后再开始下一轮循环"的发展趋势。

2）短期跳跃性

1996年后，从图3-38和图3-39可以看出我国农村人居空间变迁主要是由稀释向萎缩推进，甚至有个别年份出现了跨过萎缩进入收缩状态；但总体而言推进并非直线式，而是呈"一步一回头"的态势。但另一方面，该时点以后的发展也再没回到过蔓延和膨胀状态（图3-42）。

此外，从空间弹性系数角度看，图3-38～图3-41中，空间变迁点在横轴上的分布范围基本上一致；区别在于在纵轴上的分布，图3-38和图3-39上的分布点范围比图3-40和图3-41上的更宽，这似说明生活空间比生产空间更富有弹性。

3.3.3 分省农村人居空间变迁

1. 数据来源

用上述模型继续对全国进行分省（省、自治区、直辖市）层面的农村人居空间变迁做模拟分析。其中，农村人居活动年变化率 R_a 由村庄户籍人口和村庄暂住人口加总计算，农村人居空间年变化率 R_s 由村庄现状用地面积计算，数据来源自历年中国城乡建设统计年鉴，数据范围为 2007—2015 年。需特别说明的是，在该模型图中，依例横轴仍表示 R_a，纵轴仍表示 R_s；考虑作图显示问题，图中纵横轴名称和轴线刻度标签都隐藏；同时每个小图中纵横轴的数值均保持一一对应，以便纵横轴上的变化幅度直观可比；另外，统计年鉴中不包含西藏数据，故本章没能表现。

2. 模拟结果

2008 年以来，我国的分省农村人居空间变迁如图 3-43 所示。

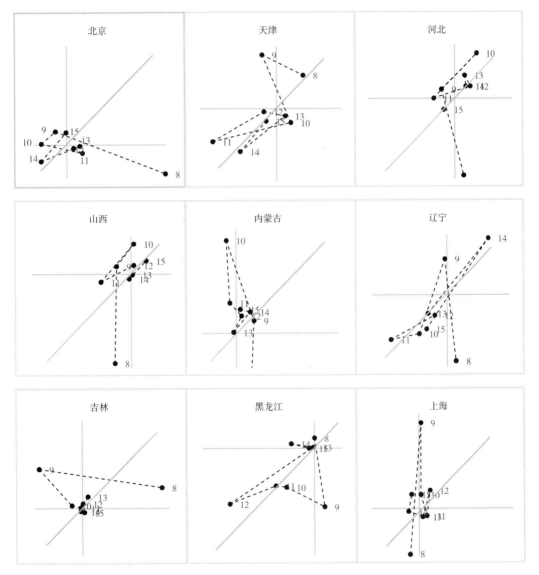

图 3-43　2008 年以来我国分省农村人居空间变迁情景（1）

数据来源：自绘

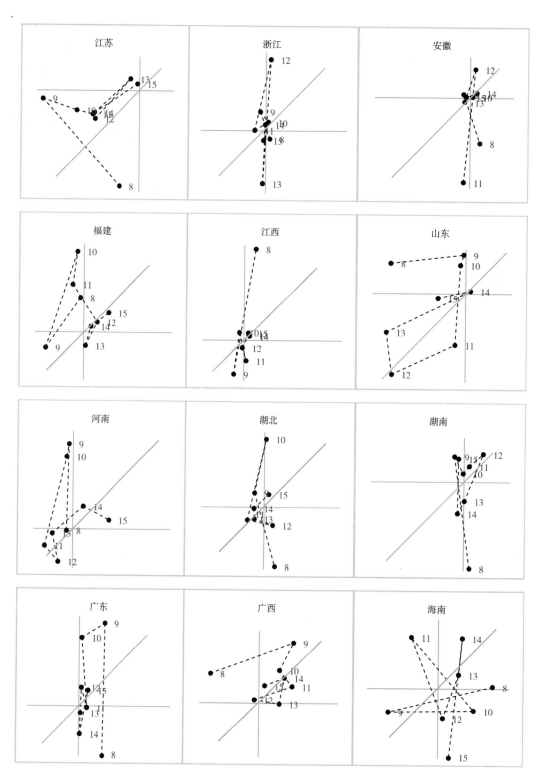

图 3-43   2008 年以来我国分省农村人居空间变迁情景（2）

数据来源：自绘

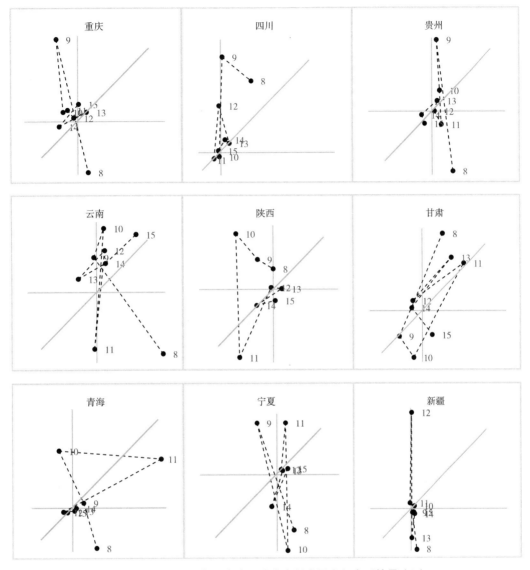

图 3-43　2008 年以来我国分省农村人居空间变迁情景（3）

数据来源：自绘

3. 特点总结

与全国总体态势相比，由于各省发展差异较大，分省层面的农村人居空间变迁具有多样性（图 3-43）；但除个别省份外，总体仍然符合全国模型分析所显示的长期逆时针旋转趋势性与短期的跳跃性。除此之外，从分省模型中还可以总结出如下特点：

（1）农村人居空间变迁点有向原点靠近的趋势，这意涵着农村人居空间变化强度趋于平稳。符合这一特点的省份包括：北京、内蒙古、吉林、上海、安徽、江西、湖北、重庆、贵州、陕西、青海。

（2）农村人居空间变迁点有向 45° 线靠近的趋势，这意涵着农村人居空间变化更加紧凑。符合这一特点的省份包括：天津、河北、山西、辽宁、福建、河南、山东、广西、甘肃。

（3）以上两个趋势兼具的省份包括：黑龙江、湖南、四川。

（4）农村人居空间变迁点向纵轴 R_s 靠近的趋势，这意涵着空间变迁相对于人口变迁的弹性更大：浙江、广东、宁夏、新疆。

不在以上分类中的省份有：江苏、海南、云南。

3.3.4 多指标统计验证

统计数据表明，在我国农村常住人口数量大幅下降的同时，农村建设用地规模却保持了较快的增长速度（图3-44），亦即人居空间不断被稀释。

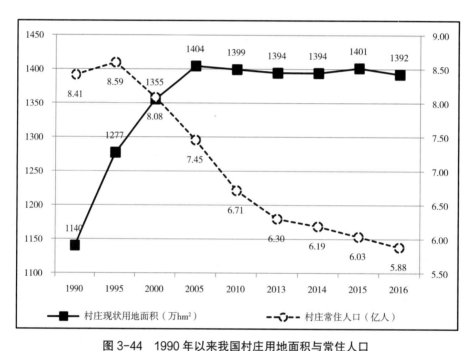

图3-44 1990年以来我国村庄用地面积与常住人口

数据来源：《中国城乡建设统计年鉴（2018年）》《2013年城乡建设统计公报》

图3-44表达的是全国农村的整体状况和变迁趋势，在不同地区可能会有较大差异。对此现象还需要从多个角度加以探究，并通过田野调查在微观层面得以验证。

为了进一步认识农村人居空间的变化，本研究按照生产和生活两个维度划分，形成生活活动与生活空间、生产活动与生产空间两组指标体系，进而基于统计数据分析得出相应的定量测度。

1. 指标选择

从国家统计局网站提供的面板数据中，分别选取"农村居民人均住房面积

（m²/ 人）"指标反映农村生活空间，"农村居民家庭土地经营情况（亩 / 人）"指标反映农村生产空间，"乡镇卫生院诊疗人次（亿次）"指标反映实际在乡农民的生活活动，"农林牧渔从业人员（万人）"指标反映农民的生产活动；"乡村人口（万人）"指标指农村常住人口，它综合反映农民各项活动。与农村经济活动相关的指标，还有农村居民家庭纯收入、家庭消费支出，以及农林牧渔业总产值和第三产业产值等。但考虑到客观上存在着大量外出农民工寄钱回乡，以及各种非农兼业，如果加入这些数据来表征农村经济和人居空间活动，可能会出现系统性误差。以上 5 项指标的数据时段均为 1990—2012 年。

2. 分析方法

为了消除各项指标在量纲上的差异，用 q_{ij} 来表示上述 5 项指标各年数据值（其中 $i=1 \sim 5$，1 代表农村居民人均住房面积，2 代表农村居民家庭土地经营规模，3 代表乡镇卫生院诊疗人次，4 代表农林牧渔业从业人员，5 代表农村人口；$j=1 \sim 23$，1 ~ 23 分别代表 1990—2012 年）。再以 1990 年数据 q_{i1} 为基准，设为 1，将各年数据 q_{ij} 与 q_{i1} 相比，获得比值 Q_{ij} 用来代替 5 项指标各年的相对值，从而使得相互之间具有可比性。各项指标在时间 t 范围内变化 $R_i=f(Q_{ij}, t)$，函数值的正负和大小反映了在相应指标内涵下、农民活动与农村空间的变化程度。最后比较两个对应指标 R_{sm} 与 R_{an}（生活空间对应生活活动，生产空间对应生产活动），获得农村人居空间变化弹性系数 $I_{mn}=R_{sm}/R_{an}$，从而得出统计意义上的农村人居空间变化情况。数据处理结果如图 3-45 所示。

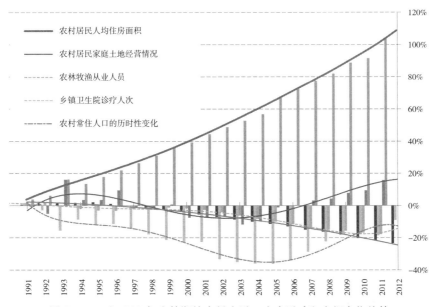

图 3-45　以 1990 年为基期的农村生活、生产活动和空间变化趋势

数据来源：自绘

3. 统计分析发现

在图 3-45 中，农村居民人均住房面积变化，反映了农村生活空间持续增加。乡镇卫生院诊疗人次变化，从一个侧面反映出农民生活活动先减后回升，转折点在 2005 年前后；其主要原因可能是自 2003 年开始的全国范围内的试点和推广新型农村合作医疗制度，从而便利了农村居民的就医。但是即使在 2005 年以后，农村居民人均住房面积变化情况的上升幅度也较乡镇卫生院诊疗人次变化更大。其数值描述：2005 年以前，$R_{s1} > 0$，$R_{a3} < 0$，$I_{13}=R_{s1}/R_{a3} < 0$，位于图 3-37 区间 2，反映了农村生活空间的稀释。2005 年以后 $R_{s1} > R_{a3} > 0$，$I_{13}=R_{s1}/R_{a3} > 1$，位于区间 1-2，反映了农村生活空间的蔓延。但如果观察图中农村常住人口，则是持续在减少，由此可以认定农村生活空间实际是在不断稀释。

农村居民家庭土地经营情况的变化，反映出 20 世纪 90 年代以来，农村生产空间存在一个由增至减、然后再增加的变化过程，但变化不大。农林牧渔从业人员数量变化，反映出参与农业生产活动的人数持续下降。其数值描述：2000 年以前 $R_{a4} < R_{s2} < 0$，$0 < I_{24}=R_{s2}/R_{a4} < 1$，位于区间 3-1，反映了农村生产空间的萎缩；2000 年以后 $R_{s2} > 0$，$R_{a4} < 0$，$I_{24}=R_{s2}/R_{a4} < 0$，位于区间 2，反映了农村生产空间的稀释，但其变化幅度远小于生活空间。

总体来看，20 世纪 90 年代以来整个农村人居空间大致呈现了从萎缩到稀释的演变过程，即农村人居空间呈不断粗放演化。

3.4　农村人居空间变迁的田野调查

近年来，依托课题组，作者在安徽、浙江、四川、湖南等省农村地区参与过多项田野调查，获得了深刻的感性认知和大量一手数据，在微观层面可以证实农村人居空间萎缩、稀释的总体判断。以下以安徽省五河县农村为例，以调研所得数据来佐证上文基于统计分析及模型研究所描述农村人居空间变化的情形。具体分为与农村人居环境密切关联的"基本公共服务设施"和农民直接拥有的"宅基地和住宅"这两个方面的状况。

3.4.1　户籍与人口流动

（1）户籍与居住地脱钩现象明显。问卷分析结果表明，近五年来村民户籍与居住地保持不变的占 62%，户籍随居住地变化的占 8%，居住地变化而户籍无变化的占 30%。这是由于相当部分的村民随着收入的提高或者跟随子女，将居住地迁到镇区，只是在农忙时才回到原住地居住一段时期以便务农。这反映了户口对于农民流动的限制很弱。

（2）撇开户口因素单独考察农民迁居意愿，问卷分析结果表明，即便有政策鼓励，只有 37% 的村民愿意接受搬到镇区或县城集中居住的安排，而不愿接受的则高达 63%；另外，除了向镇区和县城搬迁，对于近年来广泛开展的"迁村并点"工程，超过 1/3 的村民表示不赞成。如果是向外搬迁或集中到条件更优的村，则仍有 39% 表示反对；至于自身条件优越村庄是否愿意接受其他村的村民迁入，则有 30% 表示反对。这提示了在推进迁村并点工作时要谨慎，尤其是要处理好村与村之间的集体经济产权关系及村民关系。

3.4.2 公共服务设施

公共服务方面主要考察教育、医疗、文化娱乐、养老及社会保障。

（1）教育设施的供给与需求有错位的趋势。调研表明：小学阶段大部分农村家长选择送子女在本村或本镇上学；而对初中和高中阶段，则分别有 40% 和 70% 表示会送子女到镇区或县城；另外还有 16% 的家长选择送子女去城市读高中。而政府出于向城市就近读书的教育模式看齐，同时考虑将日益增大的城乡教育差距缩小，有向村镇两级增加中学投入的冲动。

（2）由于新农合的推广，农村医疗条件改进明显。调研表明：看小病时，78% 的村民优先选择社区医院（含乡镇卫生院），其次是五河县医院；看大病时，超过 50% 的居民优先选择县医院，市级医院其次。

（3）政府大力投入建设公共文化活动设施，但真实使用效率偏低。农村公共文化设施主要包括乡镇文化站和村文化室两类，调研对这两类设施的使用情况显示：对两者均不熟悉的村民分别占 30% 和 22%；非常熟悉并且经常使用的仅占 14% 和 28%。调研还显示农村休闲娱乐活动类型单一，主要内容还是传统的看电视、打牌、下棋、串门走户，缺少专门的针对农民的休闲娱乐场所。

（4）针对养老设施的调研表明：大部分村民主要还是选择家庭养老；机构养老其次；请人照顾和邻里互助的比例极低。而那些子女全部外出打工的家庭，只能剩下空巢老人与留守儿童相伴。

（5）调研反映当前农民普遍享有的社会保障为医疗保险和养老保险，部分贫困村民还有社会救济。社会保障经费中有 67% 是由政府负责，其中 38% 具有强福利性。绝大多数村民认为政府提供的这些社会保障，对生活改善起了一定作用或很大作用。这也影响到农民进城还是留村的选择。

通过上述分析，对农民户口、农民流动的情况可做如下归纳：户籍制度对农民流动的限制功能实际已经消失殆尽，目前的主要作用是维系村民与村集体的联系——村民依法享有农村集体的 3 项权利（耕地承包权、宅基地使用权、集体经济分配权）。

对农村公共服务情况也可做如下归纳：公共服务存在供应错位和相对过剩的问题，

突出表现在教育和文化娱乐设施两个方面；医疗和社保的大力建设与快速发展，显著地改善了农民的生活条件，但同时也影响了农民进城的选择。对这些影响的可能解释是：以前由于巨大的城乡公共服务差距形成的进城动力，现在因为教育、医疗等条件的改进而出现变化。其中教育条件的变化，增强了进城的选择；医疗、社保的发展由于缩小了城乡相对差距，因而弱化了进城的选择；文化、娱乐、养老设施的发展，存在一定程度的错位，因此对进城意愿的影响不显著。

3.4.3　宅基地和住房

（1）对目前仍在农村的居民做调查，发现无论是持有农业户口还是已经改成了非农业户口的居民，其对集体土地、对宅基地和住房都保持着很强的黏性。据安徽省五河县的问卷调查，在持有农业户口的 92% 的村民中，80% 不愿意农转非（图 3-46）。由于农业对土地的强依附关系，使得留在农村并掌握农业技能的这部分村民有着强烈的"安土重迁"观念。对于持有非农业户口的 8% 的村民，他们承认事实上仍占有农村宅基地和住房，并有超过 2/3 的居民表示不会"轻易"退出。

（2）在农村常住人口大幅减少的同时，却是农村住房的大量建设。调查发现，超过 50% 的农民住房建于 2000 年后，而近 5 年内新建成住房则占到了住房总量的 21%（图 3-47）。实地考察可以发现，相当部分农村住房处在半闲置状态。

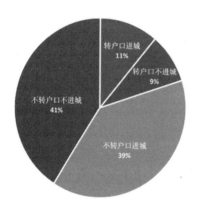

图 3-46　农民进城及转户口意愿

数据来源：五河县调研

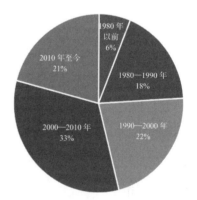

3-47　农村居民住宅建成年代

数据来源：同前

安徽省五河县的农村人居状况较具有代表性，作者所在课题组的其他地区调研曾得出过类似的结论。但由于我国幅员辽阔，地区发展的差异性很大，尤其是老、少、边地区会有其自身的发展特征，因而不能一概而论。

3.5　本章小结

　　本章通过数据分析、模型评价以及田野调查，分 3 个角度——"农村人口变迁""农村空间变迁""农村人居空间变迁"——详细梳理和解析了我国农村人居空间变迁的现实情景。按照三者的研究顺序和内在关系，现将本章要点总结如下：

　　（1）农村人口变迁具有以下特点：①我国农村常住人口总量在不断减少。②减少的空间分布中既有中部内陆省份，也有沿海发达省份；前者减少的原因主要是跨省人口流动，后者减少的原因是省内城镇化。③就城镇与农村的人口比例来看，农村人口在城镇体系中占比不断下降，并且镇人口比例增速高于城市人口增速。④年龄结构来看，农村 40 岁以下人口比例大幅减少，40 岁以上大幅增加。⑤乡村抚养比远高于城镇抚养比，并且前者的少儿抚养比又远高于老年抚养比。⑥城乡人口受教育程度的差距明显，但农村儿童小学初中阶段的教育基本能得到保障。⑦就农民工而言，在乡镇务工以及举家外迁的比重均不断提高。⑧改革开放以来，城乡差距不断扩大，但近年来有所减小。

　　（2）农村空间变迁具有如下特点：①在城镇乡体系中，1990 年来，村庄数量有较大幅度减少，2006 年以后保持了相对稳定；而乡建制的数量则持续下降。②农村建成区面积和人均住宅建筑面积均有大幅增加；农作物播种面积有较大起伏，但 2007 年以来持续扩大。③教育设施方面，普通学校数量不断缩减，教师和学生数量总体缩减，师生比近年来不断降低。④卫生设施方面，村卫生室数量和村医卫人员数量在 2000 年以前呈下降趋势，2000 年初开始迅速恢复。⑤乡镇文化站快速衰落，2006 年以后有缓慢回升。⑥养老机构以及收养老人数量不断增加。

　　（3）人居空间变迁具有如下特点：①基于"R_a-R_s 变化率"模型的模拟分析，我国农村人居空间变迁具有"膨胀→蔓延→稀释→萎缩→收缩→紧缩"的长期趋势性和短期跳跃性特征，当前我国农村人居空间发展的总体趋势是由"稀释"向"萎缩、收缩"演变，虽然存在一定的反复，总体而言则难以逆转。②从分省的模型分析来看，农村人居活动还存在强度减弱和更趋紧凑两大趋势。③此外，从田野调查的情况来看，案例研究地区的农村人居空间正处在稀释、萎缩的阶段，这与统计分析和模型研究的结果基本一致。

第4章 农村人居空间变迁的解释

本章对前一章基于统计数据分析和模型描述的我国农村人居空间变迁状况，分为"人"和"空间"两个维度对其变迁缘由和发展规律做理性分析和解释。

4.1 分析框架

空间是一个内涵丰富的概念，通常包含了自然空间、社会空间和历史空间的意涵。城乡规划学科所指的空间，从哲学层面来讲，通常是指物质空间，是存在于人的活动之中和作为人的活动的结果而出现的（张康之，2009）。人居活动与其所处的人居空间具有辩证关系（图4-1），人居活动是人居空间的发起者，空间是响应者；从时间演进的维度看，空间也对人居活动施加影响。人居活动及其空间响应的这种作用与反作用的关系，构成了人居空间发展的主线。螺旋线的意思进一步表达了两者的关系不是固定不变而是互相推动呈螺旋状前进的。

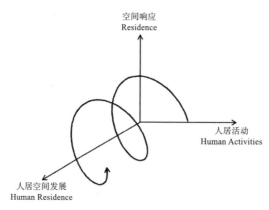

图 4-1 农村人居空间演进的分析框架

数据来源：自绘

本章的分析框架即是在一定的制度背景下，人居活动与人居空间的二元辩证关系基础上，分别研究农村人居空间变迁中的"人"或是"人的变迁"——包括人的流动、就业及家庭选择的缘由或机理，和"空间"或是"空间的变迁"——其自身的演变特征和规律。前者主要从制度变迁与人口流动、产业结构变化与劳动用工、作为经济家庭的选择机理等 3 个层面展开;后者则是通过提出空间惯性概念，将人居空间中的"空间"因素单独提取出探究其演变规律。

4.2　农村人居空间变迁中的"人的变迁"缘由

4.2.1　宏观层面：制度变迁

1. 理论工具

纵观过去 30 多年来的发展历程，我国经济社会制度变革呈现出一定的规律性，即改革一般因原有的制度松动而得以推进，而并非因循严密的制度设计;现实发展的矛盾积累和新诉求又有赖于并推动着制度创新和建构。从历史发展的角度考察，安东尼·吉登斯（Anthony Giddens）的"结构化理论（Structuration Theory）"似对我国改革开放的发展演进较具有解释力。这一理论认为，结构（Structure）和行动（Agency）之间是相互作用、转化的过程，"结构既是行动的约束，也是行动的媒介"，从而促使社会的宏大结构得以不断构建（雷诚，2011）。基于这一理论观点，我国农村人居空间的变化可以看作是在既有整体"结构"（制度）缺失和不足的情况下，外出务工农民及其家庭通过各种"正式和非正式"的实践"行动"不断与既有"结构"进行博弈的结果。

具体来说，以户籍制度为载体的城乡居民权利关系的变化，和在其影响下的城乡人口分布，是整个农村人居空间变化的关键线索。其中，户籍制度的变迁及其与流动人口发展的演进关系，可谓是对这一过程的生动写照。

2. 户籍制度松动

1）1984 年出台允许农民进入小城镇落户的政策

新中国成立以后，政府自上而下地推行以农养工、重工轻农的政策，并凭借户籍制度严格控制人口城乡流动，逐步造成了城乡二元结构的深化和固化。这种制度结构扭曲了城乡关系，也抑制了农村劳动生产力。这一制度最终被以安徽小岗为发端的自下而上的变革所冲破。面对民间的诉求和主动行动，中央政府适时地推出农村家庭联产家庭承包制，改变了劳动激励。改革释放出的大量农业剩余劳动力与同期大量涌入的外商投资所创造的非农就业岗位相结合，导致了外出打工现象和农民工群体的形成。随着这一群体的迅速发展壮大，引发了应对人口流动的早期户籍制度调整，即 1984 年 10 月 13 日国务院发布的《允许农民进入小城镇落户的决定》。该文件规定，"除县城以外的各类县镇、乡镇、集镇，包括建制镇和非建制镇，全部对农民开放"。制度一旦松动，长期以来被压抑的城乡间人口迁徙的压力便不断得以释放，逐步形成了遍布大江南北、遍及大中小城市的人口流动大潮和城镇农民工群体。与其相对应，则是许多地区农村人居空间的逐步萎缩和稀释。

2）20世纪90年代的制度变革及放开农民进入城市

据统计，全国流动人口第一次超过永久迁移人口约发生在20世纪90年，而流动人口开始剧烈增长则是在1995—2000年间❶。反馈到制度层面，则是20世纪90年代的户籍管制进一步松动。首先是从北京、上海、深圳等一些大城市开始，"蓝印户口"❷逐渐成为一种普遍现象；其后，1997年的《关于小城镇户籍管理制度改革的试点方案》对小城镇户籍改革提出了一揽子方案。随后的1998年7月22日，国务院批转了公安部《关于解决当前户口管理工作中几个突出问题的意见》。该文件表述了户口管理改革的4项政策，包括婴儿落户随父随母自愿的政策，解决夫妻分居问题的户口政策，老人到城市投靠子女的政策，以及在城市投资、兴办实业、购买商品房的公民及随其共同居住的直系亲属落户的政策等。

3）2001年以来的户籍改革新试验

2001年，顺应流动人口群体发展壮大的现实情况，"农转非"内部控制指标基本取消，各地纷纷开展了户籍改革的新试验❸。其总体思路为：实行居民在居住地登记户口的原则，形成由户口登记、迁移为基础，居民户口簿、公民身份证两种证件和常住、暂住两种户口组成的管理制度（张立，2010）。2003年起，全国若干省市❹开始取消农业户口和非农业户口，统一称为居民户口。然而值得注意的是，全国"带户口迁移"的人口规模总量在2000—2010年间仍然保持着相当平稳的发展态势（年均1700万~2100万），并没有因为户籍制度的变革而出现大量"农转非"的现象。与此相对，流动人口数量则进一步快速扩张；据"五普"和"六普"数据，全国2000—2010年间的流动人口总量几乎翻了一番，即"跨县市半年以上"口径的流动人口从1.210亿增至2.214亿；而"跨乡镇街道半年以上"口径的流动人口则从1.444亿增至2.614亿。

可见，在现实的经济社会发展背景下，流动人口并不必然顺着户籍改革的路径进

---

❶ 1990年、1995年、2000年3个时点上，尽管公安局口径"带户口迁移"的人口仅为1924万、1846万和1908万。但流动人口的数量却出现了大幅度的增长，其中，以"跨市县半年"口径衡量的流动人口分别达到了2160万、2910万和12100万，而2000年以"跨乡镇街道半年"衡量的流动人口规模更是高达14400万人。

❷ 如上海市1994年2月施行《上海市蓝印户口管理暂行规定》，文件规定：在上海投资人民币100万元（或美元20万元）及以上，或购买一定面积的商品房，或在上海有固定住所及合法稳定工作者均可申请上海市蓝印户口，持蓝印户口一定期限后可转为常住户口。不过这项政策很快因为蓝印户口增长过快，于2002年4月1日被终止，改为使用居住证制度管理外来人员。

❸ 如河南郑州、江苏苏州、浙江湖州等全面取消城乡户籍登记，浙江省政府甚至提出要在几年内将全部取消浙江省的城乡二元户籍制度。

❹ 2005年10月27日，公安部新闻局表示，全国已有陕西、山东、辽宁、福建、江西、湖北等11个省的公安机关开展了城乡统一户口登记工作。

入"转户口迁移"的正式迁徙的轨道。在我国的特定条件下，农民变市民的过程受到了土地等资产权利、户籍红利及现实福利等诸多因素的左右。随着改革开放的深化，许多制度性障碍已经消除或弱化了，但某些已经固化了的制度安排和利益格局极难改变。在现实的制度框架下，农民进不进城，希不希望在城镇定居，以及是否要转为城镇户口，是基于其自身和家庭利益最大化判断的选择（赵民 等，2013）：这种选择既受制于制度因素的约束，也取决于改变既有结构的人的主观能动性。农村户籍人口正在以自己的方式打破城乡二元结构，如家庭的工农结合——即青壮年劳动力大都进城务工，而大量的老人和中年妇女在家中务农及照顾儿童。"人在城里打工、挣的钱寄回老家，在城市生存发展、在农村生活养老，形势好则进城、形势不好则返乡"，这种"城乡两栖生产生活"模式显然是"结构"和"行动"的互动结果，在新的制度建设中必须认清这一点。

4）2014 年取消农业户口，统一登记为居民户口

2014 年 7 月 30 日，《国务院关于进一步推进户籍制度改革的意见》提出在全国范围内统一城乡户口登记制度（取消农业户口与非农业户口性质区分和由此衍生的蓝印户口等户口类型，统一登记为居民户口），全面实施居住证制度❶。这是户籍制度发展上具有里程碑意义的跨越。不过，一方面，户口差异的背后是公共服务和社会福利的差异，取消户籍差异仅是推动公共服务均等化的第一步；另一方面，尽管农业户口和非农业户口的差异被取消，但以往与农村户籍相联系的农村集体经济权益共享体制已经固化。根据现行法律，放弃农村户口似意味着放弃土地承包权、宅基地使用权、集体经济分配权等农村户籍的"红利"（赵民 等，2013）。在当前的农村集体所有制权利格局下，退出在农村的资产很难，而在农村投入则很容易（如农村建房）。许多进城农民工非但退不出在农村的资产，反而是将在城市积累的财富转移回农村，并以空间生产的方式将资产固定下来，使得农村人居空间进一步低效，甚至无效稀释或蔓延扩张。可见，唯有深化改革，并在制度建设上有大的突破才有可能改变现有的不利态势。

以上通过对不同时期我国户籍制度变化的梳理，可以看出我国人口的城乡分布表现出从最初的严格二元分离、农民完全限制在农村，到放宽进入小城镇，再到允许全国范围内自由流动，到最后取消城乡户口并统一为居民户口等阶段性特征。制度的松动极大地解放了农村剩余劳动力，为我国工业化和城镇化源源不断地提供了人力资源。但另一方面，我国这种城镇人口准入性的制度改革，虽然在早期发挥了巨大效用；但后期随着农村要素市场的不断发育，农村土地和住房等资源的市场价值逐渐凸显，以人地同步为目标的改革开始遭受到结构性阻力。

---

❶ 具体包括，全面放开建制镇和小城市（50 万以下）落户限制，有序放开中等城市（50 万 ~ 100 万）落户限制，合理确定大城市（100 万 ~ 500 万）落户条件，严格控制特大城市（500 万以上）人口规模，有效解决户口迁移中的重点问题。

3. 土地制度改革

户籍制度对农村人居空间的影响，主要是通过改变农民的城乡空间分布实现的，其着力点是在农村以外。与之相对，农村土地制度改革则是通过对农村土地进行产权细分和归属划分来改变农民生产生活激励，从而直接和间接地作用在农村人居空间上的，其着力点是在农村以内。以下本章以新中国成立以来我国农村土地制度改革的重大事件为线索，以土地产权归属为标准进行阶段划分，通过考察不同时期农村土地制度变迁及其对农民生产生活影响、对农民流动性的影响以及对农村土地影响的变化，说明农村土地制度改革是如何影响农村人居空间的。

1）农民所有、农民经营阶段（1949—1953 年）

中华人民共和国成立初期，为了兑现之前许下的"打土豪、分田地"的政治诺言，以 1950 年 6 月颁布《中华人民共和国土地改革法》为标志，国家在广大农村地区以疾风暴雨之势推行了以"废除封建地主阶级土地所有制，实行农民土地所有制"为主要内容的土地改革。在这次制度变迁中，农村土地所有权从地主阶级强行转移到农民阶级，在林毅夫的制度供求分析框架中，也是一种"强制性激进式"的制度安排，它所具有的改革彻底性，极大地降低了制度变迁成本。

同时，由于土地归农民私有，掌握了生产资料的农户家庭终于实现了人身自由，对生产生活充满了高度热情。这一阶段，农民以交易剩余农产品为目的，可以自由出入场镇、县城。但也正是由于生产资料的土地唯一性，农民不可能真正脱离农村，因而这也只是一种低水平的城乡自由流动。

此外，由于分田到户，农村生产空间从中华人民共和国成立前主要集中在地主手里，具有一定的规模性；转变为分散到各农户家庭，土地出现分散化特征。但这种土地分散化是与当时的农业劳动力配置、农业生产技术相适应的，所以在当时也是一种理想状态。第一轮土地改革到 1953 年初基本完成，实现了土地所有权从地主向农民的转移，以及劳动者与劳动资料的直接结合，促进了农村经济的恢复和发展。

2）集体所有、集体经营阶段（1953—1978 年）

1953 年后，国家出于政治考量、国民经济发展，尤其是工业建设需要，提出将农民组织起来，走互助合作的生产道路。反映在农村土地制度改革上，其最大特征即是把土地所有权从分散的农户个体手中逐步统一收归到农村集体。根据改革推进的深度差异，又可细分为 3 个阶段。

（1）初级社阶段，农民所有、集体经营（1953—1956 年）

由于前一阶段刚刚实现了土地的农民私有，观念上农民已经形成土地是个人的私有财产，因而要推行新的土地制度改革，阻力和成本很大。总体来讲，这一阶段的集体化只是农业经营的集体化，农民将土地经营权作股入社，由集体实行统一经营；但土地所有权仍然归农民所有。1956 年 3 月，以《农业生产合作社示范章程》通过为标志，初级社改革完成。从产权角度来讲，农村土地经营权与所有权实现分离。

（2）高级社阶段，集体所有、集体经营（1956—1958 年）

1956 年 6 月通过的《高级农业生产合作社示范章程》提出将农村范围内所有生产资料都收归集体统一支配经营，使得农村改革进一步推进。按照要求，包括宅基地、农用地在内的所有农村土地所有权都要收归集体，农民只享有宅基地使用权。这轮改革在 1958 年 8 月至 10 月之间快速完成，通过这一阶段的改革，土地所有权完成了从农民个体向集体的转移，并与经营权实现了形式上的统一。

（3）人民公社阶段，集体所有、集体经营（1958—1978 年）

以 1958 年 8 月通过的《关于农村建立人民公社的决议》和 1959 年 2 月中共中央《关于人民公社管理体制的若干规定(草案)》为标志,农村土地制度改革进入人民公社阶段。该阶段的土地改革意义，主要是巩固和强化了土地的集体所有、集体经营制度。此外，在 1963 年 3 月中央转发的《关于社员宅基地问题》中，还明确规定：①农村宅基地归集体所有；②归农民长期使用；③宅基地上附着物归农民永久所有等内容。这也是变相对宅基地所有权归集体、使用权归农民的制度安排。

从以上阶段划分和改革内容来看，这阶段的农村土地制度改革具有以下特征。①与第一阶段的激进式改革不同，第二阶段由于经过了"农民所有、农民经营"，到"农民所有、集体经营"，最后再到"集体所有、集体经营"，因而总体来讲是渐进式推进,但其内部各阶段又是激进式的。②与第一阶段的土地制度改革虽然总体上是强制性，但毕竟也有下层农民对土地制度改革的强烈需求，因而具有诱致性的特征；第二阶段改革是完全自上而下强行推进的。这样的制度安排因为权责模糊，很容易造成"搭便车"现象的出现，挫伤了农民的生产积极性。③由于积极性不高及土地产出的低效，农村温饱都难以解决，更遑论剩余农产品；再加上户籍制度的限制，这一阶段农民甚至像前一阶段那样进城贩卖剩余农产品的资格都没有，实际是被牢牢固定在了农村土地上。④虽然土地由分散转向了集中和规模化，但由于缺乏合理的劳动力组织和相应的农业生产技术，这种规模集中也仅仅是低水平的集中，其生产效率未能相应提高。

3）集体所有、农民承包经营阶段（1978 年至今）

1978 年开始的改革开放，扭转了中国的发展预势，影响极其深远。改革是从农村土地制度着手的，核心是确立了家庭联产承包责任制。按照土地承包的具体安排，这一轮的土地制度改革可以分为第一阶段的 15 年承包（1978—1993 年）和第二阶段的 30 年承包（1993 年至今）。按照家庭联产承包责任制改革的推进深度，大致可分为以下几个阶段。

（1）确立阶段：集体所有、农民承包经营（1978—1984 年）

改革初期，考虑政治稳定，制度上仍然强调要延续人民公社的集体所有制，但已经开始允许和承认社员自留地。1979 年 9 月《中共中央关于加快农业发展若干问题的决定》初步肯定了部分地区涌现出来的"包产到户"的做法。这之后，由于以"包产到户、包干到户"为主要内容的生产责任制取得了明显的效果，到 1982 年，中央一号文件明确肯定了"双包"的社会主义性质。同年 12 月，著名的 1982 年宪法明确规定了"城市的土地属于国家所有。农村和城市郊区的土地，除由法律规定属于国家所有的以外，属于集体所有"。同时宪法还从新确立了乡、镇、村体制，这标志着人民公社的正式解体。1983 中央一号文件《当前农村经济政策若干问题》，对以"双包"为主的家庭联产承包责任制做了高度评价。接着，1984 年中央一号文件《关于 1984 年农村工作的通知》把土地承包期延长至 15 年。

这一时期的农村土地改革主要是废除人民公社的三级所有制度，初步确立了家庭联产承包责任制。就产权安排来说，它是在坚持土地集体所有的基础上，将承包经营权转移给了农民。由于改革是从以安徽凤阳小岗村农民为代表的底层发起，国家再从制度层面给予迅速确认，因此从制度变迁方式来讲，这一阶段的改革属于诱致性激进式改革。施行承包制的几年间，在没有大的农业生产技术进步的条件下，仅仅是通过调整土地权利关系，就使得我国农业生产取得了超常规发展，并在 1984 年创下了粮食产量的历史最高纪录，这显示了制度改革所焕发出的巨大能量。

（2）调整阶段：集体所有、农民承包经营与集体经营相结合（1985—1991 年）

在经历了粮食生产丰收和短暂过剩后，1985 年出现了第一次全国性的"卖粮难"现象，粮食生产也从高峰跌入了低谷。此时中央一方面提出调整农业结构，发展多种经营；另一方面仍然肯定前一阶段的改革成果。1986 年 6 月颁布的《中华人民共和国土地管理法》以法律的形式确立了家庭联产承包责任制："集体所有的土地，全民所有制单位、集体所有制单位使用的国有土地，可以由集体或者个人承包经营，从事农、林、牧、渔业生产。"1991 年十三届八中全会《关于进一步加强农业和农村工作的决定》明确指出"以家庭联产承包为主的责任制、统分结合的双层经营体制，作为中国乡村集体经济组织的一项基本制度长期稳定下来，并不断加以完善，这种双层经营体制，在统分结合的具体内容和形式上有很大的灵活性，可以容纳不同水平的生产力，具有广泛的适用性和旺盛的生命力。是集体经济的自我完善和发展，绝不是解决温饱问题的权宜之计，一定要长期坚持，不能有任何的犹豫和动摇。"

由于经历了粮食减产以及其他外部环境的变化，这一阶段对于家庭联产承包责任制的走向出现了多种讨论。特别是中央提出"统分结合的双层经营体制"，可以看作是对农民承包经营与集体经营的回应。

（3）发展阶段，集体所有、农民承包、经营多样化（1992 年至今）

这一阶段是以 1992 年小平南方谈话为开端的，最大特点是打消了人们对改革开放进程的疑虑，在农村奠定了家庭联产承包责任制的主体地位。重要的时间节点包括如下：①继 1986 年的土地管理法后，1993 年 4 月八届全国人大通过宪法修正案，将

"家庭承包经营"明确写入宪法，从而彻底解决了对家庭承包经营的争论。②同年 11 月，在第一轮土地承包到期后，中共中央国务院发布了《关于当前农业和农村经济发展的若干政策措施》，明确指出"在原定的耕地承包期到期之后，再延期 30 年不变"。③ 1998 年 8 月，《中华人民共和国土地管理法》修订案又将"30 年不变"写入法律。④同年 10 月，中共十五届三中全会首次提出农民土地使用权合理流转。同时还指出，在少数条件具备的地方，在群众自愿和提高农业集约化程度的基础上，可以发展多种形式的适度规模经营。

进入 21 世纪后，农村土地制度改革围绕家庭联产承包责任制继续不断深化。自 2004 年起，连续 11 年中央一号文件都聚焦"三农"问题。尤其 2014 年 1 月中共中央国务院印发了《关于全面深化农村改革加快推进农业现代化的若干意见》，对于农村土地制度改革又提出了阶段性的目标，新的突破势在必行。该意见第 4 部分名为"深化农村土地制度改革"，包括第 17 条至第 20 条。具体内容如下：

17. 完善农村土地承包政策。稳定农村土地承包关系并保持长久不变，在坚持和完善最严格的耕地保护制度前提下，赋予农民对承包地占有、使用、收益、流转及承包经营权抵押、担保权能。在落实农村土地集体所有权的基础上，稳定农户承包权、放活土地经营权，允许承包土地的经营权向金融机构抵押融资。

18. 引导和规范农村集体经营性建设用地入市。在符合规划和用途管制的前提下，允许农村集体经营性建设用地出让、租赁、入股，实行与国有土地同等入市、同权同价，加快建立农村集体经营性建设用地产权流转和增值收益分配制度。

19. 完善农村宅基地管理制度。改革农村宅基地制度，完善农村宅基地分配政策，在保障农户宅基地用益物权前提下，选择若干试点，慎重稳妥推进农民住房财产权抵押、担保、转让。

20. 加快推进征地制度改革。缩小征地范围，规范征地程序，完善对被征地农民合理、规范、多元保障机制。抓紧修订有关法律法规，保障农民公平分享土地增值收益，改变对被征地农民的补偿办法，除补偿农民被征收的集体土地外，还必须对农民的住房、社保、就业培训给予合理保障。因地制宜采取留地安置、补偿等多种方式，确保被征地农民长期受益。

总体来讲，这一阶段农村土地制度改革，是在坚持所有权归集体，承包权归农民的基础上，进一步演化出经营权可以多样化使用。从制度变迁形式来讲，它属于典型的"诱致性"渐进式改革。就空间形态而言，农村土地从改革开放初期由于包产到户造成的细碎化走向了部分集中。

综上，中华人民共和国成立以来我国农村土地制度变迁情况可汇总为表 4-1。

我国农村土地制度变迁总结表 表 4-1

阶段划分		时间	阶段细分	产权主体变更	制度变迁方式		农民生产活动影响	农民流动影响	农村土地影响
第一阶段	农民所有制阶段	1949—1953 年		没收地主土地所有权，归农民所有	强制性激进式		自由安排	城乡自由流动	分散化
第二阶段	集体经营阶段	1953—1956 年	初级社	所有权归农民经营权归集体	强制性激进式	强制性渐进式	集体安排平均主义吃大锅饭个人积极性低	限制农民流动	集中化
		1956—1958 年	高级社	所有权经营权都归集体	强制性激进式				
		1958—1978 年	人民公社	宅基地所有权收归集体	强制性激进式				
第三阶段	家庭联产承包责任制阶段	1978—1984 年	确立	集体所有农民经营	诱致性激进式		积极性高粮食增收	农村向城市单向流动	细碎化
		1985—1991 年	调整	集体所有统分结合			生产过剩		
		1992—2002 年	发展	所有权归集体承包权归农民经营权多样化	诱致性渐进式		土地分散影响机械化耕种和规模化经营	城乡双向流动	分散与集中并存
		2002—2012 年							
		2012 年—今							

数据来源：自绘

需要指出的是，第三阶段农村土地制度改革是以诱致激进的方式开始的，初始改革取得的巨大成效使得后续改革在触碰核心内容时遇到了很大阻力，所以后期转为渐进式改革也是不得已而为之。但这时已经造成了事实上的制度缺口，使得"搭便车"和寻租机会增多，并且随着时间的拉长，制度调整的边际成本也不断趋高。

4.2.2 中观层面：产业消长

改革开放以来的制度变迁除了直接影响人口的城乡分布，还带来就业结构的变迁。本小节以产业结构偏离度为本部分的理论工具，通过对全国和分省两个层面的 3 次产业吸纳劳动力情况分析，加上对各省农业吸收劳动力情况的历时性对比，试图解释和说明 3 次产业对农村劳动力的吸收情况以及农村中实际从事农业的劳动力变化情况。由于各个产业的资本有机构成不同，且处于变动之中，因而产业结构存在一定偏离度是必然的，本项分析旨在显示产业结构偏离度的发展趋势和影响劳动就业的势能变化。

1. 全国 3 次产业吸纳劳动力就业特征分析

用某产业的就业比重（L_i/L）减去产值比重（G_i/G）表示的产业结构偏离度 β，可以反映该产业的劳动生产率以及对劳动力的当期吸纳情况；考察 β 的变化趋势，可以进一步了解该产业对劳动力的需求吸收变化。

产业结构偏离度表达式：$\beta=L_i/L - G_i/G$。

（1）当 $\beta=0$ 时，说明该产业的就业结构与产值结构持平。此状态下，劳动力既不会转入也不会转出，或者说转入转出量相等。它反映了在经济理性和完全竞争市场条件下，劳动者可以在城乡各行业自由流动的理想状态，故也是劳动力转移的目的状态。

（2）当 $\beta>0$ 时，就业比重大于产值比重。说明此状态下该产业劳动生产率偏低，容纳的一定数量潜在剩余劳动力有转出的势能❶。β 的大小反映了转出剩余劳动力的势能大小。

（3）当 $\beta<0$ 时，就业比重小于产值比重。此状态下该产业劳动生产率较高，具有吸附更多劳动力就业势能。换言之，β 绝对值的大小反映了继续吸纳劳动力的势能强弱。

以下通过计算对比，分别考察我国历年一产、二产、三产对劳动力就业的容纳情况。数据来源于历年统计年鉴中的三次产业的产值（增加值）构成和就业人员构成。结果如图 4-2 所示。

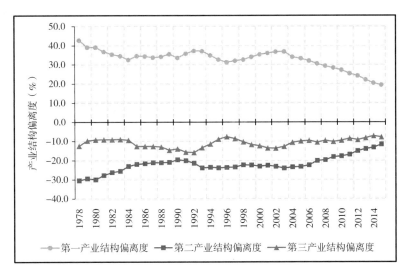

图 4-2　我国历年三次产业结构偏离度

数据来源：自绘

从产业结构偏离度的角度来看，改革开放以来我国 3 次产业吸收劳动力就业情况具有如下特点：

1）农村剩余劳动力大量流出，农业劳动生产率仍有待提高

由图 4-2 可以看出，改革开放以来，一产的产业结构偏离度始终在 20% 以上，说

---

❶ 严格来讲，β 值的正负大小由劳动力市场供求决定，它反映了当期劳动力供求的均衡状态。但这种均衡，本质上是一种消费者剩余最大化的一般均衡；而市场无形的手始终会引导劳动力就业从 $\beta\neq0$ 的一般均衡，向 $\beta=0$ 的帕累托均衡演变。

明一产的劳动生产率偏低，并曾积蓄了大量剩余劳动力。这一过程又可以分为两个阶段，第一阶段为 1978—2003 年，该阶段农业的产业结构偏离度基本保持在 30% ~ 40% 的高位状态。由于我国农业生产连年增长，而农业产业结构偏离度保持平稳，这就意味着从农村释放的剩余劳动力数量也处于稳定状态。转折点发生在 2003 年，包括加入世贸组织（WTO）和取消农业税等多方面内外原因，导致农村转出劳动力进入加速状态，而农业产业结构偏离度则是平均每年降低 1.45 个百分点。从目前来看，尽管农村流出劳动力的增量已经有减少的迹象，但 2015 年的农业产业结构偏离度仍高达 20%，这意味着农业劳动生产率仍有待提高，同时农村也仍然具有较高的劳动力流出势能，但其实现取决于农业现代化发展的程度，以及农地流转及规模化经营的状况。

2）工业吸纳劳动力的势能减弱

从产业结构偏离度的角度来看，三次产业中的二产曲线始终位于负轴最下方，亦即工业一直是吸收劳动力的主力。从图 4-2 可以看出，工业吸纳劳动力的变化大致可以分为 3 个阶段：1978—1992 年为第一阶段，该阶段的二产结构偏离度绝对值最大；1992—2004 年为第二阶段，该阶段的二产结构偏离度保持平稳；2004 年至今为第三阶段，该阶段的二产结构偏离度绝对值平均每年降低 1 个百分点。在第三阶段，我国的加工制造业有了巨大发展，劳动用工数也大幅增加，工资水平快速上升，劳动力的结构性短缺开始显现；另外，随着二产各行业全面出现产能过剩现象，该阶段二产吸纳劳动力的势能也在逐步减弱。总体来讲，3 个阶段的二产结构偏离度经历了从 -30.4% 降到 -23.8%，再降到 -11.6% 演进过程，反映了工业吸纳劳动力势能变化特点，而这也正是局部地区出现"机器换人"的背景。

3）服务业吸纳劳动力势能总体平稳，但分行业差异较大

从历年数据来看，服务业的产业结构偏离度较为平稳（图 4-2），总体保持在 -10% 左右，这意味着其劳动生产率和吸纳劳动力就业的势能低于工业而高于农业。另外，由于服务业门类较多，需要细分行业而进行考察。本章中，按照行业增加值大小，在服务业的各细分行业里，分别选取了批发和零售业、金融业、房地产业、交通运输业、住宿和餐饮业为考察对象；此外，作为对比，还选择了工业中的制造业作为参考。这里仍然运用产业结构偏离度的分析方法，其中产值数据是根据历年统计年鉴中国民经济核算部分的分行业增加值计算而得，就业数据是根据按行业分城镇单位就业人员数计算而得。分析结果如图 4-3 所示。

从图 4-3 中可以看出，服务业细分行业的产业结构偏离度分两种类型：一类是交通运输、仓储和邮政业，以及住宿和餐饮业，这两大行业近 10 年的产业结构偏离度变化较小，反映了各自吸纳劳动力的势能变化较为平缓。而另一类包括金融业、房地产业和批发零售业，它们的产业结构偏离度绝对值则不断增大，其中以批发零售业为代表的消费性服务业的吸纳劳动力的整体势能最强；而以金融业为代表的生产性服务业

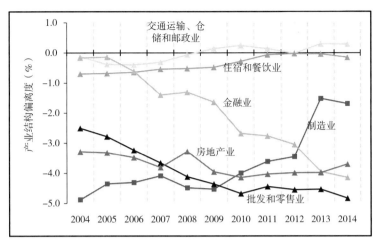

图 4-3　分行业的产业结构偏离度

数据来源：自绘

的吸纳劳动力的势能变化速度最快。与此形成鲜明对比的是制造业，其结构偏离度的绝对值呈逐年减少，意味着用工缺口不断缩小，吸纳劳动力的势能不断降低。

2. 各省 3 次产业吸纳劳动力就业特征分析

运用产业结构偏离度方法，继续对我国各省进行历年 3 次产业吸纳劳动力情况分析。数据来自各省历年统计年鉴。计算结果如图 4-4 所示。

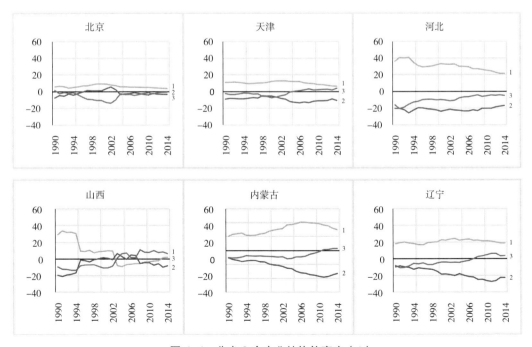

图 4-4　分省 3 次产业结构偏离度（1）

数据来源：自绘

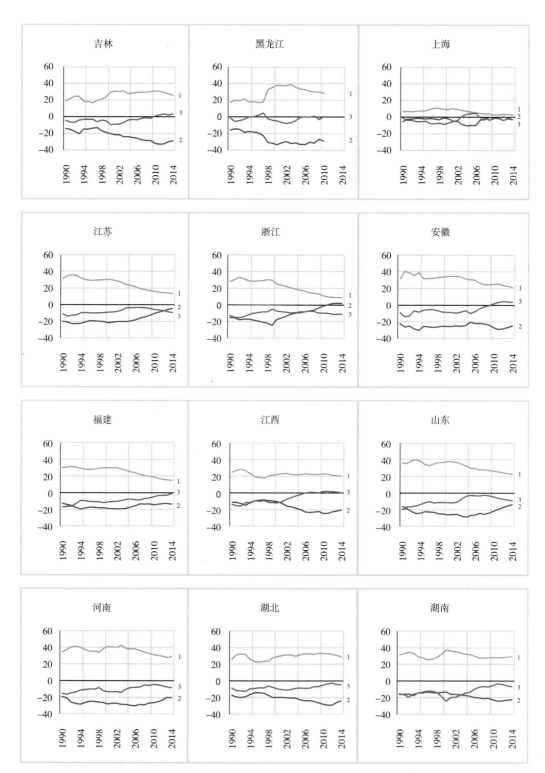

图 4-4 分省 3 次产业结构偏离度（2）

数据来源：自绘

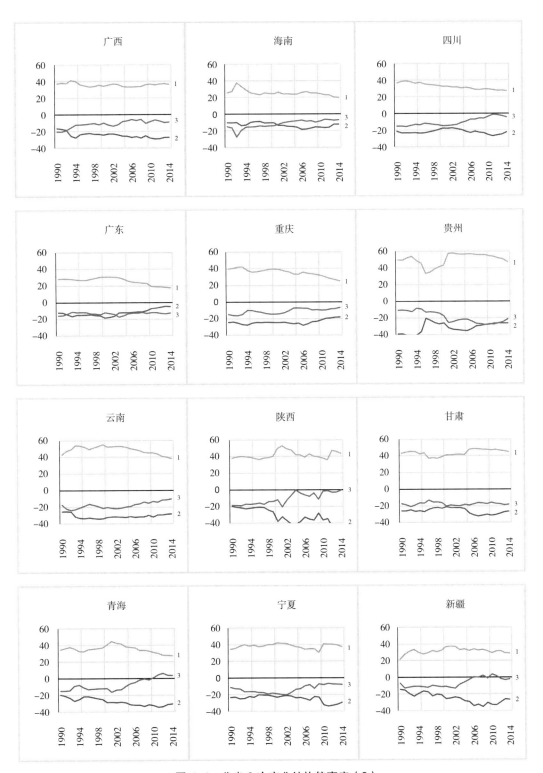

图 4-4　分省 3 次产业结构偏离度（3）

数据来源：自绘

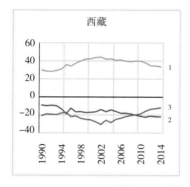

注：图中，纵坐标为产业结构偏离度，单位为"%"。横坐标为时间，单位"年"。右侧标注数字"1""2""3"分别为一产、二产、三产的产业结构偏离度曲线。

图 4-4　分省 3 次产业结构偏离度（4）

数据来源：自绘

从图 4-4 可以看出，我国各省 3 次产业结构偏离度差异较大，但也具有几点共性：

（1）农业产业结构偏离度曲线（"1"线）基本都处在纵轴正上方，这与全国特点一致，反映了大部分省份农村仍有转出剩余劳动力的势能。

（2）除北京、上海、浙江、山西以外，工业产业结构偏离度曲线（"2"线）都处在纵轴负的一侧，反映了这些省份的工业发展仍然有吸收劳动力的势能。

（3）除北京、上海、江苏、浙江、广东、山西、海南、贵州、西藏，其余省份服务业产业结构偏离度曲线（"1"线）都位于"2"线和"3"线之间，并基本处于纵轴负的一侧。这反映了该部分省份服务业尚有吸收劳动力的潜能，但不很显著。

3. 典型省份 3 次产业吸纳劳动力的势能比较：浙江与四川

以上基于各省产业结构偏离度分析，可以得知 3 次产业存在劳动力吸收的区域差异。下文以传统的劳动力输入大省浙江与输出大省四川为案例地区，进一步分析其 20 世纪 90 年代以来各自 3 次产业对劳动力就业的容纳情况。所用方法仍然是产业结构偏离度，相关数据来源于浙江、四川两省历年统计年鉴。结果如图 4-5、图 4-6 所示。

如图 4-5、图 4-6 所示，20 世纪 90 年代以来，浙江、四川两省 3 次产业结构偏离度 β 值均有较大变化。

（1）就一产而言，首先观察期内两省 β 值均始终大于 0，说明两省都有一定规模的剩余劳动力；其次两省均呈总体下降趋势，但浙江下降更快：由观察期初的 28.3% 下降到 2014 年的 9.11%，减少近 20 个百分点。而四川一产结构偏离度始终保持在高位，但观察期内也减少近 10 个百分点。2013 年四川一产 β 值为 27.1%，仅与 20 世纪 90 年代初的浙江水平相近。两相对比可以推断四川省还有相当数量农业剩余劳动力，而浙江省一产劳动力转移已趋于稳定。

（2）对二产结构偏离度做重点分析。就浙江而言，可以分为 3 个阶段（图 4-6）。分别如下：

1999 年以前，浙江省二产 β 值为负，且绝对值不断变大：1990 年为 -15.3%，到

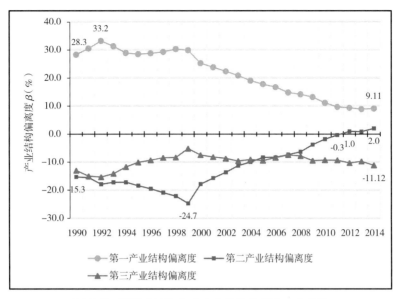

图 4-5 浙江省历年 3 次产业结构偏离度变化趋势

数据来源：自绘

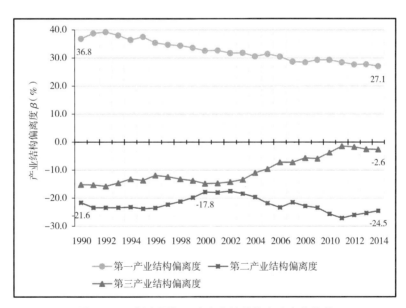

图 4-6 四川省历年 3 次产业结构偏离度变化趋势

数据来源：自绘

1999 年达到峰值 -24.7%。这反映出该时期浙江省二产发展强劲，吸纳劳动力就业的能力不断提高。一种事后的解释是，这一时期浙江利用地处沿海的区位优势，抓住了国际产业结构大调整和经济全球化的机会，大力发展民营经济；大量劳动密集型出口加工企业在浙江全省，尤其浙北和沿海各地纷纷涌现便是明证。尽管这一时期政策上城乡人口流动的开闸，使得数量庞大的民工潮持续涌入沿海地区，但巨量的海外订单和规模递增效应使得整体劳动生产率和用工势能不断提高。

1999 年以后，浙江省的二产 β 值依然保持为负，但绝对值逐年减少，到 2011 年变为 -0.3%。此趋势反映出这阶段浙江省第二产业吸纳劳动力就业的能力逐渐萎缩；与此同时劳动力的供应也发生了变化，这期间包括了 2004 年出现过的民工荒。三方面因素可以解释这一变化：①早期打工经济给外省农民工带来的较高收入预期还在持续发酵，并不断吸引外地劳动力进入浙江；而此时倒 U 型的规模效应顶点已经初现，劳动力的边际生产率开始下降。②我国 2001 年加入 WTO 以后，要接受更加广泛的国际竞争和国际行业标准约束，前一阶段靠跑"量"就能盈利的劳动力流水线生产方式逐渐难以满足市场对产品"质"的要求的提高。大量制造业企业不得不开始考虑产业的内部升级，加之劳动成本快速上升，驱使企业主逐渐形成对高价且不稳定劳动力的规避及寻找机器替代的原始动力。③ 2000 年以来，中央相继出台西部大开发、中部崛起、振兴东北老工业基地等国家层面的区域政策，开始有组织地引导沿海产业向内地转移，客观上构成了外出劳动力回流的政策背景。这一点与图 4-7 所示同期四川二产 β 绝对值不断放大相契合。

2012 年，浙江省二产结构偏离度首次跨过平衡点 0 并反转变为正的 1.0%；此后继续保持这个趋势，2014 年 β 达到了 2.0%。至此，根据统计局发布的 2012—2014 年共 3 年的数据，可以读出两层意思：① 2012 年 β 值首次翻正，意涵着浙江工业企业开始出现用工剩余；至少从产业结构偏离度的分析框架来看，浙江第二产业吸收劳动力由多年的转入态势而首次变为平衡及转出态势。② 2014 年 β 值进一步上升到 2.0%，可以认为浙江省二产劳动力转出趋势有了进一步发展。而这一时期浙江省也正在经历产业转型和实施机器换人战略。

就四川而言，大体可以分为两个阶段（图 4-7）。2002 年以前，四川省二产 β 值为负，且绝对值不断减小，尤其在同期一产过剩劳动力不断释放的条件下，突出反映了四川二产吸收劳动力能力较弱，而这与前述同期浙江省二产吸收劳动力的能力较强形成了反差。

2002 年以后，四川二产 β 值仍然为负，但绝对值开始逐渐增大，近年来已经接近 25%，达到浙江省 1999 年的峰值水平。这反映了 2002 年后，四川省二产吸收劳动力能力逐渐提升，且不断增强。从区域劳动力市场均衡的角度推测，四川二产增加的劳动力，正是同期以浙江为代表的沿海发达地区释放的劳动力。鉴于四川 2014 年的一产 β 值还保持在 27.1%，可以认为四川二产的潜在劳动力吸纳空间还相当巨大。

（3）就三产而言，浙江省三产结构偏离度始终较为稳定地保持在 -10% 的水平，四川三产 β 值与同期浙江二产 β 值的走势相近，同样反映了吸收劳动力就业的放缓趋势。四川三产未能吸收的劳动力，一个主要去向就是工业企业；四川二产结构偏离度在 2000 年以后的走势印证了这一点。

通过以上对比分析浙江、四川两省 3 次产业结构偏离度的变化趋势，可以看出我国劳动力除了在区域间流入和流出外，还存在着产业间的纵向流动。

4. 各省农业吸纳劳动力就业特征分析

以上分析了 3 次产业吸收劳动力就业的情况，下文将以各省农业产业结构偏离度为考察对象，重点分析农业吸收和释放劳动力的区域差异。研究选取 1990 年、1995 年、2000 年、2005 年、2010 年、2014 年 6 个年份做截面分析。研究工具仍然是产业结构偏离度，其中产值结构数据来源于 2016 中国统计年鉴，就业结构数据来源于各省相应年份统计年鉴❶。

研究表明，省际农业吸纳劳动力情况具有如下特点：①农业的就业结构偏离度，除山西外，其余各年份各省均大于 0。这一方面从总体上反映了农业仍然具有转移出劳动力的趋势；另一方面也反映了现阶段我国农业现代化程度有限，因为即便是发达地区，也总会存在一定的剩余劳动力。②在农村总体转出劳动力的同时，沿海和内地省份存在着转出速度上的差距。

单独考察 2014 年各省农业产业结构偏离度，根据数值大小，可进一步将各省分档排名，见表 4-2。

			2014 年各省农业产业结构偏离度 β_1		表 4-2	
1 档	省份	山西	上海	北京	天津	浙江
$\beta_1 < 10$	β_1	2.0	2.8	3.8	6.4	9.1
2 档	省份	江苏	福建	广东	辽宁	海南
$10 < \beta_1 < 20$	β_1	13.7	14.8	17.7	18.8	19.5
3 档	省份	江西	安徽	河北	山东	重庆
$20 < \beta_1 < 30$	β_1	20.1	21.3	21.6	22.6	25.3
	省份	吉林	四川	青海	湖北	黑龙江
	β_1	25.8	27.1	27.2	28.7	28.7
	省份	新疆	河南	湖南		
	β_1	28.8	28.8	29.2		
4 档	省份	内蒙古	西藏	广西	宁夏	云南
$30 < \beta_1 < 40$	β_1	30.0	33.8	36.5	37.4	38.2
5 档	省份	陕西	甘肃	贵州		
$\beta_1 > 40$	β_1	43.5	44.8	47.5		

数据来源：自绘

---

❶ 分期分省农业产业结构偏离度（分段设色地图），具体图例请扫二维码。

分期分省农业产业结构偏离度（分段设色地图）二维码

表 4-2 中，某一省份的农业产业结构偏离度数值越小，排名分档越靠前，反映了该省转出农业剩余劳动力越多，农业生产效率越高，农业就业结构越好。与之相反，某一省份的数值越大，反映了该省农业生产效率越低，转出农业劳动力的势能越大。就 2014 年而言，$\beta_1 > 30$ 的省份全为自治区或西北西南欠发达省份。

4.2.3 微观层面：家庭选择

我国传统农村社会关系围绕农业活动而形成，土地将家庭和个人牢牢地束缚在村落空间范围内，具有稳定、内向的特征。改革开放以来，随着二元体制的松动，经济结构的多元，维系传统生产方式的藩篱终于被打破，在农村开始呈现出如冯友兰先生 1941 年《新事论》中所说的由"生产家庭化"向"生产社会化"的转变。

在生产家庭化底社会里，人可以在他的家之内生产，生活。但在生产社会化底社会里，人即不能在他的家之内生产，生活。他必须在社会内生产，生活。所以有许多事，在生产家庭化底社会里，本可在家中求之者，在生产社会化底社会里，必须于社会中求之。

在生产家庭化底社会里，家是一个经济单位。这一经济单位，固亦不能离开别底经济单位而存在，但他与别底经济单位，毕竟不是一个。他可以与别底经济单位，有种种关系，但不能融为一体。但在生产社会化之社会中，社会是一经济单位，一社会中之人，在经济上融为一体。此一部分人若离了别一部分人，则立刻即受到莫大底影响。

在生产社会化底社会中，人对于其社会之关系，是密切的。他的生活的一切都须靠社会。就一方面说，无论任何社会，其中底人的生活的一切，都须靠社会，离开社会，都不能生存。但在生产家庭化底社会里，人之依靠社会，是间接底。其所直接依靠以生存者是其家。但在生产社会化底社会里，社会化底生产方法打破了家的范围。人之所直接依靠以生存者，并不是家而是社会。

如果说冯友兰先生 1941 年在《新事论》中关于生产家庭化与生产社会化的论述还是对农村生产关系变化的早期观察或者说预言，具有明显的二分特征，那么自改革开放以来，农村生产关系通过家庭结构的代际分化，则呈现出具有过渡时期特点的家庭化与社会化并存的特征。一方面是家庭成员中青壮年劳动力离开农村、农业进城务工，表现出生产社会化的特征；另一方面是家庭成员中中老年劳动力留守农村、农业，传统的生产家庭化特征仍然明显，两者以家庭为纽带共存。

这种基于经济理性做出代际分工的农村家庭又被称为"经济家庭"（赵民 等，2013），而其以家庭为单位的"理性经济人"的特征突出表现在青壮年劳动力的城乡两栖流动上。本章以下部分主要通过发展经济学相关理论，对此进行论述。

刘易斯二元模型对发展中国家的经济发展和人口"乡—城流动"的过程做了总括

性描述，即农村地区的劳动边际生产力大大低于工业"制度工资率"，如果城市地区的工业部门按固定的"制度工资率"提供就业机会，农业产出边际低于"制度工资率"的劳动力就会愿意转移到城市地区的工业部门去（速水佑次郎 等，2005）。

刘易斯二元经济模型为研究发展中国家的城镇化现象提供了重要的基础理论，在此基础上，拉尼斯和费景汉、乔根森（D.W. Jogenson）、托达罗（Todaro）分别从食品供给问题、农村剩余劳动力、失业等角度入手对其进行了修正。其中最具影响力的是托达罗（Todaro，1969）提出的城乡人口流动模型。其核心思想为：①影响人口迁移决策的不是实际的工资收入，而是"期望收入"，从而较好地解释了当时在发展中国家普遍存在的农村人口向城市大规模迁移与城市高失业率持续并存的现象；②农村劳动力的城市转移取决于在城市里获得较高收入的概率和对相当长时间内成为失业者风险之间的利弊权衡；③城市就业机会的创造无助于解决城市的失业问题。如果听任城市工资增长率一直快于农村平均收入的增长率，尽管城市失业情况不断加剧，由农村流入城市的劳动力仍将源源不断。城市就业机会多，便会诱导人们对收入趋涨的预期，从而造成城市失业水平趋高；④应注重农业和农村自身的发展，鼓励农村综合开发，增加农村就业机会，缓解城市人口就业压力。

由于托达罗模型考虑了风险和不确定性对人口迁移的影响，并且具有"城乡统筹发展"的政策含义，在城乡间实际存在大规模人口流动的背景下，本章试选择以该模型来做解释；但首先需要结合国情对该模型中的概念加以演绎。实际上，无论是直接收入还是其他收入或非货币福祉，都是"福利水平"（或"效用"）的组成部分。本章的调研发现，与户籍登记制度相关的公共服务和农村的家庭资产沉淀对农村人口的迁移决策均存在显著影响。因此，需要将基于工资的"收入水平"扩展到实际的"福利水平"，从而可用一个托达罗模型的改进模型（托达罗改进模型）来解释我国农民工的"非对称转移"和"城乡两栖生产生活"（图 4-7）。

具体来说，图 4-7 中横轴长度 O_vO_u 代表城乡社会全部劳动力数量，左右两个纵轴 O_vW 与 O_uW 分别代表农村和城市的福利水平，曲线 D_v 和 D_u 分别指向点 O_v 和 O_u，表示农业（农村）和工业（城市）对劳动力的需求。

（1）初始状态下，城乡劳动力需求曲线 D_{u0} 与 D_{v0} 相交于点 P_0，对应城市劳动力数量为 O_uL_0，农村劳动力数量为 O_vL_0，此时城乡福利水平相等 $W_u=W_v$。

（2）随着城市经济规模的扩大，城市劳动力需求曲线上移到 D_{u1}，如果此时农村劳动力需求不变仍为 D_{v0}，则与城市劳动力需求曲线 D_{u1} 应该交于点 P_1'，并形成新的提高的均衡福利。然而按照刘易斯的二元经济理论，此时的传统农业部门还存在大量剩余劳动力，由于农业边际生产率极低，使得 D_v 曲线在低福利水平下几乎是完全弹性而使曲线接近扁平，以致在保持福利不变的情况下能够继续将农村剩余劳动力转移到城市部门。图 4-7 中 1-1 和 1-2 反映了这一过程，其中 L_0L_1 代表农村绝对剩余劳动力数量。

（3）在刘易斯理论基础上，根据拉尼斯与费景汉的观点，由农业科技进步带来的农业劳动生产率的提高还可以增加新的剩余劳动力，从而满足城市经济在不增加福利成本的同时进一步扩大生产。如图 4-7 中 2-1 和 2-2 过程所示，其中 L_1L_2 代表了由农业生产率提高所转移出来的农村剩余劳动力。

（4）理论分析，这一过程中的农村居民的福利水平从 P_2 向 P_3' 的提升应是由农业科技发展及其引致的农村边际劳动生产力提高达成的，即当城市经济规模进一步扩大，而农业科技发展的边际速度小于与城市经济发展，以致后者通过转移资金、技术等方式向农业投资的激励丧失，此时农村剩余劳动力转移结束。在完全的市场经济条件下，形成新的城乡均衡福利 $W_u' = W_v'$。如图 4-7 中 3-1 过程所示。然而，我国广大农村地区的农业现代化进程仍较缓慢，单个农业劳动力的产出水平的提高十分有限；因此，上述的农村居民的福利水平从 P_2 向 P_3' 的提升是由与户籍登记制度相关的公共服务和家庭的资产沉淀这两方面的力量博弈中形成的。一方面，如果进城农民工选择留在城市，虽然期望福利 W_v' 能够达到城市水平 W_u'，但实际需减去由于制度障碍造成不能享受到城市居民所能获得的城市公共服务，如教育、医疗等，那么扣除这部分城市福利后其结果仍然偏离 W_v' 而向 W_v 逼近，即图 4-7 中 3-3 所示过程；另一方面，农民工选择进城打工但不转农业户口。这意味着，他们仍可以享受农村的宅基地、耕地承包经营权、享受村集体的分红；这使得进城农民工虽然不享受城市居民福利，但是却享受着在农村老家的村集体的资产沉淀的福利；在图示中，这推动着福利均衡水平从 W_v 向 W_v' 逼近，即图 4-7 中 3-2 所示过程。因此，图中 L_2L_3' 大致反映了那些因制度原因无法享受平等的市民待遇，而对进城持观望态度，犹豫是否返乡的农民工群体。也正是他们，因为留城难，做出了"城乡两栖生产生活"的选择安排。

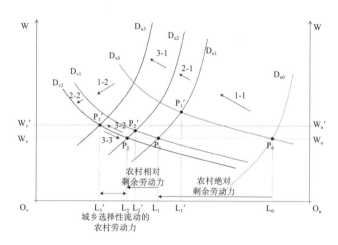

图 4-7　托达罗改进模型对农民城乡间流动的解释

资料来源：作者自绘

由此可见，外在表现为萎缩、稀释或蔓延等的农村人居空间变化，是特定历史条件下无数农民个体理性选择的集合所表现出的结果。然而，这种个体理性的社会集合成并不一定是"帕累托最优"❶；而政府的制度安排和政策供给则应该指向"帕累托效率"❷。

4.3 农村人居空间变迁中的"空间的变迁"规律

4.3.1 空间惯性

1. 概念引入

惯性是经典力学的一个基本概念，指物体总有保持运动状态不变，或者说抵抗其运动状态被改变的性质，这是一切物体的固有属性。惯性的大小只与物体的质量有关：质量越大，物体的状态越难改变，也即惯性越大；反之亦然。对于某个具体的物体，惯性随该物体的出现而出现；物体保持不变，惯性就不会改变；除非物体消失，否则惯性将一直存在。

将惯性的概念引入人居空间，从可能性上讲，是因为后者的组成要素，包括土地、房屋、设施等一切人工建筑系统，都可以直接对接惯性概念中的"物体"，是普遍意义上的物体的子集，所以逻辑完全能够成立。

具体定义如下：人居空间惯性，简称空间惯性，指在人居空间中包括用地、房屋、设施等在内的一切人工建筑系统，一旦建成之后就始终具有的维持既有状态不变，或者说抵抗既有状态被改变的性质。这是人工建筑系统的固有属性。

2. 内涵诠释

上述概念中的空间，是城乡规划学语境下的狭义空间，对应人居环境中的人工建筑系统（吴良镛，2001），具体包括各种功能用地，以及用地所承载的房屋、道路、设施等。空间等于人工建筑系统；空间惯性，即人工建筑系统的惯性。这一概念有如下内涵：

1）空间惯性是空间的固有属性

空间惯性的产生，源于人居空间建构过程中人类劳动的付出；而空间一旦落成，空间惯性就伴生出现并独立于人而存在。以房屋为例，从它落成开始，到最终因为种种原因毁坏、坍塌，空间惯性自始至终与建筑空间一同存在。空间的这种独立于人的活动的固有属性，是空间发挥能动作用的根源所在。

❶ "帕累托最优"是一种福利分配的均衡状态，在此状态下个体要想进一步扩大福利，只有通过减少其他个体的等量福利才能获得。通俗地讲，在帕累托最优状态下，个体只能通过偷盗、抢劫、掠夺等转移其他个体福利的方式才能使自己福利增加，但社会总福利并不增加。

❷ "帕累托效率"仅是一种理想的境界，因为人们能够不断找到推进"帕累托改进"的途径。但它为人们在追求自身利益时设置了必要的边界，即个体追求利益不能以他人或社会付出为代价。

2）空间惯性的大小决定于人工建筑系统"质量"的大小

这里的"质量"，对于人工建筑系统而言包括两层含义：①物理意义上的质量，它是面积、形状、材质、结构等物质要素的统称；②社会意义上的质量，它是社会关系、社会地位、社会财富的空间凝固。相应地，空间惯性由空间的物理惯性和空间的社会惯性两部分组成，而空间惯性的大小也就取决于这两部分合成后的大小。

以房屋为例，就物理质量而言，钢筋混凝土结构房屋大于砖混结构房屋大于土坯房；空间惯性则顺次减小，即其各自抵抗外力改变其既有状态的能力依次减小。社会意义上的空间惯性，比如在传统村落中，村中央的祠堂或者某些风水条件好的宅院，它们所附着的社会关系和社会财富远大于普通民房，因而其社会意义上的质量巨大，使得维系它们保持既有状态、防止被改变的能力也趋大。

3）空间惯性的表现

在没有外力时，空间惯性表现为维系人工建筑系统保持其建成状态不变；当有外力作用时，空间惯性则表现为对外力的抵抗。这种抵抗既有对自然环境作用如风蚀、霜冻等破坏的抵抗，更主要的是对人的作用的抵抗。仍以房屋建筑为例，当使用者要对房屋进行改造或者拆除时，空间惯性就表现为迫使使用者在考虑采取行动时会犹豫、拖延。

4.3.2 空间惯性是农村人居空间变迁呈现出阶段演进的重要原因

由于农村人居空间的均质、单一、规模小，使得人和建筑空间量的比例关系较城市而言更为稳定。所以1978年以来，当农村人口数量不断发生增减变化时，建筑空间系统总有与人口数量保持一致的趋势。如当农村人口流出时，相应的建筑空间系统的量应该减少；而当农村人口有回流时，相应的建筑空间系统的量应该增加。这一点也可称为人与空间边际供需相匹配原则。

然而在这个人工建筑系统增加和减少的过程中，空间惯性不可小觑：它总是试图抵抗人工建筑系统的增减变化以维持既有状态，并对外表现为使农户在采取具体行动时会不断犹豫、反复权衡，以致出现时间上的拖延，最终造成人工建筑系统变化滞后于人居活动变化。

图4-8是前述人居空间变迁模型的形态化表示。它反映了上述人居变化与空间变化两者关系中存在的"追随但不同步"的逻辑。在每个阶段图中，首先，由表示人居活动的深灰色圆形率先发起变化，但由于空间惯性的抵抗作用，继起的表示建筑空间变化的浅灰色圆形不能保持变化，从而形成大小不同的深浅两个圆形；其次，当人居活动的深灰色圆形进入下一阶段，表示空间变化的浅灰色圆形在空间惯性的作用下，将发起追随，紧跟深灰色圆形。如此往复，形成图4-8中6种形态。

由于我国城镇化中劳动力的"潮汐演替"（郝晋伟，2015）以及人口数量波动（丁宁 等，2006），农村人口流入流出引起的人口数量变化在模型中可以被理想化为服从

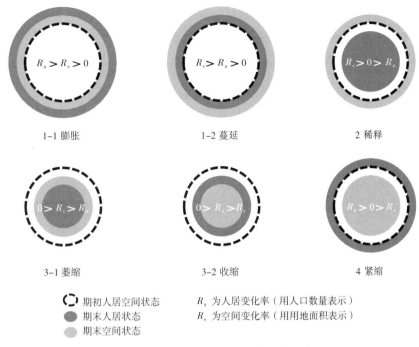

图 4-8 人居空间变迁的 6 种状态示意

资料来源：自绘

某种正弦分布，这是引起农村人居空间变迁在理想条件下总是由一个阶段顺次进入下一个阶段的发起因素。相对地，空间惯性是响应因素。

4.3.3 空间惯性是农村人居空间变迁存在跳跃的重要原因

空间惯性是空间物理惯性和社会惯性的合成。其中，由于人工建筑系统的物理质量受自然因素影响会随着时间流逝不断损耗，其物理惯性会逐渐变小。而社会惯性由于是反映社会关系、社会财富的积累，所以存在缩小、扩大、保持不变 3 种可能（图 4-9）。

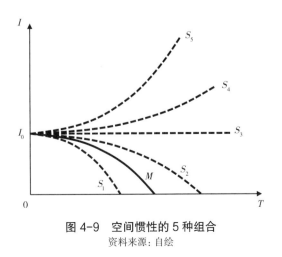

图 4-9 空间惯性的 5 种组合

资料来源：自绘

图4-9反映了一个时间段内,空间惯性的组合关系。曲线 M 表示物理惯性(Material inertia),它随时间的推移越来越小;在现实中常反映为不同质量的建筑使用年限不同。曲线 S_i 表示社会惯性(Social inertia),其中 S_1、S_2 表示社会惯性也在衰减,但 S_1 比空间惯性衰减快,S_2 比空间惯性衰减慢;S_3 表示社会惯性保持不变;S_4、S_5 表示社会惯性在逐渐增大,区别在于各自增加率绝对值分别小于和大于物理惯性的衰减率绝对值。在考察期初,基于人与空间相匹配的原则,物理惯性和社会惯性大小相等,均为 I_0。

进一步分析之前,还需假设模型符合以下条件:

(1)物理惯性减少到0之前,不补充新的物理惯性,即只有新增、没有改造行为。

(2)当物理惯性衰减为零,要新增建筑空间时,新增建筑空间的物理惯性基于人与空间相匹配的原则仍然等于社会惯性。

(3)在每组变化中,前述两项条件始终不发生改变。

合成结果如图 4-10 所示。

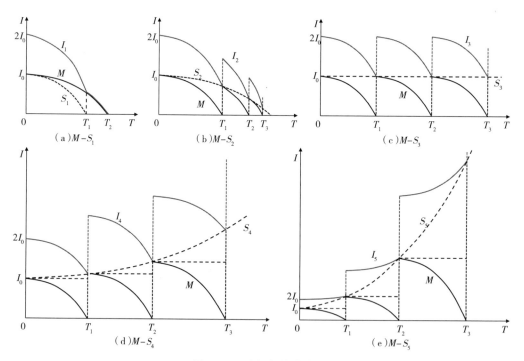

图 4-10　空间惯性的合成

数据来源:自绘

对此说明如下:

(1)对于图 4-10(a)、(b)两种情况,随着物理惯性与社会惯性双双减小,合成惯性最终减小到零。它反映了人工建筑系统抵抗外力保持既有状态的能力越来越弱,而与人居活动或者人口数量相一致的趋势越来越明显。反馈到现实中来，可以对应到城镇化过程中，那些已经彻底市民化的进城农民工，基本放弃原农村中社会关系，导致旧有的住房设施也随着人口的减少逐渐坍圮，耕地逐渐抛荒。

（2）图 4-10（c）反映了那些留在农村，并且社会惯性稳定的人居空间状态，其合成后的空间惯性总体趋势也基本保持稳定，只是随每个建筑寿命周期有一次物理惯性的调整。比如在一个稳定的传统村落中，通常隔一代人会更新一次建筑系统，从而保持传统格局的延续。

（3）图 4-10（d）、（e）反映了农村人居空间合成惯性增加的情况。在城镇化过程中，自然状态下的社会关系、社会财富本应更多地向城市倾斜；如果有农村空间社会惯性增加的情况，只能是外部条件变化的结果。20 世纪 90 年代以来，包括分税制改革、土地管理法调整、取消农业税、土地财政的扩大等一系列社会转型，使得农村人居空间的价值逐渐显化，空间的社会惯性剧增，原本按照城镇化趋势，农村人居空间自然演替的路径被迫中断。图 4-10（d）很好地反映了在空间的社会惯性弱增长条件下，合成惯性具有"阶段性增长，阶段内衰减"的衰减式增长特点，即空间维持既有状态的能力不断起伏。这可以解释图 3-44 所示的我国农村人居空间变迁在 20 世纪 90 年代中后期以来，呈现稀释、萎缩交替演进状态的原因。而图 4-10（e）所示的合成惯性呈"突变式增长"，对于城中村改造、小产权房以及"钉子户"现象的解释力更强。

4.3.4　空间惯性对分省农村人居空间变迁模型的解释

前文在总结分省农村人居空间变迁特点时，划分出了人居空间变迁点向原点靠近、向 45° 线靠近和向纵轴 R_s 靠近等 3 种类型，它们都可以从空间惯性角度，即从图 4-10 中获得解释。

向原点靠近的有北京、内蒙古、吉林、上海、安徽、江西、湖北、重庆、贵州、陕西、青海等 11 个省自治区直辖市。这一类变化意涵着人的变化与空间的变化均向原点收拢，即农村人居空间活动的强度减弱。从 2008—2015 年这一时期来看，这种变化适合用图 4-10（a）或图 4-10（b）中的某个阶段（并不一定完成）来解释。

向 45° 线靠近的有天津、河北、山西、辽宁、福建、河南、山东、广西、甘肃等 9 个省份。这类变化意味着人的活动变化与空间的变化趋于同步，空间弹性 $I=1$，具有紧凑的特征。这种同步包含人与空间同时增大、同时减小和均保持不变三种情况。对于 2008—2015 这个 8 年的时间段，可用图 4-10（c）解释。此外，还有黑龙江、湖南、四川 3 省兼具这两类特点。

向纵轴 R_s 靠近的有浙江、广东、宁夏、新疆等 4 省区。这类变化意味着人的活动变化剧烈而空间变化很小。从空间惯性角度看即是社会惯性大而物理惯性小，适合用图 4-10（e）来解释。

4.4 本章小结

作为理性解释，本章研究是在"人居活动与空间响应共同构成人居空间发展"这一分析框架下完成的。在这对二元关系中，人居活动的变化主要是由外部条件变化引起的。对此，本章从宏观层面的制度变迁、中观层面的产业发展、微观层面家庭选择这3个层面进行归纳和总结，分别论述了户籍制度对人口城乡分布的影响、土地制度对农村生产激励和生产生活空间的改变，不同产业对劳动力吸纳的时空差异，以及农村家庭基于经济理性做出"用脚投票"的微观选择。

在解释空间响应时，本章首先抓住人工建筑系统物质性这一根本属性，提出了空间惯性概念，即人工建筑系统所固有的维持既有状态不变，或者说抵抗既有状态被改变的性质。空间惯性概念可以很好地解释空间是如何对人居活动变迁做出响应的。其中，由于空间惯性而产生的空间变化与活动变迁存在"追随但不同步"的关系，是农村人居空间变迁长期"六阶段"演进的重要原因。而空间惯性是空间的物理惯性与社会惯性的合成理论，可以很好地解释农村人居空间变迁为何存在短期跳跃。

第5章 农村人居空间"精明收缩"的客观诉求

第3章和第4章主要从历时性的角度回答了我国农村人居空间变迁"是什么"和"为什么"的问题，这属于实证研究（Positive Research）的范畴。本章通过简要评估我国农村人居空间发展现状，基于集约和高效发展的价值导向，初步提出"精明收缩"的客观诉求及基本理念，既抽象出农村人居空间发展的现实图景、又提出未来"应该怎么样"的问题，偏于规范研究（Normative Research）的范畴。

5.1 当前农村人居空间发展面临的困境及成因

评估农村人居空间发展好坏，涉及价值判断。在诗人、画家、社会学家或人类学家眼里，或许荒凉、萧索、凋敝、破败的农村也有其存在价值。但本章秉持的是主流的发展导向的价值观，因此在具体评价人居空间发展时，主要将考虑经济效益、地区活力、资源可持续等因素，此外当然也还要兼顾考虑历史文化遗产的保护和延续。如果用这一价值观评估当前我国农村人居空间发展，可以发现其正面临着如下几方面的困境。

5.1.1 以"人减房增"为标志的农村人居空间发展失调

作为人居活动的物质空间载体，人与空间是否协调是衡量人居空间发展好坏的重要标尺。通过第3章的研究可以发现，当前我国农村普遍人口流失严重、而建设用地和房屋不减反增的人居空间发展失调现象（表5-1）。"人减房增"归根到底是一种人居资源的低效利用和浪费，在国土空间资源紧约束及倡导可持续发展的今天，它已经成为农村发展面临的主要挑战。

造成这一局面的成因已经在第4章的解释框架下做了推演，这里仅做简述。

（1）改革开放以来，宏观制度变迁推动计划经济向市场经济转轨，促成了珠三角、长三角和环渤海等沿海地区的先行发展。而区域经济的巨大差异以及由此带来的巨大收入差距，又促成了以农村青壮年人口为主的劳动力由中西部内陆省份向沿海发达地区的涌动。这样，经济发展方式由计划向市场的转变，直接导致了20多年来我国农村常住人口的持续减少（见图3-1）。

我国农村"人减房增"情况总揽 表5-1

农村人口减少	1994 ~ 2014年全国农村常住人口数量持续减少共计32%	图3-1
	四川、重庆减少超过50%	图3-3 表3-1
	江苏、浙江、福建减少超过40%	
	广东、山东、安徽、上海、湖北、湖南、辽宁、陕西、广西、河南等省市减少超过30%，且高于全国平均水平	
	乡村人口减少与农民工数量增加呈"此消彼长"态势	图3-18 图3-19
用地和房屋增加	村庄现状用地面积在城乡体系中总量最大，1990 ~ 2000年保持快速增长，2000年后保持相对稳定	图3-28 图3-29
	村庄人均用地面积在城乡体系中总量最大，且保持较大增速	图3-30
	村庄人均住宅建筑面积快速增长	图3-31
人与空间失调	农村人居空间长期处于"稀释"和"萎缩"状态	图3-38 图3-39
	村庄用地面积增加与常住人口减少形成鲜明对比	图3-44

资料来源：基于有关统计资料自绘

（2）在大的人口流动背景下，一方面由于户籍制度限制，进城农民工不能获得包括教育、医疗、社保等公共服务在内的一般市民待遇，再加上早期财富积累缓慢，因而进城农民工不愿意同时也很难在城市安家落户；另一方面，由于农村土地集体拥有，在制度上没有设立有偿退出机制，这就相当于在变相挽留进城农民。因此，在这两大制度的作用下，早期进城农民工一般选择将在城市打工获得的财富带回农村，并通过改造、翻新、扩大或新建房屋的形式固定下来，这直接导致了农村房屋和建设用地的扩张。

（3）如果说前一阶段的人口流动主要还受财富积累和户籍制度限制，因而人口的城乡迁徙主要是青壮年为主的非对称转移；那么随着进城农民财富的不断积累，以及国家在除了个别特大城市外的一般城镇逐渐放开落户限制，越来越多的进城农民有条件举家迁移，并通过购买商品房的形式开始在城市定居，彻底实现农民向市民的转化。在这一情形下，一方面农村土地制度没有范式上的转变，进城农民依然可以享有农村土地，再加上在农村进行房屋建造的成本很低，此外还有攀比心理作祟，这些因素都造成了在农村人口进一步流失的情况下，农村建设用地和住宅规模的继续扩张。

（4）从"物"的角度来讲，根据第4章所提出的空间惯性原理，农村人居空间在目前状态下，如果没有外力作用，将继续保持"人减楼不减"或"人减楼增"的状态，亦即人与空间相协调的自发演进不会发生。

5.1.2　公共服务设施和基础设施供给低效

公共资源的高效利用是人居空间可持续发展的基础。农村公共服务设施包括教育、卫生、文化、养老等设施，涵盖高中、初中、小学，卫生所、卫生室，文化站，养老院等机构；农村基础设施包括道路、电力、燃气、供水、通信等生活基础设施和水利、沟渠、坑塘等生产基础设施。它们是农村公共产品的重要内容，是国家公共产品系统向农村地域的延伸。然而，根据李燕凌（2007）对湖南省各市（州）农村公共品供给效率农民满意度的回归分析，崔明等（2008）利用数据包络模型（DEA）对我国农村公共基础设施与服务的供给效率研究，以及其他相关研究（吴雅玲，2008；陈文娟，2011；王翰博，2011；吴丹，2012），结合作者在浙江、安徽、四川、湖南等地农村的调研经验，可以判定当前农村人居空间发展面临的另一个严重困境是公共服务设施和基础设施供给低效。

造成这一困境的因素主要有两方面：

（1）受生产力发展水平和自然条件限制，我国农业生产规模小且呈分散式布局，这决定了农业的私人生产对于公共产品的强依赖性，大量相关的产品和服务必须由政府来提供（王俊 等，2006）。然而根据中国统计年鉴相关数据❶分析显示（图5-1），尽管我国财政支出中用于"三农"的部分绝对量呈逐年增加，但改革开放以来一直到2007年，"三农"支出占财政比重除个别年份外，总体呈下降趋势，从1978年的13.43%下降到2007年的6.84%，这充分显示了政府财政支出的非农偏好。2007年以后，随着国家经济条件的好转，以及工业反哺农业，城市反哺乡村的政策导向，"三农"支出占财政比重迅速提高，这一阶段由于已经发生了大规模的农村劳动力向城市转移，农村空心化已经成为现实，因此这一阶段财政增加的"三农"支出实际效率偏低。

（2）公共物品的规模化供应和使用者集聚是公共产品有效供给的重要前提。然而目前我国村庄布局分散，尤其是中西部山区、丘区的自然村，规模小而数量庞大，这直接造成农村基础设施和公共服务设施的供给成本大大提高。另外，由于农村人口聚集程度低，加上流失严重，使得公共产品实际使用者少；那些花巨资建成的基础设施和公服设施要么近乎空置，要么无法维持正常运转。

总之，一方面财政对农村公共产品的供给与农村实际需求存在时间上的错位；另

❶ 在中国统计年鉴中，2006年以前，国家财政用于农业的支出有详细的分项，包括支农支出、农业基本建设支出、农业科技3项费用、农村救济费等。2007年以后，这一统计指标中断，只在"中央和地方一般公共预算主要支出项目"中，有"农林水支出"一项。但前者2006年的数据为3172.97亿元，后者为3404.7亿元，因此本书认为两个数据在统计上是连续的，特此说明。

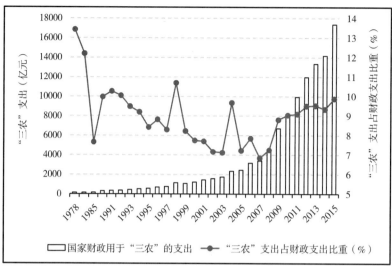

图 5-1　历年"三农"支出及占财政支出比重

资料来源：自绘

一方面农村社区规模小、分布散的现状特点使得公共产品无法充分利用集聚效应、发挥规模效应，两大因素最终导致农村公共服务设施和基础设施供给低效。

5.1.3　农村社区缺乏活力

　　健康、有活力的农村社区是农村人居空间发展的重要追求。判断农村社区是否健康，首先要考察的是社区中的主体——"人"（赵民，2016）。然而根据第 3 章的研究，我国农村人居空间无论是人口结构，包括年龄结构、性别结构、文化结构等，还是家庭经济结构，均表现出明显的失衡（表 5-2）。造成这一困境的原因主要来自两个方面：

　　（1）人作为能动性的选择主体，对自己居住生活环境的选择会随着自身经济能力和需求等的改变而变化（赵民，2016）。改革开放以来，随着经济条件的改善，许多农村家庭先后经历了个体的城乡周期迁徙、家庭的非对称转移、举家转移等阶段，这带来了农村人口结构的历时性变化。然而，对于农村社区而言，如果在年龄、经济能力、社会地位等方面占优势的社区人群大量流失，这就意味着社区中的人对社区的认同度下降，既有的社会体系在向下运行，社区正趋向衰退（赵民，2016）。

农村人口结构和家庭经济状况　　　　　　　　　　　　　　表 5-2

人口结构	年龄结构	青少年人口有所增加，青壮年人口持续减少，老龄化程度加剧	表 3-3 表 3-5 图 3-11 图 3-12
	性别结构	性别比例失衡	图 3-7 图 3-10

人口结构	出生率和死亡率	在城镇村体系中，农村生育率显著高于城市和镇，且生育期普遍提前 2～3 年	图 3-13 图 3-14
		乡村死亡率普遍高于城市和镇	图 3-13 图 3-15
	抚养比	在城镇村体系中，总抚养比、少儿抚养比和老年抚养比均是乡村最高，且总抚养比和老年抚养比近年来有上升趋势	图 3-16
	文化程度	虽然乡村人口受教育程度有很大提高，但 80% 仍只在初中以下	图 3-17
家庭经济状况	家庭消费	农村居民家庭消费支出逐年升高，恩格尔系数不断下降，2014 年降到 37.7%，进入"富裕"水平，但仍始终高于城镇居民家庭	图 3-24
	生活来源	农村 60 岁及以上人口生活来源主要是靠家庭其他成员供养和自身劳动	表 3.8 表 3.9 图 3-25

资料来源：基于有关统计资料自绘

（2）农村社区环境难以留住人。从人口结构来看，尽管近年来返乡农民有逐年回升的趋势，但如前面所述，我国农村规模小、数量大的现状地理分布特点，决定了公共服务设施和基础设施供给低效，城乡公共服务均等化的目标难以实现。这也就造成农村人居空间无论是生活、生产环境，还是就业环境、创业环境都难以留住农村精英人才。而返乡农民大部分因年龄原因不得已而回乡，迄今真正的精英或能人返乡／下乡事例还很少见，这进一步导致了农村社区活力的降低。

5.1.4 部分农村地区人居条件恶劣

面临人居条件困境的农村主要又分为两类。一类是位置极为偏远，基础条件极为落后的农村，如四川省凉山州昭觉县勒尔村（图 5-2）、雅安市汉源县"天梯村"，以及云贵少数民族地区、陕北黄土高原地区落后农村。另一类是由于工业过度开发造成环境极度恶化的农村，如河南省沈丘县周营乡黄孟营村等 21 个癌症村；根据龚胜生等（2013）的研究，癌症村成因主要是工业开发造成的水污染和土壤污染，并且 2000 年来癌症村有规模扩大和自西向东扩张的趋势。

5.2 农村人居空间发展的"精明收缩"诉求

对于上述种种情况，根据空间惯性原理，在无外力作用条件下，农村人居空间发展所面临的这一系列困境将继续保持甚至进一步恶化。为了应对这些困境、扭转不利局面，必须主动选择科学的路径，以精明的方式来应对客观存在的收缩态势。本章建构农村人居空间"精明收缩"的发展框架，以下是对这一命题的初步构想。

图 5-2　凉山州昭觉县支尔莫乡勒尔村学生上学

资料来源：百度图片

5.2.1　农村人居空间"精明收缩"的核心观点

农村人居空间精明收缩是以集约和高效使用空间资源为价值导向，通过制定和施行必要的公共政策，有计划地对农村人居资源进行空间调配，包括对农村土地、房屋、基础设施和公共服务设施等进行空间集聚和适度的层级调整，以改变我国农村人口减少而房屋土地不减反增造成的资源浪费，并克服由于农村聚落规模小、分布散、数量大而产生的公共产品供给低效、农村社区缺乏活力和生存条件恶劣等一系列不利状况。

从这一观点表述中，可以得出农村人居空间精明收缩包含如下要素：

（1）精明收缩基于一定的价值导向，目的是减少农村人居资源浪费、提高公共产品供给效率、提高农村社区活力和改善生存环境；

（2）精明收缩的本质是政府和社会主体对农村人居资源的优化调配；

（3）精明收缩所依赖的机制既包括政府的宏观调控政策和法规，也包括集体和个人的自主选择；

（4）精明收缩的对象是土地、房屋、基础设施和公共服务设施等人居空间资源；

（5）精明收缩的外在形式表现为农村人居资源的空间集聚和层级配置优化；

精明收缩之所能应对当前农村人居空间发展所面临的系列困境，是因为它具有如下内生要素：

1. 主观能动性

精明收缩首先是一种基于价值判断下的动力选择（Dynamic Change），具有鲜明的发展和保护导向特征。如果说现状农村人居空间发展是一种自发演变（Natural Change），维系其存在的内生因素是空间惯性，那么改变这种局面，并且与空间惯性（又叫空间惰性）相抗衡的正是人的主观能动性。我国是社会主义国家，政府有优良的发展计划传统，也具有调配空间资源的极强能力。在"坚持发展是第一要务"和"践行科学发展观"的执政理念下，精明收缩的主观能动性天然内生于作为主导者的各级政府主体，这是选择和施行精明收缩策略的根本内因。

2. 规模效应

规模效应（Scale Effect）是经济学中的重要概念。狭义的规模效应又称规模经济，是指因规模增大带来的经济效益提高。广义的规模效应还包括实现盈利的最低规模门槛和超过一定规模后由于拥挤效应带来的规模不经济。规模效应的基本原理可以用微观经济学中厂商生产来理解。首先，任何生产都是有成本的，它又分为厂房、大型机械装置等固定成本，以及原材料、零部件等可变成本。其次，企业要实现盈利，必须使收入大于成本；而这中间固定成本是不变的，可变成本可以理解为是产品本身被使用者消费了。因此，厂商只有使生产的产品越多，分摊到单个产品中的固定成本越少，盈利才越多。

政府在向农村提供基础设施和公共服务设施等公共产品时，这部分道路、学校等公共设施就相当于厂商的固定成本，村民对公共设施造成的折旧则是可变成本，可忽略不计，而村民的使用相当于收益。现阶段我国农村规模小、数量大、分布散，使得建造公共设施的固定成本很高，而收益很小，不仅不能实现规模经济，甚至往往达不到规模门槛。精明收缩正是利用了规模效应原理，通过对农村人居资源进行空间集聚，提高农村居民对公共产品的有效利用，以及实现公共投入和产品供给的应有"绩效"。

3. 集聚效应

集聚效应（Combined Effect）是指一定范围内的经济主体由于地理位置的邻近而产生并释放出的正的外部性，通常用于解释产业经济和城市化经济，又被称为马歇尔外部性。对于外在表现为人居空间集聚的农村精明收缩而言，集聚效应同样具有解释力。

（1）集聚效应可以进一步强化规模效应，摊平农村基础设施和公共服务设施的固定成本，提高农村公共产品的供给效率。规模效应偏重总量的扩大，集聚效应侧重密度的提高。以农村公路为例，在现状布局分散、总体数量大、单个规模小的格局下，要实现城乡公共服务均等，农村公路网势必连接到各个散布的村落、农户，数量庞大。但通过精明收缩，农村人居空间集聚以后，农村公路网投资将大大缩小，从而极大地降低生产成本。

（2）集聚效应可以促进农村分工与合作，提高生产效率。分工与合作是普遍意义上生产效率提高的内生因素。但分工与合作的前提是在一定距离的地理空间范围内，最经典的是现代公司和企业。虽然随着互联网技术的发展，分工与合作可以在更大的网络空间内完成，但对于我国较落后的农村地区而言，尤其是对于土地有强依赖关系的农业生产来说，地理空间上的集聚更具实际意义。

（3）集聚效应可以提高农村社区活力。农村公共服务设施，如小学、中学，卫生所，文化站等，都有一定的服务半径；而各种形式的社区活动，如时下流行的广场舞、露天电影也需要适度的空间集中作为支撑。因此，精明收缩通过集聚效应可以带动农村人气，激发社区活力。

4. 空间惯性

空间惯性除了可以解释农村人居空间长期趋势性和短期跳跃性，还可以利用空间惯性原理对农村人居空间进行调控。这也可以称为精明收缩的"空间惯性"策略，原则上是主观能动性的一部分。

（1）变迁阈值与顶层设计。从哲学的高度讲，人居空间所具有的惯性（也可称为惰性），是与人所特有的"意志"相对应的；前者的核心是保持不变的能力，后者的核心是拥有改变的能力。而人居空间变迁正是这两种能力相互较劲的结果。需要指出的是，在人的意志与建筑空间这对矛盾中，人可以通过掌握客观规律而体现能动性；在这个意义上，人是矛盾的主要方面，空间惯性是次要方面。其启示是，在调控农村人居空间变迁时，应该有顶层设计；科学的决策加推进的决心意志，定能带来改变。

（2）时间点的选择。如图4-11所示，空间惯性的变化存在渐变和突变两种状态。针对这种情况，在调控人居空间变迁时，应选择空间惯性突变点，常常也是建筑的寿命周期；此时阻力最小、行动的效率最高。此外，我国农村土地承包周期、人口生育高峰期等重要节点也可以是空间惯性的突变点，在精明收缩时应该充分利用突变点的机会，以降低调控成本。

（3）调控应以改变社会惯性为主，物理惯性为辅。物理惯性的调控应遵循自然原则，避免采用暴力拆迁等强行扭转物理惯性的行为；另外，在农村新建房屋时，要合理选择结构形式，以应对长期内宅基地复垦的可能。而调控重点应是针对社会惯性：如对内通过建立房屋土地退出机制，对外推动农民工进城落户安家等政策的实施，最终通过调控城乡社会关系来改变人居空间的社会惯性。

综上，一方面我国农村人居空间发展面临空间失调、公共设施供给低效等一系列困境；另一方面精明收缩针对上述困境提出了基于内生要素的相应对策。因此，要实现农村人居空间可持续发展，精明收缩是客观诉求和必然选择。

5.2.2 精明收缩是农村人居空间可持续发展的必然选择

1. 农村人居空间"精明收缩"的必要性

（1）我国农村人居空间现状一大悖论是人口不断减少，而建设用土和房屋没有相应退出，甚至部分地区还在不断增加，此即为人居空间变迁模型中的"萎缩"和"稀释"的不良状态。按照空间惯性原理，这样一种资源浪费型发展在没有外力作用下，未来还将继续下去。而要扭转这种困局，打破空间惯性，只有发挥主观作用，亦即唯有主动作为才能实现"萎缩""稀释"向"收缩"的演进。

（2）要改变农村公共服务设施和基础设施的供给低效的困境，在资源紧约束的条件下，只有对农村人居空间资源进行适度集中，才能摊平和降低固定成本，提高公共产品投资和利用效率。

（3）在现状农村住区规模小、数量大、分布散的条件下，要提高农村生产效率和生活活力，也必须进行公共服务设施和基础设施的集聚。

（4）对于条件极端恶劣的部分落后农村，只有通过精明收缩，才能更快速更集中地解决人居环境问题。因此，农村人居空间实现精明收缩非常必要。

2. 农村人居空间"精明收缩"的现实性

农村精明收缩涉及对农村公共产品的供需；政府是供给方，农村居民是需求方，因此可以从供求关系来分析精明收缩运作的现实性。

（1）对于需求方来说，农村居民对于现状稀缺的道路、电力、供水、通信等基础设施和学校、卫生站、活动站、养老院等公共服务设施有极大需求；对提高农业生产效率，提高生活质量也有旺盛需求；对改善交通极端偏远、环境严重恶化的恶劣生存条件更是有迫切需求。

（2）对于供给方来说，尽管我国经历了 GDP 和财政收入的逐年提高，但作为发展中国家，对有限的财政资源必须精打细算。因此，在实现城乡一体化和城乡公共服务均等化的目标前提下，将有限的公共资源投向农村，政府必定要追求效率最大化。而精明收缩恰好是指向于这样一个目标——在高效率的前提下达成供求平衡。

3. 农村人居空间"精明收缩"的紧迫性

以房屋、土地、基础设施和公共服务设施为主要内容的农村人居空间资源具有显著的地理依赖的不动产特性；如果初期空间资源配置错误，未来要扭转和改变，则势必要付出更多的成本。目前我国已经进入城镇化中期，随着农村人口向城市的转移和定居，农村人居空间资源正面临新一轮的调整。在这一形势下，如果政府不及时主动作为，那么农村人居资源按照空间惯性，并根据制度的路径依赖原则，将继续沿着前一时期轨迹发展，最终造成空间关系与生产关系的不同步不协调，进而影响生产力的发展。相反，如果能够抓住我国人口规模跨过拐点的机会，利用空间惯性突变点原理，通过精明收缩完全可以及时调整空间关系并使其与生产关系相协调，从而更好地促进生产力的发展。

5.3　本章小结

在第 3 章、第 4 章对我国农村人居空间变迁总体状况把握的基础上，本章重点梳理和归纳了我国农村当前面临的困境，主要包括以"人减房增"为标志的人居空间失调，亦即为空间"萎缩"和"稀释"、公共设施供给低效、农村社区缺乏活力，以及部分农村地区人居条件极端恶劣等。进一步的，为了应对这些困境，本章初步提出了农村人居空间精明收缩的发展思路，其核心是指在规模效应、集聚效应原理基础上政府对农村人居资源的空间调配。最后,本章通过对农村人居空间精明收缩必要性、现实性、紧迫性的回答，做出精明收缩是农村人居空间可持续发展的必然选择的判断。

至此，全书第3、4两章通过实证研究回答了农村人居空间"是什么""为什么"的问题,本章则是通过规范研究回答了"好不好"并初步回答了"应该怎么样"的问题。这对于后面第6章从成都农村人居建设中总结"收缩"经验，以及第7章系统提出精明收缩发展框架而言，本章起承上启下的作用。

第6章　农村人居空间发展的创新实践：成都案例

基于对我国农村人居空间变迁现实情景的整体把握，本研究提出了我国农村人居空间变迁存在"长期六阶段"演化的趋势——"膨胀→蔓延→稀释→萎缩→收缩→紧缩"，而当前主要徘徊在六阶段中的"稀释"和"萎缩"这两个阶段，同时亦处在向"收缩"阶段艰难跨越的这样一个"短期跳跃"的过程中。研究对这一假设用全国和分省的相关统计数据以及田野调查进行了验证，并在第4章中从宏观制度变迁、中观产业消长、微观经济家庭以及空间惯性等角度进行了理论解释。

进一步的，如果认定"稀释"和"萎缩"是粗放的、不良的发展态势（这一价值判断在第6章中还会讨论），并且正如第3章所讨论的，这也是我国大部分农村的现实情况；而"收缩"是集约的、可取的，也是现实的，国内有个别先进地区在这一过程中已经取得了一定成绩。那么，第一，对这些地区的农村人居空间变迁进行案例调研，考察当地的"收缩"是在怎样的背景条件下、如何发起，以及通过什么样的措施去推动、达到了哪些效果、还有什么不足等，对此进行实践经验总结，不管是对深化认识农村人居空间变迁的内部机制，还是帮助其他农村地区实现从"稀释""萎缩"向"收缩"的顺利跨越，无疑都有重要意义；第二，这也使本章选取符合"收缩"标准的案例地区的工作大大简化，因为只需将范围缩小到那些在农村规划和建设领域已经卓有建树，并得到普遍认可的地区便可形成论证过程的闭合。

按照这一标准，本章主要选择了虽地处西部内陆地区，但农村规划和建设工作在全国范围内都具有较高知名度的成都农村作为调研对象，对其经验加以总结。

6.1　成都农村人居空间发展的背景条件

成都地势自西北向东南倾斜，地形以平原为主，兼有山地和丘陵。按照距离中心城区远近、经济发达程度，以及地形地势特点，成都下辖19个区市县在空间上大体分为 3 个圈层。一圈层共 5 个单元，包括锦江区、青羊区、金牛区、武侯区、成华区；二圈层共 6 个，包括龙泉驿区、青白江区、新都区、温江区、双流县、郫县；三圈层共 8 个，包括金堂县、大邑县、浦江县、新津县、都江堰市、彭州市、邛崃市、崇州市（图 6-1）。

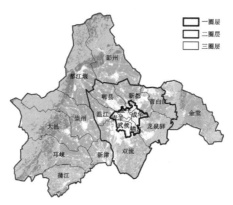

图 6-1　成都市行政区划、地形与三圈层划分

资料来源：自绘

成都各区县经济发展水平的差距较大。从 2014 年各区县 GDP 数据以及 2003—2014 年 GDP 增幅，可以更直观看出 3 个圈层经济水平差距（图 6-2）。其中又尤以西边蒲江县、大邑县、崇州市、金堂县、邛崃市五个市县经济水平最低。

进一步对比 2003 年与 2014 年两个年份的产业结构，也可以看出 3 个圈层的各自经济特点（图 6-3）：一圈层作为市区基本完成退二进三；二圈层工业占比大幅提高，其中以龙泉驿、青白江工业发展速度最快；三圈层区县最大特点是农业占比高（新津和都江堰除外），其中大邑、邛崃、崇州三市县农业占比甚至不降反增。

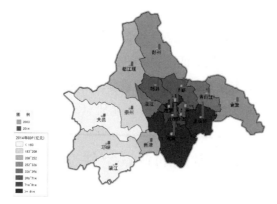

图 6-2　2014 年成都各区县 GDP 及 2003 年—2014 年增幅

资料来源：根据成都市统计年鉴相关数据自绘

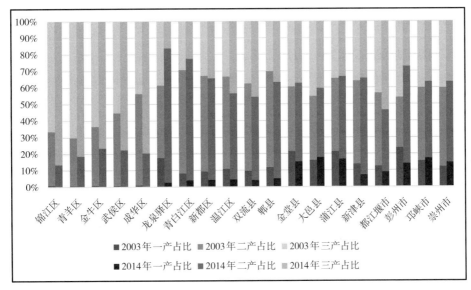

图6-3 各区县产业结构对比(2003年与2014年)

资料来源:根据成都市统计年鉴相关数据自绘

直接考察农民人均纯收入同样反映出二圈层与三圈层的差距(图6-4)。以邛崃市为例,2003年邛崃农民人均纯收入3251元,在二、三圈层14个城市中排名倒数第二;2014年这一指标达到12444元,排名上升了一位;从该时期农民人均纯收入增幅来看,邛崃3.8的增幅排名倒数第四。

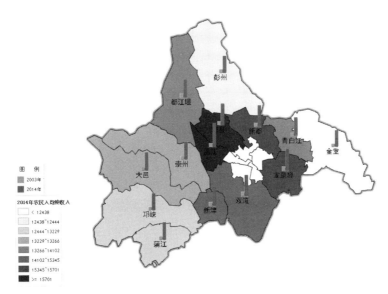

图6-4 2014年成都各区县农民人均纯收入及2003—2014年增幅

资料来源:根据成都市统计年鉴相关数据自绘

6.2 成都农村人居空间收缩的三个阶段

6.2.1 三集中阶段（2003—2007年）

经过改革开放20多年的快速发展而进入新千年时的成都，一方面坐拥短时期内积累起来的大量物质财富，另一方面也开始面临由过度市场化带来的无序发展的负担。不仅城市中暴露出许多问题，如空间拥挤、环境污染、交通拥堵、绿化缺乏等，在农村、农业、农民等"三农"方面也面临诸多挑战。具体表现如农村空心化现象加剧，留守儿童留守老人问题突出；优质土地抛荒或者被蚕食；缺乏相应的生产生活配套设施；水污染、土壤污染严重，农民生活缺乏基本保障；工业方面，中小作坊林立，村村点火户户冒烟，乡镇企业无序发展；城乡差距日益拉大。

当时在国家层面的形势是，经过连续多年的高速发展，在2003年我国国内生产总值突破13.6万亿元，二三产比重超过85%，已经初步具备工业反哺农业、城市支持农村的基础。十六届五中全会正式提出建设社会主义新农村的总体要求。其理论基础是：在工业化初始阶段，农业支持工业、为工业提供积累是带有普遍性的趋向；而在工业化达到相当程度以后，工业反哺农业、城市支持农村，实现工业与农业、城市与农村协调发展，也是带有普遍性的趋向。同时五中全会还为建设社会主义新农村提出了20字方针："生产发展、生活宽裕、乡风文明、村容整洁、管理民主。"

在成都层面，2003年成都市委、市政府确立了以规划为龙头的城乡统筹发展目标，开始推进城乡一体化战略，2003年也因之成为成都城乡统筹元年。成都城乡统筹的重中之重是破除城乡二元体制，而第一步棋，则是推行由双流县率先提出并大力实施的"三个集中"政策——工业向集中发展区集中、农民向城镇新型社区集中、土地向适度规模经营集中。这也是成都城乡统筹工作开始的标志性事件。

（1）对于工业向集中发展区集中，从"三农"的角度看，禁止农村地区的分散工业发展，保障了基本的生态环境不受破坏；从工业自身发展的角度看，也有利于充分利用和发挥规模效应，减少负的外部性。在具体的措施上，成都市制定了《工业发展布局规划纲要》，通过选点定标，将全市现有开发区整合为21处工业集中发展区和9个重点镇工业点（图6-5）。

（2）对于农民向城镇新型社区集中，既指农民进社区，也包含公共服务进社区。以2006年建设的新津县普兴镇袁山新型社区为例❶，2005年以前，袁山村主要以传统种植业为生，交通和信息闭塞，经济发展缓慢，农民人均纯收入只有2160元，其中农业收入占比达76.7%，是成都2005年市级贫困村。2006年，袁山村依托土地整理项目开始建设袁山新型社区，按照"自愿搬迁，统规自建"的原则，新社区一期集中安

---

❶ 根据2015年成都规划实施年会上，成都市规划局张佳副局长所作"成都市乡村规划与实施探索"报告整理。

图 6-5 成都工业集中发展区（点）布局示意图

资料来源: 成都市工业发展布局规划

置了 172 户 458 人，并配套相应的公共服务设施和一定就业岗位，改善了村民的生活生产条件。截至 2010 年，袁山社区已经完成二次集中，涉及农户 340 户 808 人，集中度达 90% 以上。

（3）对于土地向适度规模经营集中，成都市的做法是实行以土地实测、确权、登记、颁证为重点的农村产权制度改革，并在此基础上创新土地流转模式，形成多种形式的土地集中和规模化经营。

适度流转：企业或农业大户通过租赁的形式，直接获得农户土地经营权，进行适度规模经营。

企业租赁：农户将土地经营权先委托给集体经济组织，再由集体租赁给农业企业；企业获得土地经营权后自主开展生产经营，并按照流转合同向集体或农户直接或间接地支付土地租金。

股份合作：建立土地股份合作社，农户以土地经营权入股，合作社聘请职业经理人发展规模经营，政府负责引入社会化服务配套。这种模式下，农户具有股东性质，可以通过选择经理人表达一定的生产意愿。

全程托管：农户与专业化农业管理公司签订托管协议，采取“生产全托管、服务大包干”方式，把所有农业生产作业委托给专业机构打理。

园区加农场：由政府统一规划布局现代农业园区，提供农业生产的配套服务，农户通过土地置换直接入园进行规模生产。该模式类似工业园区和工厂的关系。

总的来讲，2003—2007 年的三集中阶段，成都农村发展取得了一定成绩，部分地区在环境、居住和配套服务方面，从无序发展走向了规范管理，并涌现出一系列模范典型。但这一过程中也存在不少问题，包括规划随机选点，缺乏整体布局；规划水平良莠不齐；规划与实施脱节，导致规划难以落地；各村建设配套标准不一；空间呆板，不少规划直接照搬城市小区模式，形态单一，缺少乡村文化等。

6.2.2 灾后重建阶段（2008—2011年）

2007年6月7日，成都和重庆在全国率先获批"全国统筹城乡综合配套改革试验区"，成都的城乡统筹实践由此上升到国家层面，这为成都农村改革发展提供了广阔的政策空间。紧接着，成都市提出了"全域成都"建设理念，其核心之一，即是要将成都的乡村发展和城市发展统筹考虑，体现全域一盘棋。

2008年汶川大地震，成都作为重灾区受到极大的冲击，地震也暴露出规划建设领域存在的许多问题。其中之一就是大量丘区、山区散居的农户，本身住房设施老旧，多年失修，结构不稳，地震来临时完全没有抵御能力。更严重的是灾后救援困难，由于村庄不仅数量大、分布散，使得救援效率低；而且村庄的规模小，尤其是大量偏远村庄的布局极其分散，并且留在村里的又多是老人、儿童，使得抗震自救能力弱。此外，村庄很少有公共配套设施，地震发生时，连可以作为临时避难场所的公共空间都没有。

地震过后，成都各地结合自身实际情况积极开展灾后重建，在这一过程中涌现出了一批模范典型。其中，彭州市磁峰镇鹿坪村在灾后重建过程中发展出来的"四性原则"影响最大，并被提升为纲领性要求在全市灾后重建工作中推广。其主要内容如下：

发展性，是指农村产业发展要和当地具有比较优势的经济要素相结合，强调发展要立足当地实际。同时，发展性也是对前期"三集中"原则的重要补充。前一阶段的"三集中"原则提出农民集中、土地集中，主要偏重空间角度；"发展性"的提出，强调了农村、农业在空间集中的同时，仍然要坚持发展导向。

多样性，主要针对过去农村建设所呈现的"千村一面"的弊端，要求灾后重建工作要结合地形地貌、民风民俗，塑造多样化的乡村空间。在具体的规划编制中，尤其要避免把城市小区模式简单复制到农村。

相融性，要求农村建设与自然和谐共生。既坚持"显山亮水"，保护生态、地形和林盘等自然生态环境，又要充分尊重历史、延续文脉，实现人文和自然和谐相融。

共享性，是指推动城市基础设施向农村延伸，城市社会服务向农村覆盖，城市现代文明向农村辐射。以城市的标准对农村基础设施和公共服务设施进行配套设置，提高农民生活质量，让农民享受现代文明。

以彭州市磁峰镇鹿坪村为例。地震前的鹿坪村，按照传统习俗，村民主要散居在离自家田地较近的地方，最远的住户相隔超过2km。由于山路崎岖，本村村民串门最远的要走上一个小时。地震后，全村587户人家的房屋不是倒塌就是成了危房，全部需要重建。

而"四性原则"的提出，则是产生于3轮规划过程中。

第一轮规划主要是功能的问题。规划布局沿等高线均匀布置,底层商业裙房、楼上住宅,并严格遵守城市中常用的日照间距的规定,是典型的照搬城市小区的规划设计方法。这直接遭到村民的反对,比如村民提出"扛锄头上楼""不建晒谷场,粮食在哪儿晒"等问题。

第二轮规划改变了选址策略,从沿山改到坝区,目的是通过紧凑布局和集中建设以实现节约土地。但行列式的布局模式完全没有地方特色,和周边自然山水景观也格格不入。

第三轮规划在吸收前两轮教训的基础上做出了重大调整。首先是充分挖掘和利用鹿坪村千亩莲塘的产业优势进行产业布局。其次,将村庄选址布局与满足产业发展需要相结合,一方面建筑以一、二层为主,并增加院坝、晒谷场;另一方面建筑又分布在若干林盘中,林盘围绕荷塘分布形成聚落。这样既有传统农村人居空间的形式,又满足了集中居住和产业发展的要求(图6-6)。

图 6-6 彭州市磁峰镇鹿坪村灾后重建新茂

资料来源:http://bbs.fengniao.com/forum/3349112.html

总体而言,在灾后重建阶段,借助大量实践机会,农村规划和建设得到了进一步发展;但由于灾后重建的特殊背景,特别是短时期大量重建资金的进入,也带来村庄规模偏大,粘连发展等问题。与此相悖的是,个别农村单方面追求村庄重建,忽略了产业和人口发展,使得空心化现象更加严重。

6.2.3 产村相融阶段（2011—2013 年）

此阶段的背景一是汶川地震灾后重建基本完成，二是成都提出建设"世界田园城市"。在后者的描述中，按照《成都建设世界现代田园城市知识读本》的说法，与农村人居空间相关的内容主要是："在这座'世界现代田园城市'中，在广大的农村地区是'人在园中'，二三圈层是'城在园中'，中心城区则是'园在城中'……城市和乡村在外在形态上不会出现明显的城乡差异，在生活质量和文化交流上则会出现更多的和谐，使生活在成都的人，不论是在城市还是在乡村，都能在与自然和谐相处的同时，享受高度发达的现代物质、文化生活。"此外还进一步提出了"青山绿水抱林盘，大城小镇嵌田园"的新型城乡形态。

在具体的农村发展中，这阶段的重点从前期关注空间转到关注产业，提出产村融合的发展思路，分为镇和村两个层面。在镇一级的主要措施是整合资源、创新机制；统筹安排区域镇村体系，科学布局新型社区；提升完善综合职能、配套健全基础设施，最终目的是实现"串点成线、成片示范、集成推进"。此外，按照"一镇一主业"的思路，田园城市建设还提出发展"产业支撑有力、功能均衡互补、发展协同错位、风貌特征明显"的特色镇群。与之相对应的是在乡村层面，按照产业基础和地理区位，整合出市域范围几条发展主线，作为乡村产业集中发展的重要廊道（图 6-7）。

图 6-7 农村产业发展廊道

资料来源：成都市规划局

产村融合还提出在农村地区要依托特色产业布局新农村聚集点作为中心社区，再通过中心社区辐射带动一般聚集点与林盘发展。其中，一般聚集点又是以家庭农场为基本细胞单元组合而成，范围控制在合理耕作半径内。从而整合中心社区、一般社区和传统林盘,依托特色产业共同构成产村单元(图6-8)。

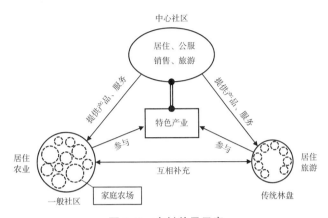

图 6-8　产村单元示意

资料来源:自绘

总体而言,这一阶段的农村规划和建设,汲取了前期产业考虑不足、农村空心化现象严重的教训,创新性地提出了"产村单元"的概念。但仍然存在建设规模难控、规划质量参差不齐、空间同质化严重以及人工建设痕迹明显等问题。

6.3　2013 年开展至今的"小组微生"模式

成都农村人居空间收缩的最新进展,是从 2013 年开展至今的"小组微生"模式。这一模式的提出,首先是基于两个宏观背景,其一是中共十八大提出走中国特色新型城镇化道路,这给农村发展建设指明了新的方向;其二是住建部在贯彻落实十八大精神时,提出全国范围内开展美丽宜居村庄建设示范工程。

其次,在地方层面,一是 2013 年 4 月爆发了芦山地震,成都部分区县农村作为受灾区再一次面临灾后重建的艰巨任务。二是同年 10 月,四川省出台了《关于建设幸福美丽新村的意见》,要求建设一批业兴、家富、人和、村美的幸福美丽新村,带动新农村建设提档升级。"小组微生"模式正是产生于以上这样一系列背景下。

6.3.1　"小组微生"的内涵

所谓"小组微生",是指在新村建设时,要做到"小规模聚居、组团式布局、微田园风光、生态化建设"。

具体而言,小规模聚居是指在"宜聚则聚、宜散则散"基础上,本着尊重农民意愿、方便农民生产生活的原则,将新村建设规模控制在 100 ~ 300 户。新村内又分组团,每个组团控制在 20 ~ 30 户,一般不超过 50 户。

组团式布局是指新村由几个大小不等的小聚居组团组合而成，组团与组团之间要充分利用林盘、水系、山林及农田形成自然有机的布局形态，以实现既适当组合集中，又各自相对独立的空间效果。此外，每个新村要配备不低于 400 ㎡标准化公共服务中心。

微田园风光是指在新村住宅规划中，保留前庭后院的格局，鼓励群众打造"田在园中、人在田中"的微田园格局，建设房前屋后瓜果梨桃、鸟语花香的"微田园"景观。

生态化建设是指尊重自然，顺应自然。严格保护优质耕地、林盘、田园，正确处理山、水、田、林、路与民居的关系，少挖山、少改渠、少改路、不填塘、不毁林、不夹道、不占基本农田，充分体现背山、面水、进林盘的乡土味道，让居民望得见山、看得见水、记得住乡愁。

"小组微生"模式不仅创新了人居空间规划建设理念，更重要的是充分借助了农村产权制度改革、农村土地综合整治等城乡统筹的力量，在体制机制上实现了突破和创新。

6.3.2 "小组微生"调研案例 ❶

邛崃位于成都三圈层，是传统的农业大县；2008 年和 2013 年先后经历了汶川地震和芦山地震两次灾后重建，有大量的规划建设实践；市域内包含山地、丘陵和平坝 3 种地形，选择邛崃作为农村人居空间发展的考察对象，具有典型性。

1. 邛崃市夹关镇鱼坝村周河扁聚居点

夹关镇位于邛崃市西南部，东距邛崃市区 37km，地形属于山区与平坝之间的丘陵地带（图 6-9）。夹关镇现辖 9 个行政村，142 个村民小组。现状各村人口相对分散，村庄建设分布不够集约，无中心村带动临近村，导致村镇体系不合理，不能很好地促进农村发展。

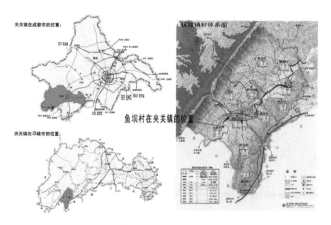

图 6-9　邛崃市夹关镇鱼坝村区位图示意

资料来源：夹关镇总体规划

---

❶ 本案例素材由笔者于 2015 年 7 月至 12 月在邛崃市农村调研所得，调研工作得到了邛崃市规划局的大力帮助。

自 2013 年启动"小组微生"发展模式以来，结合夹关自身发展条件，全镇开始采取"大集中"的布局规划，最大限度鼓励人口向场镇和中心村集中，并规划了 3 处新村聚居点（表 6-1）。鱼坝村周河扁聚居点正是其中之一。

	夹关镇村庄（聚居点）规划一览表			表 6-1
名称	等级	用地规模	人口规模	建设方式
龚店中心聚居点	中心聚居点	1.49 hm²	175	征地拆迁
韩平 4 组聚居点	一般聚居点	0.74 hm²	87	土地整理
周河扁聚居点	一般聚居点	0.57 hm²	99	土地整理

资料来源：夹关镇总体规划

周河扁位于鱼坝村 13 组，有住户 29 户，常住人口 94 人。芦山地震造成该片区农房严重破坏 3 户，重度破坏 14 户，轻微破坏 11 户，被列为芦山地震灾后重建的首批示范安置点。聚居点建设在最初规划定位时，考虑到所在地是经邛名高速前往 AAAA 级景区天台山的必经之地，在确定特色产业时，就选择了建设"深度体验式乡村度假的新农村综合体"，这体现了"产村融合"的原则。与此同时，新聚居点在进行方案布局时，也严格遵循"小组微生"模式，将原生产组的分散的宅基地通过拆旧、调整进行土地整理（图 6-10），一方面筹措建设资金；另一方面也是为了实现集中居住的目的。这为后来提供优质公共服务配套设施，实现统一管理奠定了良好的空间基础。

图 6-10　鱼坝村土地整理示意

资料来源：夹关镇鱼坝村土地整理图纸翻拍

周河扁村民原来主要依靠务工务农维持生活。在灾后重建的后期，周河扁在政府的引导下，整合新村富余农房资源，引进专业旅游公司，发展出企业租赁经营、农户以房入股、农户加盟自营 3 种模式（图 6-11），最终通过乡村酒店联盟的形式统一打造出"沫江山居"乡村文化主题酒店（图 6-12），开始发展高品质乡村旅游。

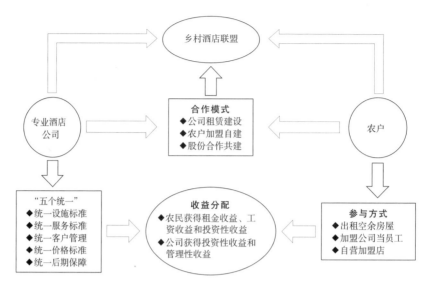

图 6-11 "沫江山居"乡村酒店联盟投资运营示意图

资料来源:"沫江山居"乡村酒店官方网站

图 6-12 周河扁新村风貌

资料来源:上图为自拍,下图来自"沫江山居"乡村酒店官方网站

2. 邛崃市牟礼镇 3 个村的收缩实践

牟礼镇位于邛崃市东南,距邛崃市城区 25km。镇辖 15 个行政村,2 个社区,310 个村民小组,辖区面积 60.3 km^2。全镇总人口 54000 余人,为邛崃市第二大镇。镇内地形是丘坝相间,以坝为主。本次调研选择了镇内曹店、永丰、龙凤等 8 个村集中成 3 个聚居点(图 6-13),主要考察其按照"小组微生"模式,依托土地整理项目进行空间收缩的实践过程,并重点关注其建设标准、资金来源和成本核算等方面内容。

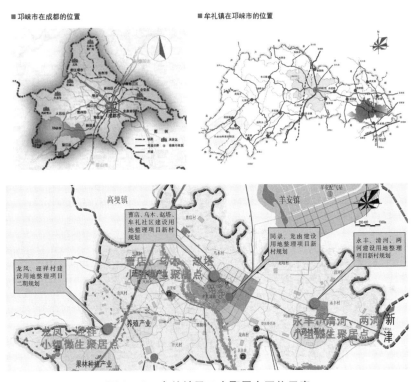

图 6-13 牟礼镇及三个聚居点区位示意

资料来源:根据牟礼镇总体规划绘制

(1)牟礼场镇聚居点。该项目包括曹店村、乌木村、赵塔村、牟礼社区,集中点选址位于牟礼镇牟礼社区,在场镇规划区内,属于一般聚居点向场镇集中的场镇新型社区。该聚居点规划 200 户,可安置 678 人。

(2)永丰中心聚居点。该项目包括永丰村、清河村、两河村,集中点选址位于牟礼镇永丰社区,属农村重点新型社区。该新村规划 208 户,可安置 618 人。

(3)龙凤一般聚居点。该项目包括龙凤村、迎祥村,集中点是在原龙凤、迎祥中心村基础上进行规模扩大,属于农村一般新型社区,该新村规划 72 户,可安置 216 人。

按照"小组微生"的指导思想,结合四川省和成都市新农村建设标准,场镇聚居点、中心聚居点和一般聚居点在人均占地面积、人均建筑面积、容积率等建设指标上存在一定差异。人均占地面积从场镇到一般聚居点递增，容积率和建筑密度依次递减（表6-2）。这反映了3类聚居点由于规模和集中程度的不同，空间形态存在差异。

邛崃市牟礼镇3个聚居点建设指标　　　　　　　　　　表6-2

项目	牟礼场镇聚居点	永丰中心聚居点	龙凤一般聚居点
	曹店、乌木、赵塔、牟礼	永丰、清河、两河	龙凤、迎祥
净用地面积（m²）	34726.48	36678.28	12731.8
安置户数（户）	200 户	206 户	72 户
安置人口（人）	678 人	618 人	216 人
人均占地面积（m²）	51.22	55.07	58.86
总建筑面积（m²）	34389	34610.6	11086.35
人均建筑面积（m²）	51.22	56	51.32
计容建筑面积（m²）	34389	34610.6	11086.35
容积率	0.99	0.94	0.87
建筑占地面积（m²）	9808.97	9634.1	3206.31
建筑密度	0.2824	0.2626	0.2521
绿地率	0.342	0.325	0.325
露天停车场	140	106	53

资料来源：邛崃市牟礼镇

在资金来源方面，聚居点建设的核心是先通过拆旧复垦获得土地整理指标，然后在成都农村产权交易所交易获得18万元/亩的土地整理费。这18万元/亩的费用去向包括五个方面：①迁建农户以户为单位户均补助2.8万元（按户均3.5人，每人8000元补助计算）；②对农户原宅基地面积扣除新村综合占地面积后节余部分按30元/m²给予补偿；③集中居住区规划设计、基础设施建设；④青苗补偿与旧宅基地还耕（委托专业土地整理公司负责）；⑤项目实施完成后资金若有节余，在充分征求群众意见后用于产业发展或补助搬迁建房户。

对于农户新建住房而言，按平均每户建筑面积140m²估算，其建房成本构成见表6-3。针对个别困难户还可协调农村商业银行以新建房抵押形式进行贷款。

农户建房成本测算（按140m²/户算）　　　　　　　　表6-3

名称	金额（万元）	备注
建房成本	16.8	暂按1200元/m²计算
户均补助	2.8	按户均3.5人计算（人均补助8000元）
节余宅基地补助	1416m² × 30 元 /m² ÷ 10000=4.248	（按立项户均节约土地面积 × 实际规划户数 - 社区规划面积）÷ 规划户数 × 30 元 /m² 30 元 /m²
需农户自筹建房资金	9.752	

资料来源：邛崃市牟礼镇

在作者的调研中，大部分农户家庭对于自筹 10 万元用于集中建房表示能够接受，并且条件稍好的农户家庭还能再拿出约 10 万元用于房屋装修。总体来说，这些家庭的共同特点是有外出务工的家庭成员。对于那些不能拿出 10 万元自筹资金的农户家庭，除了参加前述农商银行以新房抵押贷款外，往往只能选择继续散居在老屋。

3. 邛崃市固驿镇土地整理及黑石村土地流转

固驿镇位于邛崃市东部，距城区 11km，距成都 54m，属平坝、丘陵地区。全镇辖 11 个村、1 个社区、183 个村民小组，总人口 33484 人。固驿镇总面积 50.125 km²，人均耕地面积 0.99 亩（图 6-14）。

图 6-14 固驿镇在邛崃市的区位

资料来源：根据固驿镇相关资料绘制

调研时正值固驿镇土地整理时期，此阶段计划共搬迁 1209 户、4230 人，按户均宅基地 1.2 亩测算，可拆出宅基地面积 1451 亩，预计共可腾出用地指标 1031 亩（表 6-4）。

					表 6-4
村	未集中居住户数	未集中居住人口	未集中宅基地总面积（亩）	拟集中居住户数	可新拆宅基地总面积（亩）	可腾出建设用地面积（亩）
春台	1389	4862	1667	146	175	125
仁寿	902	3157	1082	68	82	56
花园	903	3161	1084	315	377	273
柏林	606	2121	727	216	259	189
公议	743	2600	892	75	90	62
临山	568	1988	682	107	128	91
军田	476	1666	571	87	104	73
龙庵	690	2415	828	100	120	85
水井	598	2093	718	63	75	51

村	未集中居住户数	未集中居住人口	未集中宅基地总面积（亩）	拟集中居住户数	可新拆宅基地总面积（亩）	可腾出建设用地面积（亩）
杨坝	645	2258	774	34	41	25
合计	7520	26320	9024	1209	1451	1031

资料来源：邛崃市固驿镇

根据现状区位、基础条件以及群众意愿收集，全镇4个聚居区共选址5个点，形成5个项目区（图6-15），分别如下。

（1）场镇集中居住点，位于固驿场镇春台社区4、5、6、8组，占地面积预计257亩，建设住房700套，容纳2450人居住；计划安置全镇所有项目区自愿搬迁到场镇的农户。全镇将以这个点为重点，依托土地综合整治，解决用地指标，并结合场镇开发将该点打造为新农村建设农民新村的亮点。

（2）小河子点，位于公议村1、2组，占地面积预计37亩，建设住房100套，容纳350人居住；主要安置杨坝村、公议村、南京村的搬迁农户。

（3）临山村点，位于临山村6组，占地面积预计20亩，建设住房50套，容纳175人居住；主要安置临山村的搬迁农户。

（4）水井中心村，位于新安场镇上场口水井村6组，占地面积35亩，建设住房87套，容纳340人居住；主要安置水井项目和黑石、南京村的搬迁农户。

（5）军田、龙庵中心村，位于新安场镇下场口军田村12组，占地面积70亩，建设住房185套，容纳648人居住。主要安置军田、龙庵村的搬迁农户。

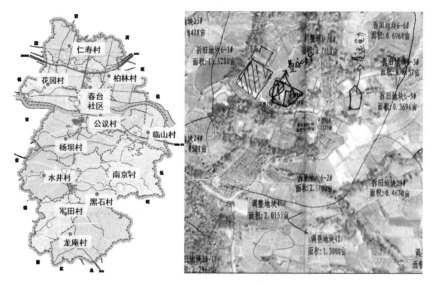

图6-15　固驿镇村庄分布、聚居区设置及土地整理示意

资料来源：根据相关资料自绘和翻拍

资金平衡方面，整个固驿镇集中安置，预计新增用地指标 1451 亩，扣除集中居住小区 420 亩，节余指标共 1031 亩，按 12 万元 / 亩计算，可获得收益总数为 12372 万元。前期工作经费和复耕工程等投入需要资金 2657 万元，农户建房补助、安置补偿经费等投入需 10643.3 万元，其余建房资金按照实际施工面积，不够的部分需农户自筹。

聚居点建设模式分为两种：统规统建模式、统规自建模式。场镇聚居点以多层建筑与一楼一底建筑为主，其他聚居点一般以一楼一底和部分平房相结合的形式。人均住宅标准 30 m²。村级公共服务统一按成都市标准"1+13"规划配置。对于其余未搬迁的重点区域散居农房按规划进行包括清洗外墙瓷砖、外墙粉刷、山墙抹灰、檐口刷漆等在内的风貌改造。

在对固驿镇黑石村调研时作者还了解到，成都市 2009 年在全国率先启动了村级公共服务和社会管理改革，将村级公共服务和社会管理经费（简称"村公资金"）纳入财政预算并建立增长机制，在全市 2751 个村普及。2009 年以来，村公资金从最初的每年 20 万元提升到 40 万元。以黑石村为例，利用这笔资金，全村修建垃圾池 14 个，维修、扩宽、铺碎石共 3000 余平方米，并购置了村委会办公设备，聘用了环境卫生保洁员和治安巡逻人员。

在产业发展方面，随着外出务工的人越来越多，村两委积极引导村民开展土地流转。黑石村目前全村每年土地流转近 3500 余亩，主要去向是优质猕猴桃种植 1600 余亩，天鹅养殖 150 余亩，水产养殖 600 余亩，园林绿化 400 余亩。土地流转价格在黑石村是按照"田"每亩 650 斤黄谷的市价折算，"地"每亩 400 元的标准，流转年限 5 ~ 30 年不等（图 6-16）。承包户除了本村大户，还有来自成都其他区县，包括金堂、新津等地的农业专门化公司。

图 6-16　固驿镇黑石村农户领取土地承包款

资料来源：自拍

4. 邛崃市高何镇毛河村寇家湾聚居点

高何镇位于邛崃市西南，距邛崃市区约 40km。境域东西长 15km，南北宽 8km，总面积 84.73 km²。全镇有 10 个行政村，90 个村民小组，12476 人。镇区人口 1500 人，占总人口的 12%，城市化水平较低。作为 2013 年"4•20"芦山地震的受灾区，高何镇在灾后恢复重建的过程中，按照"小组微生"建设模式，部分村组实现了集中建设，其中典型代表就是毛河村寇家湾等 3 个安置点（图 6-17）。

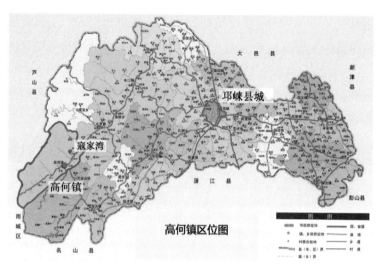

图 6-17 高何镇、寇家湾在邛崃市的区位图

资料来源：自绘

毛河村位于高何镇区东北 3km，距离邛崃市区 39km。镇域面积 10 km²，辖 17 个村民小组。全村有耕地 2207 亩，林地 6808 亩，基本农田 1181 亩。全村人口 2226 人，共 773 户，参加"小组微生"451 户，集中率达为 58.3%，其中高何场镇聚居点 270 户，高磨子、张家岗、寇家湾 3 个"小组微生"点位共计参建 181 户（表 6-5）。村民主要收入以种养殖业、外出务工、经商为主。

邛崃市高何镇毛河村"小组微生"集聚情况（截至 2016 年）　　表 6-5

村名	总户数	总人数	聚居点	集聚户数	集聚人数
毛河村	773	2226	沙坝聚居点	270	880
			寇家湾聚居点	66	250
			高磨子聚居点	53	190
			张家岗聚居点	62	202
			合计	451	1522
			占全村比例	58.3%	68.4%

资料来源：自绘

寇家湾聚居点位于毛河村 3、6、7 组，紧邻邛芦路，距高何场镇 2.5km，距国家级风景区天台山 6km，是游客进入天台山景区后山门的必经之路。寇家湾也是邛崃市

"4•20"灾后重建"小组微生"示范安置点,是邛崃市"夹关—水口"环线首批11个示范项目之一。新村聚居点占地28.05亩,规划安置73户,共274人,目前已入住250户。聚居点是由多个林盘组成,背山面水,"山、水、田、林、渠"等生态资源要素齐全,环境优美。

在人居建设上,寇家湾聚居点按照"小规模、组团式、微田园、生态化"标准,依山就势规划建设住房组团,并在建筑风貌、空间景观等方面保持独特的乡村之美,使村庄融入大自然(图6-18)。

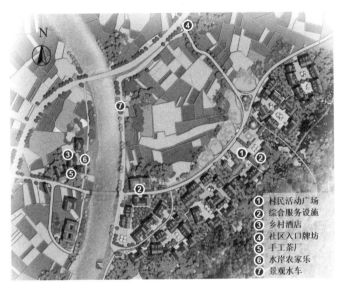

图6-18 寇家湾"小组微生"聚居点规划平面图

资料来源:邛崃市规划局

在产业发展上,结合高标准农田建设和林盘整治,寇家湾聚居点与2km范围内张家岗、高磨子、季家大院聚居点推动农田连片发展,大力发展粮经复合型农业和观光农业,并依托良好的农业大地景观和旅居一体的住房条件,采取租赁、入股、农户联营的产业方式,积极发展乡村生态旅游,打造"山水田园寇家湾",实现一、三产业互动,产村相融发展(图6-19)。

6.3.3 "小组微生"模式总结

成都部分农村地区通过"小组微生"建设,扭转了农村人居空间无序蔓延和空心化的局面,实现了向精明"收缩"阶段的主动跨越。在这一过程中,"小组微生"模式有以下几方面的做法可以作为经验加以总结❶:

---

❶ 结合2015年成都规划实施年会上,成都市规划局张佳副局长所作"成都市乡村规划与实施探索"报告整理。

图 6-19　寇家湾安置点实景图

资料来源：http://www.cdcc.gov.cn/webnew/aspx/newone.aspx?id=46140

1. 聚居点等级

在建设"小组微生"时，为了方便管理，以及形成统一的公共服务配套设施，在城镇以下村域范围内构建了"中心聚居点＋一般聚居点"的两级聚居点体系（图 6-20）。

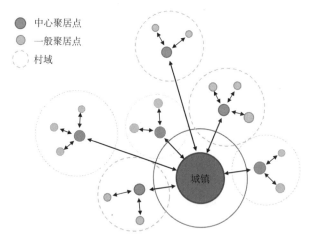

图 6-20　农村"中心聚居点－一般聚居点"体系

资料来源：自绘

中心聚居点原则上每个行政村设置一处，可以直接在原行政村基础上发展，在某些较大的村，也可另外选址完全新建。中心聚居点人口规模较大，是村域的行政中心、服务中心。在 2008 年"1+13"标准中，以及后来升格到 2012 年"1+21"标准中，包括公共管理、教育、医疗、文体、社会福利、市政、金融等在内的设施均应配置在中心聚居点。中心聚居点应选择在基础条件较好的村落;如果是完全新建,则应选址在地理位置较为适中、服务半径适宜、交通条件较好的地区。

一般聚居点是指除中心聚居点以外的,聚居人口在 20 户以上的各种规模的聚居点。一般聚居点建设涵盖新建、改建、扩建,风貌改造、林盘整治、危房改造,移民安置、征地拆迁等各种类型,需要配备必要的基础设施。

2. 聚居点职能

"小组微生"聚居点依职能主要可分为农业型、旅游型、综合型三类。

农业型聚居点属于传统型聚居点,村民主要仍从事农业生产,它是最普遍、最基本的聚居点类型,在成都所有农村聚居点中比例超过 50%。作为农业生产的主要阵地,其生产方式应积极向规模化、科技化的现代农业转变。

旅游型聚居点的村民部分从事兼业,如前述邛崃市周河扁聚居点,村民主要是经营乡村酒店或在旅游项目中务工。其收入来源除了少部分务农,大部分为旅游服务。旅游型聚居点的发展非常依赖自身优良的地理优势和旅游资源,如依托大型湖泊湿地规划建设临水村庄,或者是依托特色山林、水库、农田大地景观等资源发展乡村旅游。

综合型聚居点一般也是中心聚居点,村民普遍从事兼业,包括除旅游业之外的其他非农产业,如农产品加工、特色手工业、文化教育、生产服务业等。综合型聚居点集聚能力一般较强,人口规模较大,是潜在的城镇培育发展区。

3. 聚居点规模

除了前述按照管理和公共服务配套要求确立中心聚居点和一般聚居点等级体系,还有按照住户和人口数量标准划分的规模体系。其中,住户数量大于 300 户为大型聚居点,100 ~ 300 户为中型聚居点,100 户以下 50 人以上为小型聚居点。就整个行政村而言,每个行政村最终形成"一个大中型中心聚居点+若干中小型一般聚居点"的建设模式,其聚居点等级、职能、规模体系如下:

中心聚居点的职能为综合型和旅游型时,应对应建设为大型聚居点;部分旅游型和农业型的中心聚居点可对应为中型聚居点。

一般聚居点为旅游型或农业型职能,对应中小型聚居点(表 6-6)。

"小组微生"聚居点等级、职能、规模　　　　　　　　　　　　　　表 6-6

聚居点等级	聚居点职能	聚居点规模	
中心聚居点	综合型,旅游型	大型聚居点	> 300 户
中心聚居点	旅游型,农业型	中型聚居点	100 户 -300 户
一般聚居点			
一般聚居点	旅游型,农业型	小型聚居点	50 人 -100 户

资料来源:自绘

4. 空间收缩模式

依据农村聚居点距离城镇的远近，以及所处的平原、丘陵、山地地形特征，可将通过"小组微生"实现空间收缩的模式分为如下几种。

1）入城模式

该模式的使用条件一般是位于城镇规划区内，或紧邻城镇区，并且常常是位于坝区城镇周边 1km，丘区 2km，山区 3km 以内（图 6-21）。由于区位条件便利，村民本身务农人数较少，普遍从事二三产业，在生产和生活方式上能较好地与城镇相融。此外还需符合城镇区规划相关要求。

满足以上条件的聚居点建设方式可称为入城模式，相应地，该范围以内的农村居民都可向进入城镇范围的聚居点集中，新聚居点与城镇区共建共享配套设施。就规模而言，入城模式聚居点远大于农村其他地区的聚居点，规模一般超过 500 户。图 6-21 中右图为邛崃市临邛镇紧贴城区的鹤鸣社区聚居点。

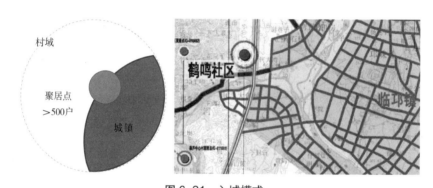

图 6-21　入城模式

资料来源：左图自绘，右图来自临邛镇镇域新村布局规划

2）坝区大聚居收缩模式

该模式适用于平原地区的大规模散居村落，一般具有以下特征，现状村域面积普遍为 3 km^2 左右，半径约 1km，耕作半径小，村民日常出行距离短。村域总人口普遍为 3000 人左右，约 1000 户。建设方式主要是通过 1~2 个大中型聚居点聚集 80% 以上的人口，规模大且呈集式布局，公共服务配套设施集中设置于中心聚居点。建成后一般都是承担综合型职能的、人口集聚能力强的大型聚居点（图 6-22）。

就该模式的具体特征而言，从规模上讲，1~2 个中心聚居点单个规模超过 300 户。产业上拥有较强的非农产业，如旅游、农产品加工、生产服务业等作为支撑。

3）坝区组团聚居收缩模式

该模式适用于大多数平原地区的改动较小的散居村落，特别是具有较好林盘资源或旅游资源的散居组团应优先采用此模式。其建设要点是，按照"小规模、组团式"

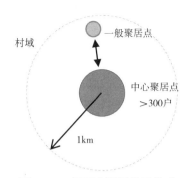

图 6-22　坝区大聚居收缩模式

资料来源:自绘

原则,形成总体规模较大、多组团构成的 1 ~ 2 个大中型聚居点。从规模上讲,中心聚居点总体规模超过 300 户,组团规模以 20 ~ 50 户为宜(图 6-23)。产业引导要在坚持"微田园、生态化"的基础上,促进乡村旅游的发展,同时也可发展现代农业。公共服务设施集中设置于中心聚居点。

图 6-23　坝区组团聚居收缩模式

资料来源:左图自绘,右图来自郫县青杠树村村庄规划

该模式的典型代表为郫县三道堰镇青杠树村,该村依托川西林盘旧址,以及良好的生态本底和得天独厚的自然条件,通过"小组微生"积极发展乡村旅游业,2016 年被农业部评为中国美丽休闲乡村(图 6-24)。

4)坝区小聚居收缩模式

该模式适用于平原农业型地区,主要受管理水平和资金条件制约,是向坝区大聚居发展的过渡模式(图 6-25)。该模式主要通过 5 ~ 6 个中型聚居点,聚集 80% 以上的人口,公共服务设施只能相对集中。从规模上讲,每个聚居点一般为 100 ~ 200 户,中心聚居点不突出。从产业来看,属于中等规模农业生产,可向现代农业方向引导。由于中心聚居点不突出,该模式下部分公共服务设施可分散在其他聚居点配置,形成共建共享。

图 6-24　郫县三道堰镇青杠树村

资料来源：郫县文旅微信公众号

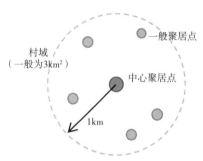

图 6-25　坝区小聚居收缩模式

资料来源：自绘

　　根据相关部门调研数据显示，坝区小聚居模式下村民务农总体状况良好（表 6-7）。这一方面是由于坝区的平原地形保证了通行方便，另一方面也是由于机动车交通的普及，极大地拓展了农业作业范围。但样本中仍有 14% 的调研对象认为务农不方便，主要原因除了耕种距离变远占 39%，其余主要是新的居住形式带来的不习惯、不适应。

坝区小聚居模式下务农情况调查　　　　　　　　　　　　　　表 6-7

集中后务农是否方便	比例（%）	务农不方便的原因	比例（%）
很方便	32.6	责任田块数太多太分散	8.2
比较方便	43.3	责任田离家远	39
凑合	10.1	离集镇过远	20.5
不太方便	11	没有工具房，不方便	25.1
很不方便	3	没有晾晒庄稼的空地，不方便	22.1

资料来源：成都市规划局调研数据

　　5）丘区散聚结合收缩模式

　　丘陵地区村庄一般具有如下特征：①村域面积普遍较大，一般能达到 5 km²，半径约 1.5km。②受地形影响，居民耕作半径较大，日常出行距离远。③村域农业户籍人口普遍为 3000 人左右，约 1000 户。丘区散聚结合收缩模式主要是通过 3～5 个中型聚居点集聚 50%～80% 人口，形成规模相对较大的中心聚居点（200 户左右）和一般聚居点（100～150 户）。公共服务设施相对集中，主要配套设施位于中心聚居点，部分设施可与其他聚居点共建共享。该模式主要适用于丘陵地区的以农业生产为主的村落（图 6-26）。

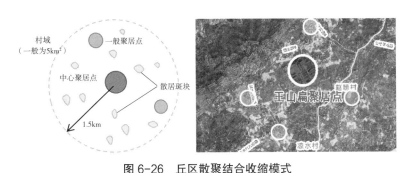

图 6-26　丘区散聚结合收缩模式

资料来源：左图自绘，右图根据邛崃市临济镇灾后重建规划图改绘

6）山区大聚居收缩模式

山地地区村庄一般具有如下特征：①村域面积大，形状各异，平均能达到 10 km² 左右，半径约 2～3km。②与丘区类似，受地形影响，居民耕作半径大，日常出行距离远。③村域总人口在 1000 人左右，约 300 户（图 6-27）。其收缩方式主要是首先引导山区村民迁移至丘陵与平原地区，其次再将余下留守居民高度集聚，这就与坝区大聚居相类似，利于公共服务设施配置或集中发展旅游业。

该模式下的聚居点规模一般在 150～250 户左右，属于中小型聚居点。产业以经济林木、高山种植或特色乡村度假旅游为主。公共服务设施除了在中心聚居点配置，在一般聚居点也要适当兼顾。

图 6-27　山区大聚居收缩模式

资料来源：左图自绘，右图为彭州市山区农村聚居点

对以上 6 种模式可总结为表 6-8。

"小组微生"空间收缩模式对比　　　　　　　　表 6-8

	坝区小聚居	坝区/山区大聚居	坝区组团聚居	丘区散聚结合
聚居程度	中等（50%～80%）	高（＞80%）	高（＞80%）	中等（50%～80%）
配套成本	中等	低	中等	高
适用范围	管理水平和资金条件欠缺的平原农村；传统务农为主	平原地区综合型村庄；山地地区	改动较小；旅游型及林盘资源较好地区优先采用此模式	人口较多的丘陵农业地区
特征与问题	适宜发展现代农业	需要产业支撑，否则传统务农模式难以为继，就业和生活困难；配套成本低	生态条件好，利于林盘保留，适合多元化发展	农业难以实现规模化、现代化；可向特色化转型

资料来源：自绘

在以上 6 种模式基础上，"小组微生"空间收缩还有三条大的基本原则：

（1）"山区下山"。主要是指对于山区村民，可引导其向临近的坝区或丘区转移，而不再在山区增加人口规模，不再发展综合型村庄，不破坏山区自然生态环境。

（2）"丘区进城"。主要是指引导丘区农村村民向坝区或各级城镇集聚，丘区主要发展经济林木、高山种植或旅游业。

（3）"坝区做实"。对于坝区村落，一方面要保护传统川西林盘形态，鼓励以林盘为单位，采用组团聚居模式建设大中型聚居点；另一方面要严格控制聚居点边界，防止其无序蔓延。对于集中后原村落宅基地要严格实施复垦，并按规定通过验收。在产业方面要引导传统农业向机械化、规模化、精细化提升。

6.4　成都农村人居空间收缩的实践总结

成都自 2003 年开始推行城乡统筹，在农村先后经历了"三集中"阶段、灾后重建阶段、"产村相融"阶段，以及从 2013 年开始至今的"小组微生"阶段。经过这四个阶段的发展，成都农村初步扭转了人居空间"既蔓延又空心"的粗放式发展局面，在部分区县乡镇实现了向收缩阶段的跨越。以"小组微生"为代表的收缩模式，从字面意思来讲，主要强调了收缩的外部形态以及景观和生态化特征；但作为一种新的建设模式，其背后的创新机制更具有决定性意义。从成功的一面来讲，对于成都农村农村人居空间收缩，特别是经过前期积累发展到后期的"小组微生"而言，主要有以下几方面因素在牵引其发展：

6.4.1　成功经验

1. 改革农村产权制度，促进要素的城乡流动

2007 年 6 月，成都获批全国统筹城乡综合配套改革试验区，被赋予了加强重点领域和关键环节的先行先试的职责。2008 年 1 月，成都市委、市政府出台了《关于加强耕地保护进一步改革完善农村土地和房屋产权制度的意见（试行）》，按照"归属清晰、权责明确、保护严格、流转顺畅"的现代农村产权制度要求，开展农村集体土地和房屋的"测量、确权、登记和颁证"，确立了三级产权体系：①农村土地所有权；②农村土地使用权，又分为集体建设用地使用权、宅基地使用权和农用土地使用权；③农村土地承包经营权。相应的证书包括《农村集体土地所有权证》《农民房屋所有权证》《农村集体建设用地使用权证》《农村集体林地使用权证》《农村土地承包经营权证》等。与此同时成都还成立了全国首家农村产权交易所，并在市、县、镇建立起农村产权交易中心。

通过这一系列措施，在成都初步建立起了土地、资金等生产要素城乡间自由流动的市场体制，解决了农村建设"钱从哪儿来"的问题。就土地而言，主要是在土地产权制度改革基础上，依托土地综合整治、林盘整治等项目，用足"城乡建设用地增减挂钩"政策，通过土地的规模流转获取建设资金。就其他资金来源而言，同样是在农村产权制度改革基础上，鼓励通过农村产权抵押融资、农户自筹资金自主建设，以及引入社会资金合作共建等方式筹集建设资金。

2. 创新农村治理机制，引导村民自主建设

在获批全国统筹城乡综合配套改革试验区后，如前所述，成都开始大力推进农村产权制度改革，但是这一自上而下的行动在基层遇到了许多阻力。主要原因是基层的干部和农户对于这种并不能立竿见影的改革往往缺乏热情，甚至即便是确权颁证这种离获得实实在在收益只差一步的事情，执行起来也较困难。在这一背景下，成都市开始将部分发展权、事权下移给区县乡镇，鼓励其自行探索相应的治理机制。

最早是邛崃、彭州等地以搭建村民议事平台为突破口，促进了"村民议事会"的诞生。从性质上讲，村民议事会是处理村级自治事务的常设机构，其职能包括议事、决策、监督。其产生过程包括两步，先是村民民主选举产生"村民小组议事会"，再是每个小组议事会推选 3 ~ 5 人作为"村民议事会"成员。

之所以说村民议事会是农村治理的新机制，是因为在传统的"村支部"和"村委会"两套班子治理模式下，村级自治事务中领导、决策、执行、监督等各环节的权责都集中在少数人手里❶，从而很容易形成封闭的管理体系。村民议事会的推出，一是扩大了

---

❶　根据党章规定，党支部支委会人数要根据党支部党员人数合理而定，一般 3 ~ 9 人，通常为 5 ~ 7 人。根据《中华人民共和国村民委员会组织法》，村委会成员为 3 ~ 7 人。

农村自治事务的参与范围，成都规定村民议事会成员不得少于 21 个人，并且村民议事会成员中普通党员和群众代表比例不低于 50%；二是将村支部和村委会在传统的两套班子模式下模糊的决策权抽取出来并专门化，从而使村支部的职能集中到总体把控领导，而村委会则专门负责执行。村支部、议事会、村委会这三者加上负责监督的村务监督委员会，形成了具有"四权分立"格局的农村治理体系（图 6-28）。

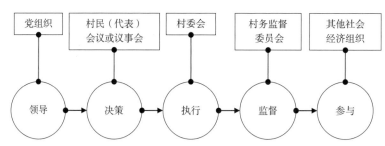

图 6-28　成都"一核多元、合作共治"的新型村级治理机制

资料来源：自绘

村民议事会在农村建设方面的主要作用是搭建起村民全面参与建设的平台，提高了村民积极性和建设效率，包括 3 个方面：首先在建设前，通过村民议事会组建建设主体。这主要是通过发挥村民议事会的商议机制，鼓励和引导农民以农村产权入股，组建土地股份合作社或集体资产管理公司实施自主建设。其次在建设过程中，通过村民议事会平台，包括规划选址、户型设计、施工团队选择等环节在内的所有事项，都是村民全程参与，自主决定。最后是在建成后，村民议事会引导农民成立业主委员会等组织，负责日常维护管理。

3. 引入乡村规划师，为农村人居建设提供智力支持

为支持农村人居建设，加强基层规划技术力量，成都市从 2010 年开始，在全国范围内首创乡村规划师制度，以成都市规划局名义面向社会公开招募优秀的规划专业人才并派驻乡镇农村。乡村规划师接受成都市规划局和区县规划局的管理和领导，在实际工作中又代表乡镇政府履行乡镇村庄规划管理职能。

乡村规划师制度的创新性体现在以下几个方面：①灵活性高，乡村规划师是成都市规划局为解决农村人居建设人才匮乏而创设的岗位，是规划系统内部的人才调整，不属于公务员序列，因而其招聘、选拔、管理更具有灵活性，在履职时也更机动快捷。②覆盖面广，乡村规划师配备基本是按照重点镇一镇一名，一般乡镇是 2 ～ 3 个乡镇配备一名的标准控制的。以 2015 年为例，成都全市乡村规划师共 85 名，基本覆盖了全市所有乡镇。③针对性强，乡村规划师要求是城市规划、建筑学等相关专业（园林、景观、道路、市政、交通等）本科以上学历；同时还要具有注册规划师或注册建筑师执业资格，或从事城乡规划、设计和管理工作经历在 5 年以上（具有研究生以上学历的，

相关工作经历 1 年以上)。乡村规划师的这一任职要求使得农村人居建设实现了专业人才解决专门问题的愿景。④竞争性好，乡村规划师待遇在成都当地具有一定的竞争力，从最初的每年 10 万元提升到 2016 年的 12 万元。这虽然和规划设计行业平均收入有一定差距，但考虑到实际工作强度以及成都本地平均收入和消费水平，总的来讲还是具有一定吸引力，这也使得竞聘乡村规划师的人数逐年攀升。

乡村规划师既是专业技术人才，又要常驻乡村，他们在提升乡村规划理念、表达村民发展诉求、提高规划编制质量、促进规划实施动态管理、强化乡村规划实施监督、践行倡导式乡村规划模式等方面发挥了举足轻重的作用。

4. 设立“村公资金”，缩小城乡基本公共服务差距

2009 年，成都在全国率先启动了村级公共服务和社会管理改革，将村级公共服务和社会管理改革经费，又称“村公资金”纳入财政预算并建立增长机制。其具体做法是，以 2008 年市县两级财政收入为基数，按一定比例每年对每个村(含涉农社区)下拨不少于 20 万元的村公资金。其中，中心城区农村由区财政全额拨款；二圈层农村由市、区县两级按照 5 ∶ 5 的比例拨款；三圈层农村由市、县两级按照 7 ∶ 3 的比例拨款。2013 年，成都市又将村公资金提高到每个村至少 40 万元，并要求在 2017 年前达到 60 万元。以 2015 年为例，成都市财政总共拨付村公资金达 10 亿元。

村公资金作为专项资金，主要使用去向是改善农村基础设施和提升公共服务水平。2009 年以来，通过村公资金的使用，结合聚居点的新建，尤其是后期“小组微生”模式开展，成都农村基础设施，包括道路、交通、用水、垃圾池、提灌站、饮水管道等都得到极大改善。在提升公共服务水平方面，通过村公资金的使用，农村建立了图书室、活动场，成立了农村文艺表演队，并对留守人员展开了相应的技能培训；此外还雇用了治安巡逻员、保洁员、代办员等(图 6-29)。通过村公资金的使用，成都市城乡公共服务差距方面进一步缩小。

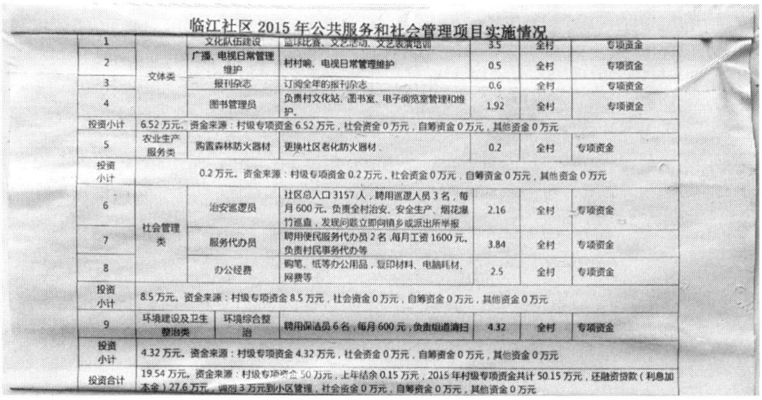

临江社区 2015 年公共服务和社会管理项目实施情况

1	文体类	文化队伍建设	篮球比赛、文艺活动、文艺表演培训	3.5	全村	专项资金
2		广播、电视日常管理维护	村村响、电视日常管理维护	0.5	全村	专项资金
3		报刊杂志	订阅全年的报刊杂志	0.6	全村	专项资金
4		图书管理员	负责村文化站、图书室、电子阅览室管理和维护。	1.92	全村	专项资金
投资小计	6.52 万元。资金来源：村级专项资金 6.52 万元，社会资金 0 万元，自筹资金 0 万元，其他资金 0 万元					
5	农业生产服务类	购置森林防火器材	更换社区老化防火器材	0.2	全村	专项资金
投资小计	0.2 万元。资金来源：村级专项资金 0.2 万元，社会资金 0 万元，自筹资金 0 万元，其他资金 0 万元					
6	社会管理类	治安巡逻员	社区总人口 3157 人，聘用巡逻人员 3 名，每月 600 元。负责全村治安、安全生产、烟花爆竹巡查，发现问题立即向镇乡或派出所举报	2.16	全村	专项资金
7		服务代办员	聘用便民服务代办员 2 名，每月工资 1600 元。负责村民事务代办等	3.84	全村	专项资金
8		办公经费	购笔、纸等办公用品，复印材料、电脑耗材、网费等	2.5	全村	专项资金
投资小计	8.5 万元。资金来源：村级专项资金 8.5 万元，社会资金 0 万元，自筹资金 0 万元，其他资金 0 万元					
9	环境建设及卫生整治类	环境综合整治	聘用保洁员 6 名，每月 600 元，负责组道清扫	4.32	全村	专项资金
投资小计	4.32 万元。资金来源：村级专项资金 4.32 万元，社会资金 0 万元，自筹资金 0 万元，其他资金 0 万元					
投资合计	19.54 万元。资金来源：村级专项资金 50 万元，上年结余 0.15 万元，2015 年村级专项资金共计 50.15 万元，还融资贷款(利息加本金)27.6 万元，调剂 3 万元到小区管理，社会资金 0 万元，自筹资金 0 万元，其他资金 0 万元					

图 6-29 邛崃市夹关镇临江社区 2015 年村公资金使用情况

资料来源：拍摄自邛崃市夹关镇临江社区公示牌

5. 创新农业经营体系，促进产村融合发展

农村人居建设的背后离不开农村产业的支撑。成都市通过推广农业共营制❶、托管经营制❷、土地股份合作制❸等新型农业经营方式，构建起了新的农业经营体系，这在空间上也有一定的反映。首先是推进适度规模经营。在农村聚居点周边规划布局农业生产基地和产业园区，推动特色主导产业连片规模发展。其次是借农村建设的契机，改善基础设施条件，发展乡村旅游。充分挖掘传统的川西农耕文化、民俗文化等农村旅游资源，实现聚居点建设与乡村旅游融合发展，推进一三产业互动。第三是产村相融。在新村建设过程中，农产品加工、农村商贸流通等产业也因地制宜的同步发展，并形成新的以机动车工作半径为基础的空间模式，最终使得农民能够就近创业就业、增收致富。

正是有了农村产权制度改革、乡村治理机制的完善、乡村规划师的引入、村级公共服务和社会管理改革，以及新型农业经营体系的建立，成都农村人居空间发展实现了从"无序蔓延与空心化并存"的状态，向以"小组微生"模式为代表的空间收缩状态的跨越。

6.4.2 存在问题

由于改革的试验性，成都农村人居空间在发展过程中也难免存在若干不足或问题，比较突出的有以下几方面：

1. 建设资金的可持续性不强

成都农村人居空间发展的资金来源主要有 3 个渠道：①政府财政。财政拨款是农村建设的稳定资金来源。以 2015 年为例，该年全市一般公共预算收入完成 1157.6 亿元，其中农业财政投入 34.81 亿元❹，主要用于促进现代农业发展，保障农业适度规模经营，促进乡村旅游发展，保障高标准农田建设等。此外在城乡基础设施、环境保护、教育、精准扶贫等涉农部分还有相应财政投入。财政拨款来源稳定，但总量有限，主要是起底线保障的作用。②土地产权交易。2008 年 10 月成都成立了全国首个综合性农村产权交易市场。包括土地承包经营权、集体经营性建设用地使用权、宅基地复垦

❶ 农业共营制是指以家庭承包为基础，以农户为核心主体，农业职业经理人、土地股份合作社、社会化服务组织等多元主体共同经营的新型农业经营体系。首先是引导农户以土地承包经营权入股，成立土地股份合作社；其次聘请懂技术、会经营的种田能手担任职业经理人，负责合作社土地的生产经营管理；最后建立适应规模化种植的专业化服务体系，形成"土地股份合作社＋职业经理人＋专业服务体系"三位一体的农业经营模式。

❷ 托管经营制是指部分不愿耕种或无能力耕种者把土地委托给种植大户或合作组织，并由其代为耕种管理的做法。

❸ 土地股份合作制属于集体经济组织内部的一种产权制度安排，即在按人口落实社员土地承包经营权的基础上，按照依法、自愿、有偿的原则，采取土地股份合作制的形式进行农户土地承包使用权的流转。农户土地承包权转化为股权，农户土地使用权流转给土地股份合作制经济组织经营。土地经营收入在扣除必要的集体积累以后，按照社员土地股份进行分配。

❹ http://www.cdcz.chengdu.gov.cn/zwgk/detail.jsp?id=2610

结余的农地指标均可通过此平台实现有序流转。截至 2012 年底，成都农村产权交易所累计完成交易 1.6 万宗，实现社会资本 379.72 亿元投向农村，此外还有农村产权直接抵押贷款达 17.13 亿元 ❶。通过土地产权交易获取的农村建设资金数量庞大，但是由于是与城市建设用地特别是工业用地挂钩，因此受工业发展影响明显。近年来在制造业衰退以及去产能去库存的大形势下，成都工业用地增长明显放缓，这将直接影响到通过产权交易获得的农村建设资金数量。③灾后重建资金。成都先后经历了 2008 年汶川地震和 2011 年芦山地震。地震给当地带来巨大损失，但灾后重建又为农村发展提供了难得的机会。其中，汶川地震成都筹措灾后重建资金 300 多亿元 ❷，芦山地震中央 3 年补助 460 亿元 ❸ 由四川省统筹安排。灾后重建资金作为专项资金，数量庞大、功能对口，但作为一次性资金来源，可持续性仍然不强。

2. 农村建设蔓延态势有所遏制，但又出现新的空心现象

由于执行严格的土地管理制度，成都对于农村新建住房有极为严格的限制。按照规定，农村村民一户只能拥有一处宅基地，所有新申请宅基地原则上都不再批准。这极大地缓解了农村人居空间蔓延的态势。对于确有需要新建住宅的，按照规定需退出旧宅基地并复垦通过验收，再进入集中安置点，统一规划统一建设。尽管新建住宅无论样式、质量，还是小区环境都颇具档次，但是在调研过程中发现，这些新建住宅空置现象甚至比散村中的老宅更加明显。造成这一现象的一个重要原因是建房能力与实际居住需求的错位。因为虽然新建住宅按照国家政策会有资金支持，包括宅基地复垦指标交易收入和灾后重建补贴收入等，但实际建房成本扣除这些补贴后的金额对于部分农村家庭来说仍是一笔不小的开支。这部分家庭大多是在本地从事农业生产，有较强的改善住房条件的愿望，但收入水平普遍偏低，因而拆旧换新的比例实际并不高。而迁入安置点修建新居的农户，大多又是在外地务工，经济条件较好，但实际并不住在当地，从而造成新的"空心"。

3. 项目式推进容易抹杀乡村个性，且发展差距拉大

与国家提出搞社会主义新农村建设、幸福美丽新村建设类似，成都农村建设采取的也是一种自上而下强力推动的模式。以"小组微生"为例，早期的"小组微生"是作为地方农村建设经验被总结出来供成都市内其他农村地区参考借鉴的。但后期随着农村建设速度的加快，管理层越来越需要一种简明、高效、统一的工具去应对越来越多的农村建设事务。在这种情况下，"小组微生"就逐渐成为一种标准和身份。作为标准的"小组微生"，成都市专门制定了条例准则，它要求成都市域内所有农村居民点建设都要符合这一要求，这事实上是一种粗线条的管理方式，易抹杀乡村建设的个性，

---

❶　http://news.ifeng.com/exclusive/lecture/special/difang/content-4/detail_2014_01/10/32912380_0.shtml

❷　http://news.xinhuanet.com/newscenter/2009-05/04/content_11311873.htm

❸　http://e.chengdu.cn/html/2013-07/21/content_414068.htm

限制了乡村空间的多样化发展。作为一种身份的"小组微生"，与成都市对各区县农村的资金等支持相联系；只有那些通过申请、条件优异、符合要求的村落，才能带上"小组微生"的帽子，从而获得各级政府的政策和资金支持。而事实上这些被选中的村落大多本身就具有良好的发展条件，要么区位优越、要么有特殊的农产品、要么有良好的自然资源，给这些村落带上"小组微生"的帽子和加以扶持，无异于锦上添花。而那些广大的未被选中的村落，本需要雪中送炭，却很难获得外部支持，发展难免有限。因此迄今的"小组微生"实践在一定程度上拉开了农村发展的差距。

4. 土地制度改革不够彻底，发展存在不确定性

获批"全国统筹城乡综合配套改革试验区"后，成都在推进农村建设发展方面做了大量开创性工作。但在核心的土地制度改革上，一方面由于授权有限，另一方面由于牵涉利益方众多，改革难度很大，最终导致一些核心层面的制度改革并没有实质性突破，其中最典型的是宅基地的权属划分。在我国现行的农村产权制度安排中，宅基地作为集体土地的一部分，所有权归集体，使用权归农民；而对于宅基地上的住宅，其所有权又归农民，这样的制度安排就造成了事实上的"一宅三制"。同时，由于法律规定农村宅基地只能在本集体成员内部流转，对于宅基地而言并没有真正形成制度化的退出渠道。种种规定和空缺，使得农村住宅和宅基地的合法合规流转变得困难重重。

当制度的执行遇到强大阻力时，农村宅基地和住宅的隐形流转和私下交易却日渐盛行。这又带来更大的隐患，包括交易是否受法律保护，如都江堰市大观镇茶坪村大量小产权房问题（贺雪峰，2013），以及地下交易造成集体资产流失等。事实上，不仅宅基地存在这些问题，其他包括农用地、集体经营性建设用地在内的农村"三块地"都存在以上问题。农村土地制度改革出现的这些问题，很大程度上是由于产权主体不能清晰明确造成的。与城市土地归全民所有，并由政府代为行使权力，从而有一个明确稳定的权利主体不同；农村土地归集体所有，但村集体是一个相对模糊且稳定性、连续性不强的主体；加之对家庭承包地和宅基地的确权，使得使用权固化和实体化。产权的不清晰，使得通过产权安排形成的激励难免被扭曲，各种行为博弈的结果也容易与制度设计的初衷相背离。

6.5 本章小结

在农村人居空间变迁模型框架下，本章选取了在国内农村建设领域走在前列，具有较高知名度和影响力，同时还具有空间收缩特征的成都农村做案例研究。

（1）比较了成都与国内其他省会城市、省内地级城市的发展背景条件差异。就横向间的省会城市而言，成都发展条件处于中间水平，但农村建设取得显著成绩，这说明成都在农村建设方面的做法的确有可取之处；就纵向间的省内城市比较而言，成都

超高的首位度，使得成都农村发展具有先天优势。因而各地在借鉴成都农村经验时需要注意其特定的背景条件。

（2）关注于现实的农村空间收缩现象，本章梳理了 2003 年以来，成都农村人居空间收缩的 4 个阶段。总体来讲，从"三集中"到"灾后重建"到"产村相融"到最新的"小组微生"，成都农村人居空间变迁具有明显的收缩特征，并且表现出由粗放收缩逐渐向精明收缩过渡的发展态势。

（3）以作者在邛崃的驻村田野调查为基础，对成都正在开展的"小组微生"农村建设模式进行了详细介绍，并从聚居点等级、职能、规模、收缩模式等方面进行了总结。

综上，本章通过对成都农村人居空间收缩进行案例研究和经验总结，为下一章构建农村精明收缩发展框架奠定了经验基础。

第7章 农村人居空间"精明收缩"的概念诠释

通过对我国农村人居空间变迁现实情景、理论解释、政策选择的研究，前文第3、4、5三章已经分别回答了农村人居空间变迁"是什么""为什么""应该是什么"的问题；第6章则以成都农村人居建设为研究案例，总结了其农村人居空间发展的实践经验。本章及第8、9章将针对农村人居空间的"精明收缩"命题，分别从概念、框架、策略三个层面展开论述，以期回答农村人居空间发展"怎么办"的问题。

7.1 概念含义

本章所提出的农村人居空间"精明收缩"（Smart Shrinkage）是指：在我国总体进入工业化和城镇化中期❶、农业生产技术和农村社会组织方式发生相应改变、农村人口和劳动力出现实质性减少的背景下，由政府倡导并支持，在政府与农村集体之间、集体与集体之间、集体与农民之间、农民与农民之间，通过转变发展理念及优化空间资源配置模式，并辅以转移支付、有偿交换等手段，对村集体的土地和房屋、村民的住宅，以及乡村公共服务设施和基础设施等农村人居资源加以优化配置，包括合理退出、调整及归并重组等。"精明收缩"契合了生态文明和追求高质量发展的时代理念，其根本目的在于推进农村振兴和确保农村人居环境的可持续发展，包括使得农民个体、农村集体、城乡社会这三者的福利均能得到有效提升。

这一概念按照内在逻辑关系和不同语境场合，可以分出两层含义：其一是作为规划理念和策略的精明收缩，其二是作为行为模式和实际运作效果的精明收缩。作为规划理念和策略的精明收缩，是一种事前的构思、谋划、安排，是对客观世界的主观认识，

---

❶ 关于我国工业化处在哪一阶段目前并没有统一说法，本章所指工业化中期是依据李克强总理于2015年7月1日在经济合作与发展组织（OECD）总部发表主旨演讲中明确提到"中国已进入工业化中期"。(http://news.ifeng.com/a/20150703/44092096_0.shtml)

对应于城乡规划的学科意义之所在；作为行为模式和实际运作效果的精明收缩，是人居空间变迁的一种过程，是按照计划改造客观世界的实践和取得成效。

7.2 分层阐述

7.2.1 精明收缩的背景

农村人居空间精明收缩的背景是我国总体进入工业化和城镇化中期、农业生产技术和农村社会组织方式发生相应改变、农村人口和劳动力出现实质性减少；同时，资源环境压力也不断增大，转变发展方式和落实生态文明建设已刻不容缓。由此可见：①农村人居空间精明收缩是我国经济社会发展到一定阶段后的产物。精明收缩不是出现在新中国成立后，也不是改革开放初，而是在我国经历了近40年的快速发展，即经济总量已经居世界第二、工业化城镇化进入中期、农业机械化和规模化经营达到相当水平之后，才提上议事日程的；②精明收缩的实施具有其条件、门槛、适用范围等要件。尽管从国家总体层面来看，我国的农村的人居空间已经需要走上精明收缩的发展之路，但是考虑到我国幅员辽阔，地区之间差异性大，精明收缩是否构成一个地区的现实命题还要视所在地区城乡发展的具体条件。

7.2.2 精明收缩的实施主体

农村人居空间精明收缩作为一种发展方式和规划策略，涉及多元实施主体❶，主要是政府、农民（集体）、企业（市场）。

1.政府是精明收缩的规划编制和政策制定主体

由第3、4章研究可知，过去很多年，除个别年份出现向"人减楼减"的萎缩、收缩状态艰难跨越之外，我国农村人居空间发展基本处于"人减楼增"的稀释状态。以此推断，在没有外界干涉的情况下，我国农村人居空间的自发演变将在较长时期内继续保持稀释状态。而如果认定稀释和萎缩是粗放的、不良的发展方式，那么要尽快扭转这种局面并实现快速有序地向收缩的跨越，就必须有具备相应能力和足够动机的主体来进行统筹安排，这一角色非政府莫属。在现实的国家治理框架下，中国政府堪称是承担无限责任❷的有为政府❸，无论是执政基础和目的，还是调配资源的能力，从中央到地方的各级政府都有动机、有能力创导和组织编制以农村人居空间精明收缩为导

---

❶ 这里的"主体"取其哲学层面的意义，是指对客体有认识和实践能力的人。

❷ 2017年3月5日，中共中央政治局常委、中央纪委书记王岐山在参加十二届全国人大五次会议北京代表团审议中明确指出："在中国历史传统中，'政府'历来是广义的，承担着无限责任。"（http://cpc.people.com.cn/n1/2017/0306/c64094-29124953.html）

❸ 见2016年11月林毅夫与田国强关于有为政府和有限政府的学术争论，以及林毅夫相关论文。

向的发展规划。

2. 农民（集体）是精明收缩的利益和实施主体

在精明收缩的范畴中，农民及其所属的集体组织是一个复杂多面的主体。首先，农民及村集体依法拥有农村土地和其他物业的所有权，是农村人居空间资源配置及再配置过程中的利益相关方。作为利益主体，在收缩意愿上，由于传统的乡土情结，包括安土重迁、有钱后阔屋建楼等风俗习惯，农民对收缩的做法会存在抵制情绪；同时，由于分散居住，基础设施和公共服务设施配套困难，条件不佳，农民又有改善生活条件的强烈愿望。这个利益主体内部又有着迥异的诉求。如青壮年农民大多在城市打工挣钱，多年外出后已经习惯城市生活，能在城市立足，对于农村的老家是否收缩不会有太多坚持；而留在农村的中老年村民，以及进城务工但最终没能在城市留下来的农民，由于人居空间的改变与其生产生活休戚相关，因此对于收缩会有各种不同意见。此外，由于家庭经济条件差异，在精明收缩涉及集中建房可能需要自筹部分资金时，不同农户家庭的反应差别也很显著。农民情况的复杂多样是由农村人口数量、结构决定的，他们条件各异、需求多样，同时又是精明收缩的直接参与者和利益相关人，这决定了在农村精明收缩的规划策略制定和实施过程中，要紧密依托农民群众和集体组织，因人和因村施策方能收效。

3. 企业（市场）是精明收缩的重要参与主体

精明收缩从本质上讲是政府对农村人居空间资源的调配，更深层次的含义则是以空间形式对社会财富的再分配，其最终目的是提高农村、农民以及城乡整体的社会福利。精明收缩的这一性质决定了它不能蜕变为以盈利为目的的商业项目，因而企业在这一过程中只能是参与者身份而不是主导者。但是精明收缩过程又是在市场经济的背景下运作的，离不开企业参与，无论是收缩前期的土地整理、规划及建筑方案设计，收缩中期的房屋建造、土建施工，乃至收缩后期的物业管理、农业规模化经营等，还是贯穿整个收缩运作过程的土地指标交易，都需要企业以其专业高效的技术或资本优势发挥重要作用。尽管不等同于商业项目，但通过农村人居空间资源的合理收缩可以获得正的外部性并转化为社会福利，其中的一部分正是企业获取利润的来源，这也正是企业参与和市场化运作的重要前提条件。

7.2.3 精明收缩的客体

精明收缩的客体（对象）是农村人居空间资源，包括农户的住宅、宅基地以及村集体的房屋、土地、公共服务设施和基础设施等。从概念中可以看出，农村人居空间资源按照产权归属可以分为农村集体所有和农民个体所有两类；按照资源形态可分为土地（非农建设用地）、房屋、设施三类。作为收缩的最终作用对象，农村人居空间资源主要有退出和重组两种变化，从这个意义上讲，进入收缩范畴的农村人居资源某种程度上讲已经具有资产的性质，而精明收缩则是剔除不良资产，并对剩余存量资产进行重新组合和实现优化使用。

7.2.4　精明收缩的主要机制

农村人居空间精明收缩涉及农民和集体的资产变动，其得以实现既要沿用行政机制，更要引入经济机制。与计划经济时期各项建设活动的执行主要依赖权力和命令不同，在市场经济下，人居建设更多是靠经济机制或称经济杠杆，精明收缩也是如此；主要有转移支付和有偿交换两种形式。

1. 转移支付

转移支付（Transfer Payment）主要是指各级政府之间为解决财政失衡而通过一定的形式和途径转移财政资金的活动，是用以补充公共物品而提供的一种无偿支出，是政府财政资金的单方面的无偿转移，体现的是非市场性的分配关系 ❶。

如前面所述，农民由于其数量庞大、结构多元，并不是一个简单的同质化主体，因此在精明收缩的具体运作时，需要政府施以包括资金投入在内的助力。作为政府资金投入的转移支付包含区域、结构、部门 3 个层面：区域层面又分为各级政府对本地村庄进行转移支付，和中央、沿海发达省市对异地村庄进行对口支援性质的转移支付两类；结构层面则是指转移支付在中央、省、市、县、镇乡五级政府间应具有一定比例关系；部门层面则是指按农业、林业、水利、交通等条块划分，进行专项资金支持。

为了实现精明收缩发展的转移支付固然是中央对地方、发达地区对欠发达地区的资金援助，但也必须与当地经济水平挂钩：既不能超越地方政府财政能力，又要顾及地区发展任务的轻重缓急。

2. 有偿交换

精明收缩的规划策略具体可包含旧房拆除、土地复垦、新房修建以及道路、市政基础设施配套等大量土建施工项目，所需的资金巨大，转移支付不足的部分需要村集体和农民自筹。按照理性经济人的原则，个体的付出是为了回报。在这一前提条件下，村集体的非农建设用地缩减、农民的资金投入等均是基于某种"有偿交换"。有偿交换的原理如下：首先，政府出于粮食安全或生态安全等公共利益目的，需要保证一定数量的耕地面积（如目前认为 18 亿亩耕地红线是关系国家安全的底线）；其次，按照经济发展规律和政府执政理念，我国还将继续大力发展城市化和工业化，而这一过程需要消耗大量的土地资源。这样，在划定底线的前提下，继续发展就催生了政府确保耕地数量和新增建设用地的需求。而精明收缩的重点是对农村空置及低效的居住空间加以归并，从而提高农村人居空间的环境品质和服务水平，并退出部分非农建设用地资源。

---

❶　http://baike.baidu.com/item/ 转移支付 ?sefr=enterbtn

退出的土地可以进行复垦，由此便产生了新的耕地资源；这部分土地资源亦可以通过增减挂钩的方式转变为城镇的新增建设用地。所谓有偿交换就是村集体以缩减自己的非农建设用指标换取政府的转移支付或企业的资金投入，农民和集体以自己的部分资金投入换取更好的人居环境及社区服务品质。

7.2.5 精明收缩的主要方式

农村人居空间精明收缩的主要方式是对农户的住宅、宅基地、农地以及村集体的房屋、土地、公共服务设施和基础设施等农村人居资源进行合理退出或优化重组。

1. 农村人居资源的合理退出

合理退出主要是针对已经完成城市化的农村家庭。这部分农村家庭，要么是家庭青壮年成员已经外出务工，通过打工经济的形式在城镇积累了财富和实现了安家落户；要么是成年子女通过高考进入大学接受高等教育，毕业后在城镇就业从而获得了完全的市民身份，并有能力支撑全家在城镇生活。这两种情况的共同点是，首先青壮年农村家庭成员率先进城，再逐步把农村老家的老人和小孩带进城。无论是否还保留农村户口，由于这部分家庭已不再从事农业劳动，并且在农村的资产占家庭总资产比重已经较小，所以这类农村家庭对留在农村的农房、宅基地、农地的资产敏感程度很低。这部分家庭所拥有的农村人居空间资源需要以合理的方式来退出。所谓合理退出，就是要承认这些家庭在农村的资产权益和价值，要基于"平等交易"和"合理补偿"途径，而非强制性方式使其实现顺利退出。

2. 农村人居资源的优化重组

优化重组主要是针对留在农村的家庭。这部分家庭也分两种情况。一种是家庭成员部分进城，但经济条件一般，暂时还没有能力将全部成员（尤其是老人小孩）都接进城镇。这种情况下，留在农村的家庭成员可能是暂时性也可能是永久性留在农村。另一种是农业专业户或大户（包括从城镇返乡/归农的新农民），他们掌握有资金、技术，熟悉规模化和机械化农业运作，已经是专业化农民。这部分农户会长期留在农村。同样是留在农村，这两类农户家庭对农村人居资源的敏感度有较大差别。前者由于自身经济条件一般，并且大多还保留小农经济的传统作业模式，他们对人居环境的改变适应性差，对人居空间的收缩的大幅和快速推进会有相当程度的保留。而后者作为农业大户，有条件有动机改变传统农村人居空间模式，特别是改变农业生产空间小、碎、散的局面，他们会是精明收缩的坚定支持者。优化重组既指人居空间关联要素在水平层面的量的集聚，如住宅、农田、基础设施的集中，又包含人居服务设施层级上的优化调整，如小学、初中等公共服务设施的向上归并等。

在实际操作中，无论是合理退出还是优化重组，都要首先掌握以上几类农村家庭的分布状况及个体和集体的收缩发展诉求。

7.2.6 精明收缩的最终目的

农村人居空间精明收缩最终目的是促进农村复兴和确保农村人居环境的可持续发展，同时也要有效提升农民个体、农村集体、城乡社会整体这三者的福利。

1. 从获益主体来看

从获益主体来看，通过精明收缩，农民个体可以改善人居环境质量，包括居住条件、交通条件、卫生条件；可以享受更好的公共服务，包括医疗、教育、养老等；可以实现农业规模化和机械化运作，有助于提高生产效率和产量。通过精明收缩，农村可以改善村庄环境面貌，盘活存量土地资产，增加耕地面积，进而增加集体资产。通过农村非农建设用地的合理退出，可为国家的城镇化和工业化事业提供一个新的土地来源。精明收缩带动的农村人居环境建设，对于建设美丽中国和拉动内需会有积极作用。

2. 从目标构成来看

从目标构成来看，精明收缩的最终目的，涵盖了问题导向和目标导向两个层面。问题导向层面的精明收缩主要是解决现状农村人居空间存在的各类问题，主要包括住宅长期空置或低效使用、农地抛荒等，土地分割细碎导致难以推进农业规模化与机械化，居住分散导致基础设施和公共服务设施供给低效等。目标导向层面的精明收缩则是追求更高质量的农村人居空间品质，包括提升乡村风貌、塑造特色景观、传承历史文化等。问题导向是底线保障，目标导向旨在更高层次追求。

7.3 深化诠释

对农村人居空间精明收缩除了做实务层面的系统阐释外，还可以从哲学层面做更深入的探究。

7.3.1 精明收缩隐含着生产关系适应生产力发展的需要

辩证唯物主义认为生产力决定生产关系，生产关系对生产力有反作用。生产关系是人们在物质资料的生产过程中结成的社会关系，它是生产方式的社会形式，包括生产资料所有制的形式、人们在生产中的地位和相互关系、产品分配的形式等。人居环境语境下的空间关系是指在一定的生产关系中，人居空间构成要素的相互联系，通常包括构成要素的权属、位置、形态、大小、密度等内容。显而易见，空间关系是生产关系的空间载体，也是生产关系的重要内容和表现形式。因此，生产力决定生产关系的原理对空间关系的变化提出了规定性；而变更空间关系也是生产关系对生产力发挥反作用的重要形式。精明收缩的外在表现是空间关系的变更，也是生产关系调整的重要内容。正是从这个意思上可以说精明收缩是生产力决定生产关系进而决定空间关系的结果，又是生产关系通过空间关系对生产力发挥能动作用的反作用方式之一。

1. "收缩"体现了生产力决定生产关系

改革开放以来，我国农业生产力取得了巨大的进步，这对于农业的生产关系，并且首当其冲的是农业空间关系提出了新的要求。主要表现在 3 个方面：

（1）农业技术进步需要新的农业生产空间模式与之相匹配。农业技术是指应用于整个农林牧渔业的科研成果和实用技术，包括良种繁育、施用肥料、病虫害防治、栽培和养殖技术，农副产品加工、保鲜、贮运技术，农业机械技术和农用航空技术，农田水利、土壤改良与水土保持技术，农村供水、农村能源利用和农业环境保护技术，农业气象技术等❶。农业技术的进步改变了传统小农作业的生产模式，从农业前期培育、生产、检验、加工、运输等各个环节对空间模式提出新的配套要求。

（2）农业劳动力素质提高使得少部分农业专门化人员可以经营大片农业生产空间，这反过来必将造成农村生产人口的减少，从而可以缩减部分农村生活空间。改革开放以来，我国通过各类各级教育机构如大学、高职、中专等，培养了大批农技人才。农业劳动力素质的提高带来农业劳动效率的提升，可以有效降低农村必要劳动力数量，从而减少相应的生活空间，这也是收缩的要义所在。

（3）随着市场的进一步开放，以及信息时代互联网技术的高速发展，我国农业参与国内国际市场竞争的趋势日益明显。这就要求农业生产必须实现规模化、机械化、特色化，同时还要能迅速对市场行情做出反应。这种情形下，公司型的农业专门组织将应运而生，它们势必改变传统农业细碎、分散、多主体的局面。这种情形下，人居空间的收缩、生产空间的重组就成了必然趋势。

2. "精明"体现了生产关系对生产力的反作用

从前述第 3、4 章可知，自然状态下基于有限理性的农村人居空间变迁最终也将跨越"稀释"走过"萎缩"，并最终迈向"收缩"，但这是一个艰难反复而且漫长的过程。与自然状态下的农村理性萎缩不同，精明收缩的主体不是农民个体，而是超越个体之上的由政府代理的城乡居民整体。按照发展经济学和福利经济学的观点：①基于个人利益最大化做出的理性经济行为，经合成后所能达到的最大社会福利是实现"帕累托最优"；②如果能有超越个体的整体存在，通过整体的干预调节社会福利关系，使得通过损失部分个体的利益能够增进社会整体的福利；在确保增加的社会福利大于受损的个体利益总和的前提下，通过整体的二次干预，将增加的社会福利转移以补偿受损的个体利益，则可以获得社会总体福利大于帕累托最优的"卡尔多 - 希克斯改进"。从这个意义上讲，基于社会整体的精明收缩，比基于个体的理性萎缩能够创造更大的社会福利。也正因如此，精明收缩概念中明确强调出精明（Smart），意涵着比理性（Rational）

---

❶ 2012 年 8 月 31 日第十一届全国人大常委会第二十八次会议通过修订的《中华人民共和国农业技术推广法》。

更智慧（Wisdom）、更高级（Advanced），同时也提出更多要求。具体来讲，实现这一过程需要具备两个必要条件：①要有超越个体的整体客观真实存在——在我国具备能力并且责无旁贷的是各级政府；②整体对社会福利关系的调节，要能够做到一次干预有效、二次干预公平。

这样，在生产关系中，具备了主观能动性特征的"精明"可以实现对生产力的促进作用。

7.3.2 精明收缩是空间认知与空间实践的统一

根据前述关于两种语境两层含义的阐释，农村精明收缩这一概念天然地具有空间认知与空间实践相统一的特征。而作为认知上的农村精明收缩，本质上与城乡规划理念相关联。下文将重点讨论城乡规划与精明收缩的关系，并以此来深入理解和阐述精明收缩是空间认知与空间实践相统一的观点。

1. 认知的维度

作为认知的精明收缩，它与城乡规划是一种此认知与彼认知的关系，即有着维度的差异。具体来讲：①在精明收缩在纯理论演绎的前期，它的任务主要是建立和完善自身理论体系；作为实践指向的理论概念，精明收缩希冀于借助城乡规划载体来指导城乡空间实践，并借以获得对自身的检验，从而完成相应的理论认知过程。在形式上，这一阶段主要是精明收缩理论向城乡规划规划推介新思想、提出新方法，再由后者甄别和导入实践。这一时期对精明收缩的要求主要是高质、高效地建立和完善理论本身，并积极主动地向后者宣传推介新观点，以期在实践中获得采用；对后者的要求则是在可能的条件下，将自身积累的理论成果反馈给前者；同时后者也可主动将实践过程中遇到的新问题、新要求转达给前者，以期获得理论发展的养分。②在后期精明收缩走向实践，作为认知范畴的精明收缩，与城乡规划的关系就转变为有交集的两种理论体系，二者之间在理论范畴上除了相互支撑、相互丰富外，还会通过相互竞争来促进整体理论水平发展。这正如可持续发展、TOD、城市精明增长等理论概念与城市规划理论的关系。

2. 实践与认知

作为实践的精明收缩，未来可望以农村发展的一种模式出现。此时，精明收缩与城乡规划的关系，就由前期认知与认知的关系，转变为实践与认识，二者是作用与反作用的关系。另外，任何实践都是受一定认识影响，只有正确的认识才能对实践发挥积极的指导作用。正确认识的形成，固然需要合乎逻辑的主观推理；但同时还必须经过实践检验，唯有被证明符合实际方算最终完成。值得注意的是，合乎逻辑的主观推理，是获得正确认识的基础；但逻辑合理本身并不必然产生正确认识。这对农村精明收缩的启示是，一方面要加快建立和完善相关理论；另一方面还要积极地、适时地通过城乡规划等途径尽可能地参与和指导实践，这也是完成理论认识本身的客观要求。从这个意义上讲，认知阶段的精明收缩，仅仅是一种理论推演和愿景，有可能做到逻辑自洽，尽管并非难事；而要最终形成正确的理论体系，还必须经过实践的反复检验，并涉及补充内容和修正路径。

7.3.3 精明收缩的根本成因是社会资源的稀缺性

所谓稀缺，并不指绝对数量少，而是指相对于人们的需求来说，能够满足这些需求的相对数量的不足。在市场经济环境中，稀缺产品的突出表现是供不应求和价格上涨。而农村人居空间精明收缩概念的提出正是对应于城乡人居空间需求的不断扩大，以及空间资源总量锁定和资本价格的不断上涨——通过对农村人居空间资源的供给和需求结构的调整来满足全社会对空间资源的合理需求。

1. 土地稀缺

土地稀缺主要是指耕地资源稀缺。它既是指农村内部用于农业生产的耕地不足，亦是指由于城镇化和工业化发展对土地产生的大量需求及产生的供需矛盾。这两者其实处在一个逻辑框架内：政府出于粮食安全和生态安全考虑，为基本农田划定了 18 亿亩的底线；而城市、企业出于发展及应对市场需要，对于增量开发土地还会有较长时期的旺盛需求。不断攀升的城市住房价格及土地出让价格，反映了现实市场体制下的土地稀缺程度。一方面土地供给因受限而相对稀缺，另一方面城市和企业在市场竞争中不断抬高土地出让价格：那么在农村实施精明收缩——即在政府统一管理下，基于转移支付和有偿交换机制，通过拆除和复垦空置农宅、归并低效服务设施等路径，可以为城镇化和工业化提供新的增长空间。

2. 劳动力稀缺

由前述第 3 章我国农村人居空间变迁情景的研究可知，我国农村人居发展目前面临的一个重要问题是青壮年人口流失、老龄化和空心化程度不断加剧。这一现象的另一面则是农村劳动力的长期稀缺。农业的出路在于农业现代化，包括机械化、规模化、专业化，这契合了农村人口减少，也决定了农村人居空间的收缩大趋势。新的农业生产模式把农业人口从土地的束缚中解放出来，这既是对农业劳动力稀缺和农村劳动力结构性变化的响应，又对传统农村人居空间的模式改造提出了要求。

3. 资本稀缺

提高农村人居环境质量，配套相应的基础设施和公共服务设施，使农村居民享受与城市居民同等的公共服务是建设和谐社会的要义之所在，也是城乡一体化发展的必然要求。然而基础设施和公共服务设施的建设成本和建成后的运转维护成本极高，这就对农村居民点的人口规模和居住密度提出了要求。而我国目前实际情况是农村居民点分散，加之村庄的空心化，远远达不到规模效应。如果忽视规模效益和维护费用，盲目搞城乡均等化建设，势必会出现建设难度大、使用效率低、运作维护成本高的不利局面。遵循精明收缩的规划策略，通过村庄的适度归并、基础设施和公共服务设施的集中供给，可以更好地发挥规模效应，使政府、集体和农民的投入发挥最佳效益。

正是因为劳动力、土地、资本等资源的稀缺，决定了在城镇化及城乡发展一体化的历史进程中，农业和农村也要实现其资源的优化配置。城镇人居空间发展的主题是精明增长，农村的主题则是精明收缩；某种程度上，农村的潜在矛盾和挑战将会比城镇更为凸显和严峻。

7.4 本章小结

在学界既有的农村人居空间精明收缩概念的基础上（赵民，2013；赵民 等，2015），本章对这一概念做了多角度的阐述。主要内容如下：

首先，对农村人居空间精明收缩的概念的含义做了完整界定；进而通过对精明收缩的背景、主体、对象、主要途径、主要方式和最终目的等关键问题的回答，从实务角度做了全面阐述。

在此基础上，还在哲学层面上做了阐释，提出了农村精明收缩是生产关系适应生产力发展的需要，是空间认识和空间实践的统一，精明收缩的根本原因是社会资源的稀缺性。在一定意义上，精明收缩是"结构 - 行动"的互动和统一。

第8章 农村人居空间"精明收缩"的规划框架

本章在前文研究的基础上提出农村人居空间"精明收缩"的规划框架,包括了甄别规划对象、确立规划目标、选择发展路径、确定空间形态等环节,以期能有效地指导我国农村人居空间从放任发展状态下的萎缩、稀释、蔓延走向精明收缩(图8-1)。

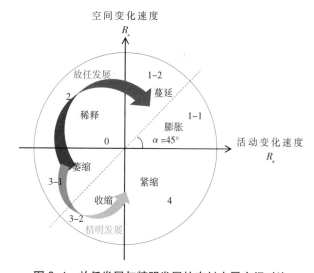

图8-1 放任发展与精明发展的农村人居空间对比

数据来源:赵民、游猎、陈晨,《论农村人居空间的"精明收缩"导向和规划策略》

8.1 收缩村庄的判别

提出农村精明收缩发展理念,是基于我国总体工业化、城镇化形势以及"三农"发展态势做出的判断。但是在精明收缩策略的具体实施过程中,还必须考虑地方条件,不是所有农村都有条件或都应该要进入收缩状态。本章延续本书6.1节对农村精明收缩概念的分析思路,主要从"村庄内部条件 - 外部条件""物质条件 - 社会经济条件"

的二维视角来判别一个村庄是否处于收缩发展阶段，以及适宜于制定和施行何种程度的"精明收缩"策略（图 8-2）。在对各个维度的条件判别中，以定性分析为主，重在给出趋势性的判断。

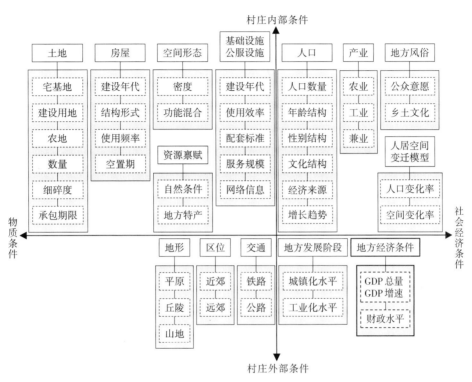

图 8-2 收缩型村庄的判别框架

资料来源：自绘

8.1.1 村庄内部物质条件

村庄内部物质条件主要包括土地、房屋、空间形态、基础设施和公共服务设施，以及村庄自身资源禀赋等方面的状况。

村庄土地条件是判断是否需要收缩或退出的重要指标。从土地功能看，农村土地分为宅基地、其他建设用地、农耕地及林地等。就宅基地而言：人均面积过大，或是严重空置，就应收缩。就其他集体建设用地而言：闲置的、有污染的、处于停工减产状态的应考虑适当收缩。就农地而言：主要是契合人口的流动和迁出，使耕地等合理流转和实现规模化经营，包括承包地的退出、经营权的流转等。

房屋是另一个重要指标。村庄房屋已经处于坍圮荒废状态或长期空置、使用率低下、建设年度久远、结构形式以砖木为主、浅基础的应该考虑收缩。

空间形态上，建筑密度越小、功能混合度越低越有条件收缩，但以没有历史文化保护价值是前提。

基础设施严重缺失，或者老旧残缺、达不到配套标准、服务半径有限的村庄应该通过合理收缩而充分发挥基础设施的规模效应。公共服务设施方面，对学生人数少、教师数量少、招生困难的村校，应考虑上收和归并。

此外，村庄自然条件恶劣，已经发生了水污染、土壤污染的，应该考虑整村退出和异地建设。

8.1.2 村庄内部社会经济条件

村庄内部社会经济条件主要包括人口、产业、地方风俗文化等方面。

人口条件是判别收缩型村庄的重要指标。村庄人口总量小、人口规模逐年减少、性别比例严重失衡（光棍村或寡妇村）、留守老人和留守儿童较多的，则明显为收缩型村庄。村民文化程度较高、有家庭成员在外地务工、收入来源稳定、家庭拥有汽车摩托车数量较多的村庄，更有条件适度集中。

产业方面，以传统农业为生、经济条件落后的村庄一般不适宜搞大规模撤并；具有农地流转、农业规模化经营基础的村庄则较适于收缩。村庄内部具有工业基础，如果是污染性、资源消耗性的，应该清退复垦。如果有利用当地特产发展农副产品的，以及有剩余劳动力或农闲时期农民搞来料加工的，这些村庄经济条件一般较好，可以通过收缩措施来进一步推动相关产业的发展。

地方风俗文化是影响居民点收缩的一个重要方面。具有传统乡绅文化基础、乡风淳朴的，以及农村基层党组织、村民委员会具有号召力的村庄，相对较易于制定和实施村庄规划，收缩的摩擦成本较低。

在村庄内部物质条件和社会经济条件分析基础上，可进一步通过本书第3章所建构的农村人居空间变迁模型，分析当地农村近年人居空间变迁走势以及当前所处状态，为是否适合施行相关的收缩政策做参考。

8.1.3 村庄外部物质条件

村庄外部物质条件是指从村庄上一级更大范围看，村庄所在的地形条件、区位条件和交通条件等。

根据成都农村经验、浙江省从2000年开始在全国范围内较早开展的"下山脱贫"（张雅丽 等，2016；钱文荣 等，2010）工程经验，以及作者在浙江衢州山区农村的调研经验，山地和丘陵地形因为修建基础设施成本巨大，这些村庄应当"下山"在平原集中。本身位于平原地形的村庄在地形上适宜开展精明收缩。

区位和交通主要是指村庄与城市、县城、镇乡、中心村的位置关系。一般而言，越是近郊的村庄，经济条件越好，空间惯性越大，精明收缩的阻力越大。相反，远郊村庄更适宜精明收缩。

8.1.4 村庄外部经济社会条件

由于精明收缩的倡导有着政策的意涵，其施行的最重要的途径之一是经济杠杆，诸如转移支付。因此作为政策目标的乡村所在的省、市、县、镇乡所处的社会经济发展阶段，城镇化和工业化水平，国内生产总值以及地方各级政府财政水平，是判断是否有条件施行精明收缩策略的重要指标。

有学者按照城镇化水平对我国城乡关系演进进行了阶段划分，并分析了各阶段的发展诉求（赵民 等，2016）。

从图 8-3 中可以看出，施行精明收缩策略应该是在第Ⅲ、Ⅳ、Ⅴ阶段。此外，虽然该项研究是针对国家层面而言，但对于省、市、县、镇乡的发展具有同样的意义。这对精明收缩的启示是，不能仅看某一级政府提供公共产品的能力，而应在各级政府之间通过构建转移支付权重再加总，继而判断是否能够支撑精明收缩的开展。

当经济发展处于较低水平时，由于财政乏力，推进精明收缩的政策力度不会很大。而当经济发展进入高级阶段时，由于农村人居建设已经趋近固定，农民对环境改变更加敏感，加上空间惯性的力量，此时再推进收缩发展将会遇到来自农村内部的较大阻力。因此实施精明收缩策略在理论上存在一个最佳时点（图 8-4）。本章建议取图 8-3 中第Ⅲ阶段和第Ⅳ阶段的中间值，即在城镇化水平处于 45% ~ 60% 时，此时进入精明收缩的门槛相对较低。

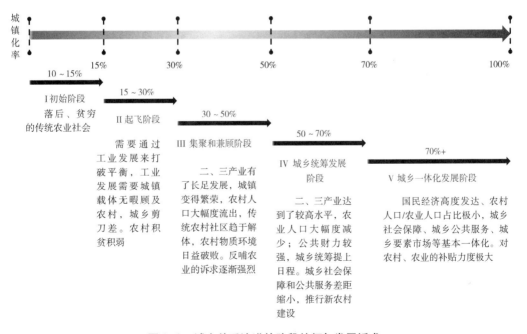

图 8-3 城乡关系演进的阶段特征与发展诉求

资料来源：赵民、陈晨 等，《论城乡关系的历史演进及我国先发地区的政策选择》

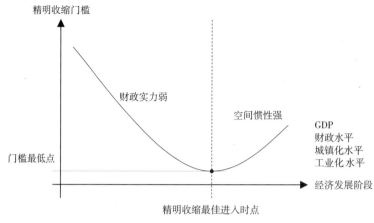

图 8-4   精明收缩门槛与经济发展阶段

资料来源：自绘

需要特别指出的是，作为一种理念倡导，农村精明收缩似应同步于发生农村剩余劳动力外流的阶段；而上文所指的进入最佳时点，则是指有组织的集体行动，它与经常性的理性行为之间是一种量变到质变的辩证关系。

8.2   确立目标体系

在总体目标上，提出农村人居空间发展的精明收缩，是鉴于全国农村发展的总体趋势；这一倡导并不排斥在某些农牧区仍需展开新的村庄建设、实施"富民安居"等工程；但对大部分农村，尤其是大城市郊区农村而言，人居空间发展要以"精明收缩"为基调。以上海市郊农村地区为例，有关课题组的调研发现，城市建成区周边的农村集聚了大量的外来务工人口，而本地农民实际已经大幅转移至城镇；在这一情形下，近郊村庄的居住空间不但不减少，反而是急剧扩张。但这些村落的住宿条件、公共设施服务水平、卫生条件等都较差，若不及早进行有效的治理和有序退出，日后必将成为极难处理的"城中村"。具体方针是：对于城郊几近没有农业生产的村庄，要加以撤销；对外来务工人群的住房需求，要通过规划建设城镇公共住房、廉租房或是打工公寓等来解决。

关于农村地区基层公共服务设施配置，总体政策目标应该是城乡公共服务的均等化，而不是城乡设施配置的平均化。以基础教育为例，在农村学龄人口持续减少的背景下，如果严格按照均衡和就近原则布置农村学校，不但需要投入较多的财力和人力资源，而且难以实现办学的规模效益。现实中，与经济投入相比，分散的农村学校的合格师资配备是一个更加难以解决的问题。如果一味强调就近入学，若是学校的规模过小、师资匮乏、教学质量很差，对农村学生并无公平可言（赵民 等，2014）。所以，唯有正视农村常住人口不断减少、义务教育生源向城镇集中的总体趋势，从各地的实际出发，在政策取向和规划策略上适时调整，合理归并和上收中小学校，才能实现基础教育资源配置的效率与公平统一。

本章将从"问题导向 - 目标导向""村庄内部 - 城乡整体"两个维度具体构建农村精明收缩的目标体系（图 8-5）。其中，问题导向以回应当前亟待解决的问题为要旨，是精明收缩的底线目标，是雪中送炭；目标导向是以改善、优化为目标，是精明收缩的高层次追求，指向于城乡一体化发展。

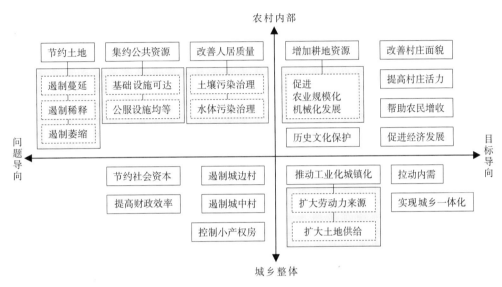

图 8-5　农村精明收缩的目标体系

资料来源：自绘

8.2.1　村庄内部目标

村庄内部面临的人居环境问题主要包括土地、公共资源、人居环境质量等方面。土地问题就是空间问题，包括空间稀释、萎缩、蔓延等不良发展，以及空间形态上的土地抛荒、分割细碎等。公共资源主要是面临道路、通气、通水、通电等市政建设困难，以及教育、医疗、养老、文化娱乐等设施缺乏。此外，在河南、河北、山西等中部省份，由于过度工业化导致的地下水污染、土壤污染已经造成诸如癌症村一类的人居环境灾难。对上述问题的解决，是农村推进精明收缩的基本出发点。

就目标导向而言，通过农村人居空间的精明收缩可以进一步促进农业规模化和机械化发展，提高生产效率和产量；可以改善村庄面貌，提高村庄活力，帮助农民增收，促进经济发展，保护村庄历史文化。

8.2.2　城乡整体目标

对于城乡社会整体而言，从问题导向层面看，在政府资源有限的条件下，以精明收缩为导向的发展可以节约社会资本、提高财政效率；可以及时遏制城边村、城中村的发展。同时精明收缩策略的有效实施也是控制小产权房的重要途径。

从目标导向层面看，通过精明收缩，农村为城市化和工业化创造了新的土地来源，同时还可以进一步释放农村劳动力。对于希望在城市安家定居的农村家庭，通过精明收缩可以帮助他们换取城市公共服务，如社保、医保、教育等资源，提高城市化质量。精明收缩政策的实施也意味着带动新的农村人居建设，对于当前阶段我国正在大力推进的供给侧改革及拉动内需会有新的意义。农村人口和土地精明收缩与城市人口和土地的精明增长互动亦是新型城镇化的题中之意（图 8-6）。

图 8-6　人居空间变迁模型框架下的"农村精明收缩"与"城市精明增长"互动发展

资料来源：自绘

目标体系的建立，有助于明确作为公共产品的精明收缩政策和任务在各级政府间的分解和落实。

8.3　选择发展路径

在实现路径上，必须因地制宜，并通过深化改革和制度创新，来达到农村地区人居空间的精明收缩发展。所谓因地制宜，就是要依据不同地区的经济、社会、文化和生态环境条件，充分考虑发展的阶段性特征和公众意愿等因素，制定不同的政策措施，施行差别化的规划对策。人口输入地区和人口输出地区的农村，城市市区、近郊、远郊地区的农村，超大城市、大城市、中小城市、县城周边的地区的农村，具有历史风貌保护价值的村落和一般村落等，其规划策略均应有所不同。而深化改革和制度创新则是精明收缩的必由之路。以农村土地制度改革为例，近年来各地有过诸多探索实践，如重庆的农村宅基地"地票"交易，广东南海的农村股份合作制，天津的农村宅基地换房，湖南益阳的土地信托，成都、武汉的农村产权交易所等。这些实践的价值不但在于其本身的一定成效，更在于为深化改革和制度创新积累了经验。

在前述农村精明收缩概念基础上，本章对精明收缩发展路径进行进一步梳理，主要有三个环节需要做出路径选择（图 8-7）。

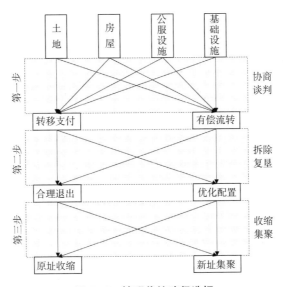

图 8-7 精明收缩路径选择

资料来源：自绘

8.3.1 转移支付与有偿流转

在确认村庄处在收缩状态且适宜施行精明收缩策略，以及明确收缩目标后，接下来的第一步是村集体组织与相关的政府部门沟通，获得政策和资金的支持，涉及政策性动拆迁的，需要订立补偿价格和补偿方式的协议。补偿费主要用于农民清退房屋、集中土地以及安置新居。虽然补偿费一般由各级政府共同承担，但具体执行时，特别是涉及村庄公共设施建设，一般需要依靠村集体来操作，集体谋划集体安排。

转移支付是政府对被收缩农村的无条件支持。而有偿流转的前提一般是村庄所在的市或县因城镇化和工业化发展需要使用建设土地，但在新增建设用地指标不足的情形下，需要通过增减挂钩的方式来解决建设用地指标。而农村则因实施居民点归并等，可减少非农建设用地的占用，这部分多出来的建设用地可以通过指标的交易转移到城镇；由此便构成了有偿流转，交易的价格高低与建设用地的稀缺程度及当地经济发展阶段有关。

转移支付和有偿流转不是非此即彼，通常情况下存在一个量的比例关系。但即便是有偿交换，其产生原因、交换平台、过程保障也都与政府及政策有关，这也就决定了精明收缩运作政策作为一种公共产品的客观性。

8.3.2 合理退出与优化配置

原则上应鼓励已经城镇化或半城镇化的农民工家庭选择从农村退出，其在农村的合法资产则应有制度化的退出渠道，并获得合理补偿。对于进城农户已经退出的农村资产和村集体的其他存量资产，包括承包地、宅基地、住房等，应在村集体范畴内得到优化配置。

8.3.3 原址收缩与新址集建

村庄本身规模较大，内外部条件较好，只是分布较散、密度较小的村庄，一般以行政村为主，适合在原址改造和收缩。其他位置偏远、条件落后的自然村或居民点，应向中心村、中心镇归并，或者直接纳入城镇建设区。按照成都农村人居空间优化调整的经验，新址集聚可以采用入城镇集建、坝区大聚居、组团聚居和小聚居、丘区散聚结合、山区大聚居等形式。

8.4 确定空间形态

农村人居空间的精明收缩一般表现为农村聚居点的形态收缩。其规划和建设涉及对实施改造或新建村庄点的等级、规模、面积、形态、密度、集中度、混合度、尺度、公共空间等变量的确定。

在空间表现上，其相应的规划手段的"精明"之处在于不是简单地"迁村并点"，而是有选择地"保存"中华农耕文化的空间记忆。尤其是对具有历史风貌保护价值的古村落和诸多具有地域特色的传统村落，必须要保留其特定的文化基因，使其文化价值得以永续传承。在这个进程中，对社会资本进入农村要加以正确引导；要正视特色旅游乡镇、特色乡村民宿、农家乐、体验农庄等形式的乡村空间发展的积极意义。合理规划管控下的保留和发展，也是精明收缩的题中之意。

农村人居空间精明收缩发展框架如图8-8所示。

8.5 本章小结

在对概念的充分认识和把握基础上，以指导实践为目标，本章搭建了农村人居空间精明收缩的规划策略框架。其主要内容：①从村庄内部和外部的物质条件与社会经

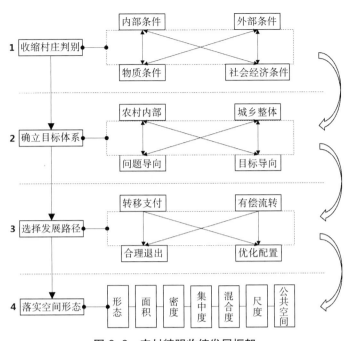

图 8-8 农村精明收缩发展框架

资料来源：自绘

济条件两个维度、4个方面对收缩型村庄及是否适宜施行相关政策等加以判别；②从村庄内部和城乡社会整体两个层面确立问题导向和目标导向的目标体系；③在转移支付与有偿流转、合理退出与优化配置、原址收缩与新址集建之间的选择；④确定新的空间形态。

第9章 农村人居空间"精明收缩"的规划实施策略

在对农村人居空间精明收缩的基本概念和规划框架做了讨论和建构后，本章进一步探讨规划实施层面的具体策略。分为3个层面，包括了观念、运作、资金，土地、房屋、设施，社区、风貌、产业等方面的规划实施运作问题。

9.1 观念、运作策略及资金筹措

9.1.1 承认"收缩"的现实性和必要性

行动的前提是观念的明确。在当前农村人居空间的发展过程中，有两种观点较为典型：①在我国社会经济快速发展、城镇化快速推进的大背景下，认为全国城乡均在快速发展，总体呈繁荣景象。这种观点显然是站在城市的角度，以偏概全去认识农村，没有意识到在中西部落后地区，甚至在沿海发达地区仍有大量较为落后的山区和丘区农村，且农村普遍存在着空心化及衰败现象。②虽然了解农村人居空间存在"空心化与粗放蔓延"并存的现状，但是他们相信问题的解决主要在城市一端，并且随着农村由"青壮年外迁"向"举家外迁"的过渡，还会有更多的农村人口自发向城市迁移，因而对于农村人居空间发展他们持消极观望态度。这种观点显然走向了另一个极端，他们忽视了我国农村居民点面积占到了城乡居民点面积总和的54.8%（2014年），并仍然有超过5.9亿人口常年居住在农村这一现实客观现实。

精明收缩摈弃这两种观点。①对于农村人居空间发展现状要正确认识和评价，特别是可利用农村人居空间变迁模型，区分所处阶段是膨胀、蔓延、稀释、萎缩、收缩、紧缩中的哪个阶段；②基于公平原则，坚持在发展城镇人居环境的同时，不放弃对农村人居环境的改善；③基于效率原则，以乡村规划中精明收缩策略去逆转无序蔓延、稀释、萎缩等发展状态，提倡在收缩中实现精明发展。

由此也可以认为，农村精明收缩策略重点不再是判别农村是否在收缩，而是在承认无序蔓延、稀释、萎缩的客观存在基础上，集中探讨如何精明地实现收缩、如何在收缩的基础上谋求新的发展。因此就较普遍的情形而言，农村人居空间科学规划和务实发展的第一步，首先是承认收缩的现实性和必要性。

9.1.2 合理确定规划方针

尽管本章认为精明收缩型规划是我国农村人居空间发展的较普遍趋势和必然选择，但正如本书8.1节所论述的，具体到某个村而言，确定具体的规划方针，即是否判定为"收缩型"村庄以及当下能否实施精明收缩策略，需要从实际出发，即还要看村庄内外的物质基础和社会经济状况——是否具备制定和施行精明收缩规划，亦即，只有那些符合条件的村庄，才鼓励其实施收缩性规划策略。这体现了实事求是的精神。

判别条件既包括村庄内部的土地、房屋、空间形态、基础设施和公共服务设施以及村庄自身资源禀赋等物质条件，以及人口、产业、地方风俗文化等社会经济条件，还包括村庄所在区域的地形条件、区位条件和交通条件，以及区域社会经济发展阶段、城镇化和工业化水平、政府财政能力等条件。综合各方面条件而对一个地区的农村是否需启动收缩运作做出判断，这是前期规划的重要工作。

9.1.3 公众参与和达成共识

随着人居空间规划和开发的日益透明，引入公众参与已经是普遍的做法；接下来要关注的问题是什么时候进行公众参与，以及如何组织公众参与。

对于这两点的回应，精明收缩策略的要点之一是村民全程参与规划。有别于规划方案完成后才展开的"事后"参与，农村收缩型规划的制定强调从项目一开始就要组织公众参与。这样做的原因：①相较于城镇而言，农村建设规划的对象明确、空间范围有限、涉及人口较少，使得公众全体全程参与具有客观可操作性。②目前城市规划所涉及的空间开发，无论是公益性还是商业性，都是基于国有土地，开发目标的直接明了，且至少从技术层面来说，市民都是间接的"利益相关者"，而农村空间开发是基于集体土地，涉及每一个村民的切身利益。对于农村居民而言，本身文化程度有限，除了自身利益的维护，还要理解社会整体福利的含义和接受精明收缩的理念，这些都只有在公众参与的过程中才能完成。③通过公众全程参与，充分吸收村民意见，是确保收缩规划方案具有可实施性的重要基础；同时，与村民进行充分的意见交换，也是降低运作成本并确保收缩性规划顺利实施的重要保障。

要点之二是传统公众参与和规划的新技术相结合。强调公众参与的一个重要原因是空间信息的不对称，而公众参与的目的就是要保证空间信息传递的顺畅。传统公众参与大多以问卷调查、入户访谈、召开村民代表会议、公示规划成果（陆嘉，2016）等形式展开，虽然有流程清晰、操作简便等优点，但也同样具有对抽样质量的依赖，以及信息采集和传达的低效性和时滞性等缺点。而借助"移动终端＋互联网络"等技术的迅速发展，规划编制和实施可以做到信息的实时采集和共享（图9-1），这无疑是对传统公众参与操作形式的一次重大突破。

图 9-1　传统问卷调研与手机 app 问卷调研

数据来源：自拍自绘

　　总之，在传统公众参与的成熟模式基础上，借助"移动终端＋互联网络"等新技术、新手段，通过村民的全过程公众参与，最终达成实施精明收缩策略的共识，是村庄规划顺利推进的重要保障，同时也体现了运作方式的"精明"之所在。

9.1.4　村民自治与政府引导

　　根据现行法律，我国农村土地为集体所有制，实际由村集体经济组织或村委会行使土地和集体资产的所有权；在此经济基础上，我国农村基层的村庄治理具有村民自治的性质。村委会由全体村民直接选举产生，村庄规划在报送审批前要经村民会议或村民代表会议讨论同意。因此，收缩型村庄规划的制定和实施，必须要以村集体为主体；即便是科学合理的精明收缩策略，也要取得村民的支持。

　　对于任何一个国家或地区，经济的持续健康发展，都离不开政府与市场的双重作用。就我国落后农村地区而言，由于市场发育程度较低，市场经济体制建设相对滞后，特别是作为市场主体的村民自身素质条件有限；加上自然条件恶劣，基础设施落后，导致市场配置资源的能力大打折扣，而对政府协调整合资源的能力更加依赖，由此也就决定了农村精明收缩必须要发挥政府的重要作用，主要是引导作用。

　　农村发展及人居空间的收缩和优化配置是一项系统工程，可能会涉及发改、国土、城建、财税、民政、农业、林业、水利、交通、广电等多个政府部门，如果没有地方政府的支持和协调，单凭村民或开发商的能力是很难完成的。总之，村庄收缩型规划从方案拟定、政策出台，再到整个工程运作，都要以"村集体为主体＋政府引导"的模式来推进。

9.1.5 社会资本参与规划实施

政府引导和大力支持，并不意味着农村精明收缩的项目实施要由村集体和政府大包大揽，而是需要多方筹措基金，尤其是要调动社会资本的参与积极性。

可参考政府与社会资本合作模式（Public-Private Partnership，PPP）。PPP是一种在基础设施和公共服务领域的政府-社会资本合作关系，该模式通常是由社会资本承担基础设施的设计、建设、运营和维护的大部分工作以及提供公共服务，投资方通过"使用者付费"及必要的"政府付费"获得合理投资回报；政府部门在这一模式中只是负责基础设施及公共服务的价格和质量监管，以保证公共利益最大化 [1]（图9-2）。

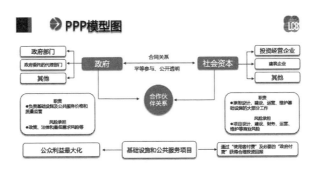

图9-2 PPP模式示意图

数据来源：http://www.wsm.cn/keji/shangwu/22421.html

在此基础上，如再加入村集体经济组织，可形成村集体+政府与社会资本合作的模式（CPPP）。在农村精明收缩过程中引入社会资本，可有效减缓集体和公共财政负担，使财政资金从"主导"转变为"引导"，从而充分发挥政府的引导、监督优势以及社会资本的管理、运营优势，促成集体、政府和社会资本多赢的局面。引入CPPP模式，还可以平衡政府财政支出，平摊项目风险成本，提高精明收缩项目的运作效率。由于农村精明收缩的具体项目属于民生项目，因此符合国家的发展战略及政府部门相关文件的要求，宜于接受财政可承受范围内的政策安排。综上，精明收缩策略的具体运作适宜采用CPPP模式。

9.2 土地、房屋和设施的处置

9.2.1 空置房屋清退，宅基地复垦

对于无主房或长期闲置空房，可以通过一定程序将房屋清退，然后对宅基地进

---

[1] 百度百科"政府和社会资本合作"词条。

行复垦而实现人居空间的收缩。对于正式的土地复垦，我国最早可以追溯到1989年国务院颁布实施的《土地复垦规定》。但当时的土地复垦主要是针对矿区，相应的土地复垦概念是指：对在生产建设过程中，因挖损、塌陷、压占等造成破坏的土地，采取整治措施，使其恢复到可供利用状态的活动。2011年国务院又颁布实施了《土地复垦条例》，将生产建设造成的损坏扩大到包括自然灾害引起的损坏在内。还有学者从作用和目的角度，提出土地复垦不仅应该恢复土地的使用价值，还应恢复土地的生态环境功能，甚至提出未来土地复垦的发展方向应是生态修复（白中科 等，1999；徐嵩龄，1994）。

农村宅基地复垦可以借鉴上述工程实践和理论研究的经验。①本书界定的农村宅基地复垦是针对农村空置房屋宅基地的不合理利用状况，通过工程措施、生物措施，对其进行农业化或生态化改造，以达到减少土地浪费，提高土地利用效率，增加优质土地供给，改善土壤生态环境的目的。②宅基地复垦应明确村集体、施工方和农户三方的权责利，并按照方案编制、工程实施、复垦验收的流程推进复垦工作。③对于在规定的期限内将空置房屋宅基地复垦恢复原状的，政府可对所在村及农户进行奖励，对于符合规定的应允许开展用地指标交易；对于无主房应由村集体做出强制清退复垦的决定，对于长期空置房则应先对房主进行劝导和教育，然后再行清退复垦。

关于土地复垦的具体操作，还可采取以下几个方面的措施：①建立宅基地复垦项目储备库，提高对耕地和建设用地的调控；②制定土地复垦的专项法规，明确实施中各方的权利、责任和义务；③建立土地复垦基金和收益分配制度，为农村建设提供资金支持；④加强土地复垦产业化建设，提高复垦产出率和土地复垦率；⑤通过土地复垦完善农村基础设施建设（武京涛，2015）。

9.2.2 农地集中连片，适度规模经营

农村需要精明收缩的一个重要背景是，随着农村劳动力向城市转移以及农村非农收入的提高，农民对土地的依存度逐渐减弱，不少地区甚至出现大规模的土地撂荒。而另一方面，随着农业产业化的发展，也有相当数量的农村种养大户、农业专门化公司希望实现规模经营，做大做强农业产业。相关的政策要顺应这一趋势，在坚持农民土地承包权不变的基础上，遵循"依法、自愿、有偿"的原则，因地制宜采取转包、转让、互换、出租、入股等土地流转形式，实现农地集中连片，促进规模经营发展。

在这一过程中，各级政府特别是农业行政主管部门要充分发挥引导作用，鼓励农地经营权流转，实现农业用地向规模经营集中，推动农业适度规模发展。具体可采取如下措施：①培育和扶持多元化农地规模经营主体；②完善土地流转体制和建立专门机构，加快农地流转步伐；③采取各种措施，加快农业劳动力转移；④大力发展多种特

色农业，用优势产业带动农地规模经营；⑤加大农地整理力度，提升农业机械化水平。通过土地整理，使土地集中成片易耕，为提升农业机械化水平创造条件；⑥积极探索学习在不流转土地的基础上实施农地规模化经营的新形式；⑦构建完善农地规模经营的保障体系（张宏品 等，2016）。

9.2.3 过渡时期的政策支持

农村人居空间精明收缩的一个重要空间特征是农民住区由过低密度向合理密度转变。如果这个新的密度是以集合式住宅的形式实现，那么在这个拆旧建新的过程中，收缩地区的村民将会面临临时居住的问题。可以有如下3种临时安置方式：①暂住亲属朋友空余房屋；②自行租赁房屋居住；③由政府提供过渡安置房。这3种方式均涉及政府的政策支持，包括给予奖励、租金补贴或是提供廉租房源。

拆旧建新从时间逻辑上看，存在"建新"早于、晚于以及同步于"拆旧"3种形式。先建后拆虽然可以避免临时居住的问题，但也存在一定风险，即是建新完成后，村民可能会仍坚持居住在原住宅并不搬迁。这种情况作者在成都、衢州等地农村调研时都曾遇见过。如果是这样，拆旧建新不仅不能实现精明收缩，相反还会引起进一步的空间稀释和空间蔓延，形成新的空心化和人居空间资源浪费。因此，先拆后建或者拆建同步，虽然有一定的临时安置成本，但整体风险小于先建后拆。可见租房补贴等激励政策是一种"精明"的举措。

借鉴若干城市的做法和经验，农村人居空间的收缩亦可通过将有进城意愿和具有非农就业能力的农户安置在城镇区的商品房；可以通过政府回购空置商品房而获得所需房源。其运作要注意如下几点：①该模式本质上是农民以地换房，除了空间上的安置，还需要统筹考虑农民承包土地的流转、在城镇的就业机会和享受公共服务的权利等问题；②控制回购成本，并选择合适的区位，以接近农村地区为好，以利于被安置农民的城乡兼业；③由于农村居民较城市居民具有更强的地缘关系，政府回购的商品房住区要有一定的规模，一般以100 ~ 300户为一个单元，以利于保全村集体的凝聚力，进而能平稳转型为城镇社区。

多地回购商品房充当保障房

http://finance.sina.com.cn/china/20150127/043021403670.shtml

本报记者 张晓玲 深圳报道

过去，政府收储大多发生在棉花、稀土等大宗商品领域。而这一次，房子成为政府收储的目标。

（2015年）1月24日，福州下发《关于福州市统购商品房和安置房、回购安置协议指导意见（试行）》，该市市民手头上有多套商品房或安置房，可以卖给政府；各级政府指定一家国有企业作为统购商品房和安置房的购买主体，解决被征收房屋群众对安置现房的需求。

政府回购商品房的背景是，一方面房地产库存难解；另一方面，保障房建设任务艰巨。

1月6日出台《关于加快培育和发展住房租赁市场指导意见》，鼓励开发商售转租、地方回购商品房之后，其政策门已经打开。1月20日，住建部部长陈政高表态，房地产库存高企的三四线城市，再盖新楼进行整体安置已没必要。

事实上，在住建部此次表态前，多地已经试点回购商品房充当保障房，包括四川省、安徽省、江苏省、辽宁省、内蒙古自治区、贵州省等。

以安徽省芜湖市为例，截至2014年11月该地已完成棚户区改造约1.3万户，其中回购商品房充当棚户区的安置房高达45%。芜湖的主要做法是，以"团购"的价格从开发商手中回购商品房用于棚户区改造的安置房。按试点规定，若回购商品房充当公开配售的保障房实行不完全产权，由政府持有30%产权，被保障人群持有70%产权，若回购商品房充当定向安置房，如棚改中的安置房，实行完全产权，即被安置人员拥有100%的产权。

政府收购力度加大 政策性住房"挑梁"楼市去库存

http://www.cb.com.cn/economy/2015_1212/1155639.html

"楼市去库存"正在被以前所未有的重视程度，提上国务院及其职能部门的施政日程。住房和城乡建设部（下称"住建部"）等中央部门，已在酝酿多项"楼市去库存"的技术手段，并将其提交中央经济工作会议讨论。

政策性住房、城镇棚户区改造或将被以史无前例的力度与城市存量商品房市场打通，在保障性住房、城镇棚户区改造全年任务指标总量不减的情况下，加大收购存量商品房力度，控制政策性住房新建规模，成为楼市"去库存"的主要工具。

去库存政策手段将主要在二三线城市实施，中央政府已经意识到须避免"去库存"演变为对房地产市场的大规模刺激。因此，针对性较强的政策手段，将很难呈现"水漫楼市"的局面。

"从住建部几次系统内部会议传达的精神和领导讲话的口径来看，打通政策性住房和商品房市场，应该是比较重要的政策手段。"12月9日下午，一位地方住房和城乡建设厅官员告诉《中国经营报》记者，2016年政策性住房通过市场收购存量住房实现的力度，将"空前加大"。

所谓"政策性住房"，是指经济适用房、廉租房、公租房等在内的带有保障性质的住房的统称。按照过往惯例，政策性住房主要通过政府划拨土地、减免税费、开发商配建代建——政府回购等方式实现。

政府购买商品房 让拆迁户优先入住

http://mt.sohu.com/20170405/n486516856.shtml

（2017 年）4 月 4 日，记者从兰州市政府获悉，近日兰州市政府办公厅印发《关于政府统筹购买商品房用于棚户区改造安置工作指导意见》，要求加大以购买方式筹集房源的力度，购置中小户型或户型适当的存量商品房作为棚户区改造安置房屋，组织棚户区改造区域内被征拆的住户选择安置，切实做到棚户区改造"以房等人"，有效破解征拆安置难题。

《意见》提出，在棚户区改造中将坚持建购并举、购买优先的原则，明确年度计划中新建和购买安置房屋的比例，购买主体要结合棚户区改造项目征收补偿实际需要，在充分尊重棚户区改造区域被征拆的住户回迁安置意愿的前提下，筛选确定拟购买的安置房屋范围，按照不高于同地段、同区位商品房销售均价的原则，依法审慎合理确定购买价格。

《意见》明确，要搭建公开采购平台，通过公开招标、公开竞价、竞争性谈判、政策性优惠等措施选择合适房源并降低购买价格。鼓励多家符合条件的房地产开发企业参与投标，以增加被征收征拆的住户的选择范围。按照竞价择优、现房优先的原则确定备选楼盘和房源。

9.2.4 公共服务设施清退转化或归并

农村基本公共服务设施主要包括学校、医院（卫生所、卫生室）、养老院、文化站、图书室等。传统的乡村规划对公共服务设施的配置，主要是遵循"均衡原则"和"就近原则"，基本上每一个行政村或大的自然村都会有相应的设施配套，典型代表即是村小。然而随着农村人口大量外流以及村庄合并，大量农村公共服务设施仅存空间外壳，其服务的人口数量大幅减少，功能内容已经很难维持。造成这一现象的原因可以用前文的空间惯性理论来解释（见本书 4.3 节）。

针对这种情况，在精明收缩策略框架里，对于农村公共服务设施主要有两方面的内容。一是对旧的设施，主要包括已经闲置或长期空置的学校、养老院等，进行功能转化或拆除清退。功能转化前需要对设施进行结构安全检查，其转化既可以是用于村庄内其他公共服务功能，又可以面向市场需求。如果具有一定的历史保留价值，可以结合文化创意、旅游参观等项目进行转型升级。拆除清退主要是针对长期空置、年久失修、结构超期的房屋，对其进行拆除后复垦，或进行生态化改造。在做好进一步使用安排之前，可作为过渡空间加以安排，从而不至于形成景观污点。二是在布局新的农村公共服务设施时，要充分考虑实际使用人口规模，在中心区位进行设施布置，避免形成"低水平、高覆盖"的不良状况。传统公共服务设施规划所遵循的均衡原则和就近原则，是基于步行习惯；然而随着农村地区推广校车，以及农户家庭电动车、摩托车、小汽车的逐步普及，就学就医可以不再囿于本村落。在机动交通方式已经改变了时空关系的情形下，对教育、医疗等农村基本公共服务设施的布局便有了更多灵活性；鉴于农村常住人口大幅减少，应合理归并某些基本公共服务设施，依层级适当上收，如从自然村向行政村集中，或是向乡镇集中，从而为农民提供更好的基本公共服务。

农村地区公共服务设施的归并和上收，是一个敏感话题，其精明收缩之道在于处理好效率与公平的关系。在具体实施过程中，需要充分听取各方意见，并做好可行性研究。

9.2.5 基础设施共建共享与定向引导

精明收缩策略的内涵还包括农村基础设施建设，主要涉及道路、电力、燃气、供水、通信等生活性基础设施，以及水利、沟渠、坑塘等生产性基础设施。当前我国农村基础设施主要面临两方面的问题：①不同基础设施之间协作运转能力和共享性较差，跨行政区域的基础设施之间存在大量重复建设，这都使得农村基础设施的投入产出效率较低；②由于村落布局分散，导致建设农村交通、电网、供水、通信等基础设施的成本远高于城镇。同时，由于农村居民点分散，已经建成的基础设施的服务不具规模效应；基础设施的使用不充分，反过来又成了影响基础设施有效供给的一个重要制约因素。

针对以上问题，农村精明收缩策略有两点回应。①在农村基础设施建设领域，要坚决打破行政区域限制，积极探索有效的共建共享模式，减少重复建设的浪费；对于已建成的基础设施，要完善配套服务，使基础设施能形成整体运转的能力。②从公共经济学角度来看，规模化供给和集中化消费是公共产品有效供给的重要前提。因此，针对不同农村地区，应明确不同的农村基础设施供给策略。又分为3种情况：①对于基础设施供给偏低，但是有较高产出效率及增长趋势的地区，应适当增加供给；②对于基础设施投入较高，但产出效率低且呈下降趋势的地区，要探索新的功能需求和使用方式。比如原来作为村民上山下乡的生活性道路，可转变为农产品和农业机械的运输道路；③对于基础设施投入和产出都较低的不宜居地区，应引导当地村民迁移，以根本改变生产生活环境。

9.3 社区营造和产业发展

9.3.1 营造充满活力的农村社区

精明收缩不仅致力于农村人居空间的集中集聚和减量，同时也关注空间质量的提升和对乡村社区营造的支撑作用。由于我国传统农村社会是以乡绅阶层为中心、以户为单位、以宗法礼制为秩序的熟人社会；相应的农村社区生活，也是在较低的农业社会生产力条件下形成的，附着在农田生产基础上的偏内向的乡村生活。因此，我国传统的农村社区空间主要分为两种，一种是仪式层面的，以宗庙、祠堂为中心的礼仪空间；另一种是商业交易层面的，包括定期出现的集贸空间。

然而随着农业生产力的进步，以及传统农村社会向现代社会的转型，特别是20世纪90年代以来，农村青壮年人口大量外流和老龄化程度加剧，传统的社区空间开始瓦解，过去那种或是宁静祥和、端庄肃穆，或是鸡犬相闻、炊烟袅袅的氛围，渐渐被一种死气沉沉的暮气所取代。

在收缩不可避免的前提下，精明的应对策略则包括在空间上将多个自然村的农户加以适当集中集聚。这样，在社区营造角度，可以使无论老中青各年龄层、还是不同文化水平或不同收入水平的村民都能相互交流相互融合，从而让农村重新焕发生机，并最终形成新的农村社区发育。可以说，农村精明收缩策略所要形成的紧凑空间是对新时代的农村生产关系和生活关系的适应，并且为符合时代特色的农村社会关系与农村社区营造提供了新的契机。

9.3.2 保护古村民居与发展第三产业并举

精明收缩有别于简单粗暴的"迁村并点"的关键，在于有选择地"保存"中华农耕文化的空间记忆。尤其是对具有历史风貌保护价值的古村落和诸多具有地域特色的传统村落（图9-3），必须要保留其特定的文化基因，使其文化价值得以传承（赵民 等，2015）。也正如原国家文物局局长单霁翔所说："包括古村镇在内的历史文化村镇和传统乡土建筑，是我国珍贵文化遗产的重要组成部分。它们不仅是人们生活中不可缺少的舞台，而且是人类赖以生存、活动的物质载体，更是人类文明进步轨迹与过程的见证。"

图 9-3 衢州市衢江区小湖南镇破石村老宅

数据来源：自拍

另外，在对古村落古民居以及具有地域特色的地方建筑进行保护的同时，也应提倡适度开发利用。尤其是随着家庭收入的提高，旅游业的日趋成熟，城市居民进入农村旅游度假和休闲消费已经蔚然成风；在这个进程中，规划更要对社会资本进入农村加以正确引导。合理规划管控下的保留和发展，本身也是精明收缩的题中之意。对此，可采取的策略包括了将古村落古建筑的保护与乡村自身建设相结合，积极发展包括特色乡村旅游、特色乡村民宿、农家乐、体验农庄等在内的多种形式的第三产业，在发展中保护古村民居，同时为增加农村居民收入，缩小城乡差距做出贡献。

9.3.3 创新"农业+"模式下的产业空间

随着电商和物流业的快速发展，农村开始出现多种形式的涉农产业以及非农产业。比如不少农户通过在家生产和加工农产品，然后经由电商平台和物流渠道销往全国各地，较快地实现了脱贫致富。这种模式的好处在于：①通过农产品加工，可以获得远高于农作物本身的附加值；②农户可以充分挖掘地方特色农产品的潜力，再与市场需求相结合，在竞争中获得比较优势；③农户可以根据电商网络平台的信息反馈，自行调节生产，减少对经销商的依赖，从而具有更高的独立性和利润率。再比如来料加工。随着沿海发达地区劳动力成本的上涨，以及当地政府退二进三的政策导向，不少企业开始将制造业向内地转移，其中部分加工环节可以在农村完成，从而有效降低企业生产成本。参与来料加工的农村居民只需通过简单的培训就可以上岗操作，按天、按件计费，获取劳务报酬。尤其是在农闲时期，来料加工可以为农村居民提供一笔可观的收入。

显然，这种新的农村活动需要新的空间与之相适应。针对这一形势，在精明收缩的推进中可有3方面的对策：①改造既有的空置农村用房作为新的农村生产活动用房。比如前文提到的由于人口数量减少而停用并闲置的农村学校、养老院；②适当新建活动用房作为村集体资产供村民生产使用。这种方式要慎重评估新建房屋的必要性，并做好选址和规划；③以活动板房等形式，通过临时建筑为来料加工提供临时活动场所（图9-4）。这种方式可最大限度地减少对村庄土地的占用，同时避免形成新的空间浪费。

农村出现多种形式的产业发展体现了现代农村"六次产业"❶的发展趋势。这种以农业生产为根基的"农业+"产业发展模式，除了包含上文提到的农产品加工，以及利用农村劳动力发展来料加工，还可以包括农村特色种植旅游、养殖旅游以及电商线下活动等。未来随着创新的不断推进，"农业+"模式下的农村产业活动还会不断更新，相应的产业空间还会层出不穷。精明收缩的出发点和最终目的固然是提高农村人居空间的品质和使用效率，减少空间资源浪费；但与此同时，在前述原则下，精明收缩也

---

❶ "六次产业"的说法源于日本，与我国一直提倡的让农业"接二连三"内涵一致，即鼓励农户搞多种经营，延长产业链条，不仅种植农作物（第一产业），而且从事农产品加工（第二产业）与流通、销售农产品及其加工产品（第三产业），以获得更多的增值价值，为农业和农村的可持续发展、农民增收开辟光明前景。（农业部经管司司长张红宇）

是动态调整、随机应变的。无论是对空置废弃房屋进行清退复垦、新建住宅集中集聚，还是创新"农业＋"模式下的产业空间，精明收缩都是对农村新的生产生活活动的空间适应。

图 9-4　衢州市衢江区小湖南镇破石村固定来料加工厂房（左）与
成都市邛崃市夹关镇雕虎村临时来料加工厂房（右）

数据来源：自拍

9.4　本章小结

在明晰精明收缩概念、规划框架的基础上，本章进一步从"观念、运作、资金"，"土地、房屋、设施"，"社区、风貌、产业"等视角提出了针对农村人居空间精明收缩规划实施的若干运作策略。需要特别指出的是，农村精明收缩在我国目前还处于理论探索和零星实践阶段，尚未明文纳入政策文件和用于指导具体实践，因此本章提出的意向性策略还有待实证检验。具体的精明收缩策略又呈现为一个动态更新的策略库，亦即在我国各地农村人居空间建设实践中的成功案例，只要符合精明收缩原则的，都可以在其他地区的农村规划编制和实施中加以参考。

第10章 结论

10.1 主要结论

本书对农村精明收缩的研究是放在农村人居空间变迁这一大框架下完成的。这样做的目的一方面是从全书结构上保证了研究得以顺利进行；另一方面也使得整个研究能够控制在城乡规划学科领域内，而不偏离到经济学、社会学或政治学方向。后者虽然为研究提供了不少理论和方法上的支持，但它们本身并不是研究的目的。在此框架下，按照农村人居空间变迁现象归纳、原因解释、经验总结、提出对策的逻辑，本书在研究过程中形成了以下主要结论。

（1）我国农村人居空间变迁总体表现出人口减少而房屋土地不减反增的特点。人口数量方面，东西部横向来看，无论内陆省份还是沿海发达省份，我国农村常住人口总量都在不断减少；城镇乡纵向来看，农村人口占比不断下降，镇人口增速高于城市。人口结构方面，农村青壮年流失严重，中老年占比大幅增加，人口抚养比农村明显高于城镇。空间方面，20世纪90年代以来，村庄数量大幅减小，2006年后保持稳定，乡的数量则持续下降。农村建设用地面积和人均住宅面积大幅增加。学校、卫生所、文化站、养老机构等公共服务设施萎缩严重，只是近年有所回升。将人口和空间两者统一起来看，当前我国农村人居空间正处在由"稀释"向"萎缩、收缩"艰难推进的阶段，但总体难度较大。

（2）出现上述特征的原因既有人的因素，也有空间本身的作用。前者主要包括宏观制度变迁对农民进城门槛的调节和生产生活激励的改变，中观产业消长对农民就业的时空差异化吸收，以及微观经济家庭基于理性经济人原则做出"用脚投票"的选择。后者是指人居空间作为人工建筑系统所固有的维持既有状态不变的性质，也叫作空间惯性，其作用主要是对外界改变其既有状态的抵抗。人居空间变化正是在上述人与空间两方面共同作用下的人居活动变化的空间反映。

（3）在前述历时性分析基础上，本书总结了当前一个时期我国农村人居空间发展面临的若干困境并做出相应解释。在此基础上，本书初步提出了农村精明收缩的立论，包括精明收缩的核心观点、应对农村人居空间发展困境的原理以及政策选择的必然性。

（4）对成都农村人居建设进行经验总结。①根据发展条件和发展成果判断，成都农村人居建设确实存在可取之处。②在发展进程上，2003 年以来成都农村人居收缩可以分为"三集中""灾后重建""产村相融""小组微生" 4 个阶段，较明显地表现出由粗放收缩转向精明收缩的发展态势。③以近年来开展的"小组微生"为重点考察对象，可以发现成都农村人居空间收缩具有等级、职能、规模等方面的特点，并且在空间上具有一定的模式特征。

（5）建构精明收缩的发展框架，包括理论概念和实务策略。具体为：①系统阐述了农村人居空间精明收缩的概念内涵，包括发展背景、参与主体、收缩对象、收缩途径、收缩方式和最终目的等；②提出了面向收缩型农村的规划框架，主要分为收缩型村庄判别、确立目标体系、选择发展路径和落实空间形态四个环节；③提出致力于精明收缩的若干运作策略，包含观念、运作、资金、土地、房屋、设施、社区、风貌、产业等层面。

10.2　主要创新点

（1）构建了农村人居空间变迁的"R_a-R_s 变化率"模型。从人与空间两个维度考察人居空间变迁的研究并不罕见 ❶，但既有研究主要停留在利用模型进行阶段划分，以及利用平均数值或一段较长时期的首位数值进行模拟分析。本书对该模型的突破有 3 点。①将刘彦随（2007）、郄瑞卿（2014）等模型中 4 象限 8 阶段的划分修正为 4 象限 6 阶段。这一修正的合理性在文中通过空间惯性给予了证明。②对模型中的 6 阶段以命名的方式进行了定性确认。这是在整个人居环境科学领域中，第一次明确提出膨胀、蔓延、稀释、萎缩、收缩、紧缩六种人居空间变迁状态。除了经验上符合主观对客观的认识，六种状态还可以通过模型计算进行明确的量化区分。③提出了具体的模型数据使用方法，使模型表现效果比既有研究大为清晰。在郄瑞卿的城市人口土地模型中，计算结果只能以表格的形式呈现，同时还需要比较数据与特征点的关系才能判断。本书通过行列式的形式，可以逐年追踪人居空间变迁，并且直接呈现在模型各象限中，对于判断人居空间变迁阶段、程度、走势非常直观。利用该模型方法以及 1978 年和 1990 年以来我国人口和农村土地相关数据，本书得出了我国农村人居空间变迁存在着长期内具有"膨胀→蔓延→稀释→萎缩→收缩→紧缩"的趋势性特征，和短期内存在由"稀释"

---

❶ 早期的研究包括刘彦随、李裕瑞、龙华楼等关于空心村的系列研究。较近的研究包括郄瑞卿利用该模型分析城市人口和土地的关系。

向"萎缩、收缩"艰难推进的跳跃性特征。这也是提出农村应该精明收缩的一个重要依据。

（2）中观层面引入产业结构偏离度概念分析不同产业吸收劳动力的时空差异。产业结构偏离度是产业经济学的常用分析工具，在城乡规划学领域中，借用这一概念可以较好地判断产业变化与劳动力就业的关系。通过对全国和分省层面进行产业结构偏离度分析，以及重点对浙江和四川两省进行对比分析，本书提出农业吸纳劳动力大幅减少，但仍然具有较高的劳动力流出势能，工业吸纳劳动力趋势减弱，服务业吸纳劳动力趋势总体平稳，但分行业差异较大的判断。此外还提出除了存在3次产业间劳动力的市场流动，同时还并存着区域性劳动力市场。

（3）微观层面通过改进托达罗模型，较完整地解释了农村家庭如何基于理性经济人原则做出城乡迁移的决定。

（4）首次明确提出人居空间惯性的概念。它是指人工建筑系统维持既有状态不变，或者说抵抗既有状态被改变的性质。人居空间变迁本质上讲是人与空间互动的结果，其中人对空间的作用本书主要从制度、产业、家庭层面进行了阐述，而空间对人的反作用则是通过空间惯性来完成的。空间惯性是空间变化与人居变化存在的"追随但不同步"的原因所在，这也是农村人居空间变迁是6阶段的重要理论依据。本书还对空间惯性概念进行了社会惯性与物理惯性的合成模拟，这有助于解释不同时期不同阶段人居空间变迁特点。

（5）第一次较为全面和系统地论述了我国农村人居空间精明收缩的概念、框架和运作策略，加上前述对我国农村人居空间变迁的现状描述、理论解释和地方经验总结在内，共同搭建起我国农村人居空间精明收缩的理论框架。

10.3 展望

在总结我国农村人居空间变迁现实情景并进行理论解释的基础上，结合各地农村人居建设的经验，本书提出和系统诠释了我国农村人居空间精明收缩的理论概念，同时也建构了相应的规划框架，并探讨了规划实施的策略。

毋庸置疑，在城乡规划领域内，无论是学术理论还是工程实践，农村精明收缩都是一个很新的课题。未来的工作一方面是要对该理论进行丰富和深化，另一方面则需要将该理论尽快投入实际应用。后者又包含两层意思，一是用该理论框架去帮助认识和理解农村人居空间发展，二是用该理论指导具体的农村人居建设。只有通过认识、实践的不断反复，才能使农村精明收缩理论更加成熟，从而指导农村人居空间的优化发展，为乡村振兴战略的落实做出应有的贡献。

党的十九大提出了实施乡村振兴战略，这是以习近平同志为核心的党中央深刻把握现代化建设的规律和城乡关系变化的特征，顺应亿万农民对美好生活的向往而做出的重大决策部署，是决胜全面建成小康社会、全面建设社会主义现代化国家的重大历史任务。

2018年9月，中共中央、国务院印发了《乡村振兴战略规划（2018 — 2022 年）》。该规划对乡村振兴工作做了全面部署，其中提出了要分类推进乡村发展，即要"顺应村庄发展规律和演变趋势，根据不同村庄的发展现状、区位条件、资源禀赋等，按照集聚提升、融入城镇、特色保护、搬迁撤并的思路，分类推进乡村振兴，不搞一刀切"。这是非常重要的原则，体现了实事求是的精神。

本书提出的农村人居空间精明收缩概念，与"分类推进乡村发展"要求，在理念上可谓具有一致性。该规划提出的"集聚提升类村庄""城郊融合类村庄""特色保护类村庄""搬迁撤并类村庄"四类村庄中，"集聚提升类村庄"和"搬迁撤并类村庄"显然与收缩的命题直接相关，需要合理规划、精明运作；此外的"城郊融合类村庄"和"特色保护类村庄"，亦涉及对存量资源作调整和优化配置。实际上，精明收缩的精明之道就在于实事求是地面对客观现实和需求；在我国农村人居空间总体收缩的大势下，精明收缩的根本目标是推进农村空间的优化发展，从而为乡村振兴战略做出自己的贡献。

还需要指出，在本书定稿之际的2019年8月，十三届全国人大常委会第十二次会议审议通过了《中华人民共和国土地管理法》修正案，自2020年1月1日起施行。新的土地管理法明确规定允许集体经营性建设用地进入市场，允许进城落户的农村村民依法自愿有偿退出宅基地。学界关于农地入市问题已经争议多年，在法制层面目前可谓有了定论。客观而言，本书提出的转移支付与有偿流转、合理退出与优化配置的精明收缩价值导向和实施策略与新的立法是高度契合的。尤其是关于宅基地，修改后的土地管理法清晰阐明，"国家允许进城落户的农村村民依法自愿有偿退出宅基地，鼓励农村集体经济组织及其成员盘活利用闲置宅基地和闲置住宅"。退出的宅基地如保留为集体建设用地，未来是规划为集体经营性用地自用，或是"通过出让、出租等方式交由单位或者个人使用"，亦即入市，这既为今后的乡村建设发展和振兴留出了运作空间，也为精明收缩的策略研究提出了新的课题。

参考文献

[1] 安虎森. 新区域经济学 [M]. 大连：东北财经大学出版社，2015.

[2] 白中科，赵景逵，朱荫湄. 试论矿区生态重建 [J]. 自然资源学报，1999（1）：36-42.

[3] 本刊编辑部. 新型城镇化座谈会发言摘要 [J]. 城市规划学刊，2014（1）：1-8.

[4] 毕宝德. 土地经济学 [M]. 第 7 版. 北京：中国人民大学出版社，2016.

[5] 毕军，章申，唐以剑，等. 可持续发展的判别模式及其应用 [J]. 中国环境科学，1998（S1）：31-37.

[6] 蔡建霞，刘爱荣. 关于农村地理学研究的几个问题 [J]. 地域研究与开发，1989（S2）：58-60.

[7] 曹广忠，袁飞，陶然. 土地财政、产业结构演变与税收超常规增长——中国"税收增长之谜"的一个分析视角 [J]. 中国工业经济，2007（12）：13-21.

[8] 曹海林. 村落公共空间：透视乡村社会秩序生成与重构的一个分析视角 [J]. 天府新论，2005（4）：88-92.

[9] 曹海林. 村落公共空间与村庄秩序基础的生成——兼论改革前后乡村社会秩序的演变轨迹 [J]. 人文杂志，2004（6）：164-168.

[10] 永红，丁建定. 改革开放以来中国农村养老保障制度体系的变迁与评估——以"社会保障制度三体系"为分析框架 [J]. 理论月刊，2016（7）：140-146.

[11] 曾菊新. 评《农户空间行为变迁与乡村人居环境优化研究》[J]. 经济地理，2015（9）：208.

[12] 陈冲. 不确定性条件下中国农村居民的消费行为研究 [M]. 北京：中国经济出版社，2016.

[13] 陈俊松. 制度变迁理论的两种范式 [J]. 经济问题探索，2001（5）：16-18.

[14] 陈润羊. 新农村模式分类述评及其对西部新农村经济与环境协同发展的启示 [J]. 开发研究，2011（6）：41-44.

[15] 陈胜祥. 中国农民土地产权幻觉研究 [M]. 北京：中国社会科学出版社，2015.

[16] 陈文娟. 我国中部地区农村公共物品供求现状研究 [D]. 西安：西北大学，2011.

[17] 陈晓华，华波，周显祥，等. 中国乡村社区地理学研究概述 [J]. 安徽农业科学，2005（4）：559-561.

[18] 陈晓华. 乡村转型与城乡空间整合研究 [D]. 南京：南京师范大学，2008.

[19] 陈旭，赵民. 经济增长、城镇化的机制及"新常态"下的转型策略——理论解析与实证推

论 [J]. 城市规划，2016（1）：9-18.

[20] 陈彦斌 . 适应新常态：关键在于摆脱高增长依赖 [N]. 光明日报，2014-09-24（15）.

[21] 陈雨 . 城镇周边乡村空间发展特征研究——以马鞍山市博望镇为例 [C]// 新常态：传承与变革——2015 中国城市规划年会论文集（14 乡村规划）. 北京：中国建筑工业出版社，2015.

[22] 程连生，冯文勇，蒋立宏 . 太原盆地东南部农村聚落空心化机理分析 [J]. 地理学报，2001（4）：437-446.

[23] 崔明，詹慧龙，唐冲，等 . 我国农村公共基础设施与服务的供给效率研究 [C]// 生态文明视角下的城乡规划——2008 中国城市规划年会论文集 . 北京：中国建筑工业出版社，2008.

[24] 党安荣，毛其智 . 人居环境研究中多源遥感信息融合试验 [J]. 清华大学学报（自然科学版），2000（S1）：7-10.

[25] 丁志铭 . 农村社区空间变迁研究 [J]. 南京师大学报（社会科学版），1996（4）：23-28.

[26] 董芳 . 供给侧改革视角下的农村土地制度改革问题研究 [J]. 现代农业，2016（4）：72-76.

[27] 杜润生 . 杜润生自述：中国农村体制变革重大决策纪实 [M]. 北京：人民出版社，2005.

[28] 杜赞奇 . 文化、权力与国家：1900—1942 年的华北农村 [M]. 王福明译 . 南京：江苏人民出版社，2008.

[29] 段进，章国琴 . 政策导向下的当代村庄空间形态演变——无锡市乡村田野调查报告 [J]. 城市规划学刊，2015（2）：65-71.

[30] 范少言，陈宗兴 . 试论乡村聚落空间结构的研究内容 [J]. 经济地理，1995（2）：44-47.

[31] 范少言 . 乡村聚落空间结构的演变机制 [J]. 西北大学学报（自然科学版），1994（4）：295-298.

[32] 费孝通 . 江村经济（修订本）[M]. 上海：上海人民出版社，2013.

[33] 费孝通 . 乡土中国 [M]. 北京：中华书局，2013.

[34] 高舒琦 . 收缩城市研究综述 [J]. 城市规划学刊，2015（3）：44-49.

[35] 龚胜生，张涛 . 中国"癌症村"时空分布变迁研究 [J]. 中国人口·资源与环境，2013（9）：156-164.

[36] 辜胜阻 . 人口流动与农村城镇化战略管理 [M]. 武汉：华中理工大学出版社，2000.

[37] 顾汉龙，冯淑怡，张志林，等 . 我国城乡建设用地增减挂钩政策与美国土地发展权转移政策的比较研究 [J]. 经济地理，2015，35（6）：143-148，183.

[38] 国家卫生和计划生育委员会流动人口司 . 中国流动人口发展报告 2013[M]. 北京：中国人口出版社，2013.

[39] 国务院发展研究中心课题组 . 中国新农村建设推进情况总报告——对 17 个省（市、区）2749 个村庄的调查 [J]. 改革，2007（6）：5-17.

[40] 郭炎，刘达，赵宁宁，等 . 基于精明收缩的乡村发展转型与聚落体系规划——以武汉市为例 [J]. 城市与区域规划研究，2018，10（1）：168-186.

[41] 韩非，蔡建明 . 我国半城市化地区乡村聚落的形态演变与重建 [J]. 地理研究，2011（7）：1271-1284.

[42] 郝晋伟, 赵民 . "中等收入陷阱" 之 "惑" 与城镇化战略新思维 [J]. 城市规划学刊, 2013（5）：6-13.

[43] 郝晋伟 . 人口萎缩背景下的村镇体系规划方法研究——从两个村镇体系规划评估案例说起 [C]// 城乡治理与规划改革——2014 中国城市规划年会论文集（14 小城镇与农村规划）. 北京：中国建筑工业出版社，2014.

[44] 何如海 . 农村劳动力转移与农地非农化协调研究 [D]. 南京：南京农业大学，2006.

[45] 贺日开 . 我国农村宅基地使用权流转的困境与出路 [J]. 江苏社会科学，2014（6）：68-77.

[46] 贺雪峰 . 成都土改的实质 [J]. 发展，2013（3）：36-37.

[47] 贺雪峰 . 地权的逻辑：中国农村土地制度向何处去 [M]. 北京：中国政法大学出版社，2010.

[48] 贺雪峰 . 巨变 30 年：中国乡村何去何从 ?[J]. 党政干部文摘，2008（10）：13-14.

[49] 贺雪峰 . 乡村的前途 [M]. 济南：山东人民出版社，2007.

[50] 洪亮平，乔杰 . 规划视角下乡村认知的逻辑与框架 [J]. 城市发展研究，2016（1）：4-12.

[51] 胡锦涛 . 坚定不移沿着中国特色社会主义道路前进　为全面建成小康社会而奋斗——在中国共产党第十八次全国代表大会上的报告 [J]. 求是，2012（22）：3-25.

[52] 华生 . 城市化转型与土地陷阱 [M]. 北京：东方出版社，2013.

[53] 黄鹤 . 精明收缩：应对城市衰退的规划策略及其在美国的实践 [J]. 城市与区域规划研究，2011（3）：157-168.

[54] 黄忠怀，吴晓聪 . 建国以来土地制度变迁与农村地域人口流动 [J]. 农村经济，2012（1）：45-48.

[55] 贾康，苏京春 . 供给侧改革 [M]. 北京：中信出版社，2016.

[56] 姜秀敏，孙洁 . 中国农村公共服务供给存在的问题及对策 [J]. 大连海事大学学报（社会科学版），2010（5）：36-39.

[57] 焦必方，孙彬彬 . 日本现代农村建设研究 [M]. 上海：复旦大学出版社，2009.

[58] 焦必方 . 伴生于经济高速增长的日本过疏化地区现状及特点分析 [J]. 中国农村经济，2004（8）：73-79.

[59] 焦必方 . 新编农业经济学教程 [M]. 上海：复旦大学出版社，1999.

[60] 金其铭 . 江苏农村聚落的规模与布局 [J]. 建筑学报，1983（10）：55-56.

[61] 金其铭 . 农村聚落地理研究——以江苏省为例 [J]. 地理研究，1982（3）：11-20.

[62] 金其铭 . 农村聚落与土地利用 [J]. 南京师大学报（自然科学版），1982（2）：73-78.

[63] 金其铭 . 浅论我国乡村规划的任务和内容 [J]. 南京师大学报（自然科学版），1990（2）：

85-89.

[64] 孔祥智，毛飞. 中国农村改革之路 [M]. 北京：中国人民大学出版社，2014.

[65] 孔祥智，张琛. 十八大以来的农村土地制度改革 [J]. 中国延安干部学院学报，2016（2）：116-122.

[66] 寇敏婕. 克鲁格曼中心外围模型对中国产业集群的分析 [J]. 中国商贸，2014（15）：194-195.

[67] 赖涪林. 农业经济研究调查技术与方法 [M]. 上海：上海财经大学出版社，2016.

[68] 雷诚，赵民. "乡规划"体系建构及运作的若干探讨——如何落实《城乡规划法》中的"乡规划" [J]. 城市规划，2009（2）：9-14.

[69] 雷振东，刘加平. 整合与重构陕西关中乡村聚落转型研究 [J]. 时代建筑，2007（4）：22-27.

[70] 雷振东，于洋，马琰. 青海高海拔浅山区新型村镇规划策略与方法 [J]. 西部人居环境学刊，2015（2）：36-39.

[71] 雷振东. 乡村聚落空废化概念及量化分析模型 [J]. 西北大学学报（自然科学版），2002（4）：421-424.

[72] 李伯华，曾菊新，胡娟. 乡村人居环境研究进展与展望 [J]. 地理与地理信息科学，2008（5）：70-74.

[73] 李伯华，窦银娣，刘沛林. 制度约束、行为变迁与乡村人居环境演化 [J]. 西北农林科技大学学报（社会科学版），2014（3）：28-33.

[74] 李伯华，刘沛林，窦银娣. 乡村人居环境系统的自组织演化机理研究 [J]. 经济地理，2014（9）：130-136.

[75] 李伯华，王云霞，窦银娣，等. 转型期农户生产方式对乡村人居环境的影响研究 [J]. 西北师范大学学报（自然科学版），2013（1）：103-108.

[76] 李伯华. 农户空间行为变迁与乡村人居环境优化研究 [D]. 武汉：华中师范大学，2009.

[77] 李华伟. 乡村公共空间的变迁与民众生活秩序的建构——以豫西李村宗族、庙会与乡村基督教的互动为例 [J]. 民俗研究，2008（4）：72-101.

[78] 李金龙，武俊伟. 前瞻性政府：农村公共物品供给侧改革的必然选择 [J]. 理论与改革，2016（2）：87-93.

[79] 李仁贵. 区域核心 - 外围发展理论评介 [J]. 经济学动态，1990（9）：63-67.

[80] 李润田，袁中金. 论乡村地理学的对象、内容和理论框架 [J]. 人文地理，1991（3）：21-27.

[81] 李燕凌. 农村公共品供给效率实证研究 [J]. 公共管理学报，2008（2）：14-23.

[82] 李裕瑞，刘彦随，龙花楼. 中国农村人口与农村居民点用地的时空变化 [J]. 自然资源学报，2010（10）：1629-1638.

[83] 梁小民. 经济学大辞典 [M]. 北京：团结出版社，1994.

[84] 林华. 政府购房难除"空置"顽症 [J]. 中国地产市场，2009（3）：52-53.

[85] 林毅夫.新结构经济学 [M].北京：北京大学出版社，2014.

[86] 林毅夫.制度、技术与中国农业发展 [M].上海：上海人民出版社，2005.

[87] 刘广栋，程久苗.1949 年以来中国农村土地制度变迁的理论和实践 [J].中国农村观察，2007（2）：70-80.

[88] 刘彦随,刘玉,翟荣新.中国农村空心化的地理学研究与整治实践 [J].地理学报,2009（10）：1193-1202.

[89] 刘彦随，龙花楼，张小林，等.中国农业与乡村地理研究进展与展望 [J].地理科学进展，2011（12）：1498-1505.

[90] 刘彦随,张小林."现代农业、乡村发展与新农村建设"学术研讨述评[J].地理研究,2008(1)：240.

[91] 刘彦随，龙花楼，陈玉福，等.中国乡村发展研究报告：农村空心化及其整治策略 [M].北京：科学出版社，2011.

[92] 刘征.马克思关于生产力与生产关系矛盾运动思想及其对制度变迁的影响 [J].中共福建省委党校学报，2014（10）：21-26.

[93] 龙花楼,刘彦随,张小林,等.农业地理与乡村发展研究新近进展 [J].地理学报，2014（8）：1145-1158.

[94] 龙花楼.论土地利用转型与乡村转型发展 [J].地理科学进展，2012（2）：131-138.

[95] 龙花楼.论土地整治与乡村空间重构 [J].地理学报，2013（8）：1019-1028.

[96] 龙花楼.中国乡村转型发展与土地利用 [M].北京：科学出版社，2012.

[97] 鲁西奇，韩轲轲.散村的形成及其演变——以江汉平原腹地的乡村聚落形态及其演变为中心 [J].中国历史地理论丛，2011（4）：77-91.

[98] 鲁西奇.散村与集村：传统中国的乡村聚落形态及其演变 [J].华中师范大学学报（人文社会科学版），2013（4）：113-130.

[99] 陆嘉.我国经济发达地区城市化进程中农村居民点改造的策略研究 [D].上海：同济大学，2006.

[100] 陆嘉.乡村规划中公众参与方式及对规划决策的影响研究 [J].上海城市规划，2016（2）：89-94.

[101] 陆翔兴.乡村发展呼唤着地理学——关于开展我国乡村地理学研究的思考 [J].人文地理，1989（1）：1-7.

[102] 陆学艺."三农论"：当代中国农业、农村、农民研究 [M].北京：社会科学文献出版社，2002.

[103] 罗震东，韦江绿，张京祥.城乡基本公共服务设施均等化发展的界定、特征与途径 [J].现代城市研究，2011（7）：7-13.

[104] 罗震东，夏璐，耿磊.家庭视角乡村人口城镇化迁居决策特征与机制——基于武汉的调

研 [J]. 城市规划，2016（7）：38-47.

[105] 罗震东，周洋岑. 精明收缩：乡村规划建设转型的一种认知 [J]. 乡村规划建设，2016（1）：30-38.

[106] 吕军书，史梦阳. 农户宅基地退出的价值、困境与实现路径 [J]. 学术探索，2016（12）：45-49.

[107] 吕晓青. 乡村地理学视角下的浙江乡村发展 [J]. 浙江经济，2012（21）：55.

[108] 马强，徐循初. "精明增长"策略与我国的城市空间扩展 [J]. 城市规划汇刊，2004（3）：16-22.

[109] 母舜，万春宏. 川中丘陵地区农村聚落空心化问题探讨 [J]. 农业与技术，2013（2）：182-183.

[110] 彭建，景娟，吴健生，等. 乡村产业结构评价——以云南省永胜县为例 [J]. 长江流域资源与环境，2005（4）：413-417.

[111] 彭丽慧. 农村空心化与地域、社会空间重构研究 [D]. 长春：东北师范大学，2011.

[112] 彭震伟，陆嘉. 基于城乡统筹的农村人居环境发展 [J]. 城市规划，2009（5）：66-68.

[113] 朴振焕. 韩国新村运动 [M]. 北京：中国农业出版社，2005.

[114] 钱文荣，王心良. 下山脱贫移民的现状、问题与对策——以浙江省为例 [J]. 学术交流，2010（9）：128-132.

[115] 邱铃章. 天津市、成都市城乡建设用地增减挂钩模式的启示 [J]. 发展研究，2010（10）：32-35.

[116] 饶传坤. 日本农村过疏化的动力机制、政策措施及其对我国农村建设的启示 [J]. 浙江大学学报（人文社会科学版），2007（6）：147-156.

[117] 任宏，孙红艳. 农村聚落空心化及对策研究 [J]. 武汉建设，2015（1）：38-39.

[118] 石虹，杨东生，程力. 农村地理学的性质与任务初探 [J]. 黔东南民族师专学报，1995（Z1）：60-63.

[119] 石敏俊. 现代区域经济学 [M]. 北京：科学出版社，2013.

[120] 石忆邵. 乡村地理学发展的回顾与展望 [J]. 地理学报，1992（1）：80-88.

[121] 史艳玲. 浅析日本农村过疏化现象的成因及其对农业发展的影响 [J]. 农业经济，2008（8）：39-40.

[122] 四川大学成都科学发展研究院. 成都统筹城乡发展年度报告 [M]. 成都：四川大学出版社，2014.

[123] 谭雪兰. 农村居民点空间布局演变研究 [D]. 长沙：湖南农业大学，2011.

[124] 唐相龙. "精明增长"研究综述 [J]. 城市问题，2009（8）：98-102.

[125] 陶林. 改革开放三十年与我国农村土地制度的变迁 [J]. 产业与科技论坛，2008（9）：25-27.

[126] 陶然，汪晖.中国尚未完成之转型中的土地制度改革：挑战与出路 [J]. 国际经济评论，2010（2）：93-123.

[127] 陶然，王瑞民，潘瑞.新型城镇化的关键改革与突破口选择 [J]. 城市规划，2015（1）：9-15.

[128] 陶然，徐志刚.城市化、农地制度与迁移人口社会保障——一个转轨中发展的大国视角与政策选择 [J]. 经济研究，2005（12）：45-56.

[129] 田光进，刘纪远，庄大方.近10年来中国农村居民点用地时空特征 [J]. 地理学报，2003(5)：651-658.

[130] 田万顷，张述林.中国农村城镇化与乡村地理学研究进展 [J]. 粮食科技与经济，2011（1）：15-16.

[131] 汪晖，王兰兰，陶然.土地发展权转移与交易的中国地方试验——背景、模式、挑战与突破 [J]. 城市规划，2011（7）：9-13.

[132] 王春程，孔燕，李广斌.乡村公共空间演变特征及驱动机制研究 [J]. 现代城市研究，2014（4）：5-9.

[133] 王海兰.农村"空心村"的形成原因及解决对策探析 [J]. 农村经济，2005（9）：21-22.

[134] 王翰博.我国农村公共产品供给问题研究 [D]. 郑州：河南大学，2011.

[135] 王俊，钟裕民.浅析农村公共产品低效供给的问题与对策——基于公共产品层级分类的探讨 [J]. 中共四川省委党校学报，2006（2）：8-11.

[136] 王玲.乡村公共空间与基层社区整合——以川北自然村落 H 村为例 [J]. 理论与改革，2007（1）：95-97.

[137] 王梦君，尤海梅，汤茜.我国乡村地理学的研究现状与展望 [J]. 科技信息（学术研究），2007（12）：23-24.

[138] 王社教.论历史乡村地理学研究 [J]. 陕西师范大学学报（哲学社会科学版），2006（4）：71-77.

[139] 王兴平，涂志华，戎一翎.改革驱动下苏南乡村空间与规划转型初探 [J]. 城市规划，2011（5）：56-61.

[140] 王雅林."社会转型"理论的再构与创新发展 [J]. 江苏社会科学，2000（2）：168-173.

[141] 王燕燕.三农问题与乡村治理 [M]. 北京：中央编译出版社，2015.

[142] 王茵茵.旅游影响下村落向小城镇形态演变的研究 [D]. 昆明：昆明理工大学，2010.

[143] 王雨村，王影影，屠黄桔.精明收缩理论视角下苏南乡村空间发展策略 [J]. 规划师，2017（1）：39-44.

[144] 韦森.中国经济高速增长原因再反思 [J]. 探索与争鸣，2015（1）：58-63.

[145] 魏倩.中国农村土地产权的结构与演进——制度变迁的分析视角 [J]. 社会科学，2002（7）：18-22.

[146] 吴丹.欠发达地区农村公共产品供给及其效应研究 [D]. 杨凌：西北农林科技大学，2012.

[147] 吴江国. 不同尺度乡村聚落体系的分形特征及其比较研究 [D]. 南京: 南京师范大学, 2013.

[148] 吴文恒, 郭晓东, 刘淑娟, 等. 村庄空心化: 驱动力、过程与格局 [J]. 西北大学学报（自然科学版）, 2012（1）: 133-138.

[149] 吴文恒, 牛叔文, 郭晓东, 等. 黄淮海平原中部地区村庄格局演变实证分析 [J]. 地理研究, 2008（5）: 1017-1026.

[150] 吴雅玲. 现阶段我国农村公共产品供给问题研究 [D]. 武汉: 华中师范大学, 2008.

[151] 武京涛. 论在农村宅基地复垦中推进新农村建设: 经济发展方式转变与自主创新 [C]// 经济发展方式转变与自主创新——第十二届中国科学技术协会年会（第四卷）.2010.

[152] 习近平谈"三农"工作: 重农固本, 全党工作"重中之重" [EB/OL]. 2015-12-28.http://cpc.people.com.cn/xuexi/n1/2015/1228/c385474-27984826.html.

[153] 项继权. 中国农村社区建设研究 [M]. 北京: 经济科学出版社, 2016.

[154] 邢谷锐, 徐逸伦, 郑颖. 城市化进程中乡村聚落空间演变的类型与特征 [J]. 经济地理, 2007（6）: 932-935.

[155] 熊巍. 我国农村公共产品供给分析与模式选择 [J]. 中国农村经济, 2002（7）: 36-44.

[156] 徐博, 庞德良. 增长与衰退: 国际城市收缩问题研究及对中国的启示 [J]. 经济学家, 2014（4）: 5-13.

[157] 徐博. 莱比锡和利物浦城市收缩问题研究 [D]. 长春: 吉林大学, 2015.

[158] 徐克帅, 刘彦随. 统筹城乡发展导向的中心村镇建设理论思考 [J]. 地域研究与开发, 2011（5）: 7-11.

[159] 徐嵩龄. 采矿地的生态重建和恢复生态学 [J]. 科技导报, 1994（3）: 49-51.

[160] 徐小青. 中国农村公共服务 [M]. 北京: 中国发展出版社, 2002.

[161] 徐英. 近年国内农区地理学微观研究综述 [J]. 江西农业学报, 2013（12）: 137-139.

[162] 薛力, 吴明伟. 江苏省乡村人聚环境建设的空间分异及其对策探讨 [J]. 城市规划汇刊, 2001（1）: 41-45.

[163] 薛力. 城市化背景下的"空心村"现象及其对策探讨——以江苏省为例 [J]. 城市规划, 2001（6）: 8-13.

[164] 杨锋梅. 基于保护与利用视角的山西传统村落空间结构及价值评价研究 [D]. 西安: 西北大学, 2014.

[165] 杨忍, 刘彦随, 龙花楼, 等. 基于格网的农村居民点用地时空特征及空间指向性的地理要素识别——以环渤海地区为例 [J]. 地理研究, 2015（6）: 1077-1087.

[166] 杨忍, 刘彦随, 龙花楼, 等. 中国乡村转型重构研究进展与展望——逻辑主线与内容框架 [J]. 地理科学进展, 2015（8）: 1019-1030.

[167] 杨小凯. 经济学: 新兴古典与新古典框架 [M]. 北京: 社会科学文献出版社, 2003.

[168] 叶裕民，焦永利，朱远.统筹城乡发展框架下的政府职能转变路径研究——以成都为例 [J].
城市发展研究，2013（5）：118-127.

[169] 易纯.基于城乡统筹的新农村规划的探索与实践 [D].长沙：中南大学，2008.

[170] 尹怀庭，陈宗兴.陕西乡村聚落分布特征及其演变 [J].人文地理，1995（4）：17-24.

[171] 游猎，陈晨，赵民.跨越我国城乡发展的"刘易斯拐点"——"机器换人"现象引发的
理论研究及政策思考 [J].城市规划，2017（6）：9-17.

[172] 游猎，陈晨.农村人居空间"精明收缩"的实践探索——以 Q 市全域农村新型社区总体
规划实施为例 [J].城市规划，2018（4）：113-118.

[173] 游猎.农村人居空间的"收缩"和"精明收缩"之道——实证分析、理论解释与价值选择 [J].
城市规划，2018（2）：61-69.

[174] 余猛.中国农村基本公共服务设施空间组织研究 [M].北京：中国建筑工业出版社，2016.

[175] 郁海文，陈晨，赵民.新型农村社区建设的规划研究——以中原某市农村地区为例 [J].
城市规划学刊，2014（2）：87-93.

[176] 张桂文.从古典二元论到理论综合基础上的转型增长——二元经济理论演进与发展 [J].
当代经济研究，2011（8）：39-44.

[177] 张宏品，陶乃江，许林艳.边远落后地区农地规模经营的可行性研究—以大姚县为例 [J].
南方农机，2016（8）：5-6.

[178] 张俊杰，叶杰，刘巧珍，等.基于"精明收缩"理论的广州城边村空间规划对策 [J].规划师，
2018（7）：77-85.

[179] 张康之.基于人的活动的三重空间——马克思人学理论中的自然空间、社会空间和历史
空间 [J].中国人民大学学报，2009（4）：60-67.

[180] 张立，何莲.迁村并点实施的制约因素及若干延伸探讨——基于苏中地区的案例研究 [C]//
城乡治理与规划改革——2014 中国城市规划年会论文集.北京：中国建筑工业出版社，
2014.

[181] 张立，赵民.简论化解"半城镇化"悖论的城乡统筹议题 [J].国际城市规划，2013（3）：47.

[182] 张灵超.历史乡村地理研究 [D].上海：复旦大学，2011.

[183] 张小林，盛明.中国乡村地理学研究的重新定向 [J].人文地理，2002（1）：81-84.

[184] 张小林，乡村空间系统及其演变研究 [M].南京：南京师范大学出版社，1999.

[185] 张小林，徐建红.我国乡村地理学的发展过程 [J].地理教育，2010（4）：4-5.

[186] 张雅丽，林龙.对浙江省"下山脱贫"工程的省思 [J].中国人口科学，2006（6）：64-71.

[187] 赵民，陈晨，郁海文."人口流动"视角的城镇化及政策议题[J].城市规划学刊，2013(2):1-9.

[188] 赵民，陈晨，周晔，等.论城乡关系的历史演进及我国先发地区的政策选择——对苏州
城乡一体化实践的研究 [J].城市规划学刊，2016（6）.

[189] 赵民，陈晨.我国城镇化的现实情景、理论诠释及政策思考 [J].城市规划，2013（12）：9-21.

[190] 赵民，刘晓玲 . 规划师在社区营造中的作用 [J]. 北京规划建设，2016（2）: 193-195.

[191] 赵民，邵琳，黎威 . 我国农村基础教育设施配置模式比较及规划策略——基于中部和东部地区案例的研究 [J]. 城市规划，2014（12）: 28-33.

[192] 赵民，游猎，陈晨 . 论农村人居空间的"精明收缩"导向和规划策略 [J]. 城市规划，2015（7）: 9-18.

[193] 赵民 . "社区营造"与城市规划的"社区指向"研究 [J]. 规划师，2013（9）: 5-10.

[194] 赵燕菁，刘昭吟 . 从公共服务看"以人为核心"[J]. 小城镇建设，2015（3）: 13-15.

[195] 赵燕菁 . 存量规划：理论与实践 [J]. 北京规划建设，2014（4）: 153-156.

[196] 赵燕菁 . 公众参与：概念·悖论·出路 [J]. 北京规划建设，2015（5）: 152-155.

[197] 赵燕菁 . 农地改革与城市化 [J]. 北京规划建设，2013（5）: 169-172.

[198] 周平 . 二元经济理论与人口流动问题分析 [J]. 经济问题，2008（10）: 40-42.

[199] 周尚意，赵世瑜 . 中国民间寺庙：一种文化景观的研究 [J]. 江汉论坛，1990（8）: 44-51.

[200] 朱金，赵民 . 从结构性失衡到均衡——我国城镇化发展的现实状况与未来趋势 [J]. 上海城市规划，2014（1）: 47-55.

[201] 朱琦静 . 精明收缩视角下严寒地区村庄空间优化策略 [D]. 哈尔滨：哈尔滨工业大学，2017.

[202] 朱雯娟，邢栋 . 生态文明时代新型城镇化的路径探索——以安徽省五河县为例 [C].2014（第九届）城市发展与规划大会论文集—S01 新型城镇化与中国生态城市建设 . 北京：中国建筑工业出版社，2014.

[203] 庄子银 . 新增长理论简评 [J]. 经济科学，1998（2）: 115-122.

[204] 邹利林，王建英 . 中国农村居民点布局优化研究综述 [J]. 中国人口·资源与环境，2015（4）: 59-68.

[205] 邹湘江，吴丹 . 人口流动对农村人口老龄化的影响研究——基于"五普"和"六普"数据分析 [J]. 人口学刊，2013（4）: 70-79.

[206] 杜能 . 孤立国同农业和国民经济的关系 [M]. 北京：商务印书馆，1986.

[207] 费景汉，拉尼斯古斯塔夫 . 增长和发展：演进观点 [M]. 洪银兴译 . 北京：商务印书馆，2004.

[208] 刘易斯 . 二元经济论 [M]. 施炜，等译 . 北京：北京经济学院出版社，1989.

[209] 施坚雅 . 中国农村的市场和社会结构 [M]. 史建云，徐秀丽译 . 北京：中国社会科学出版社，1998.

[210] 速水佑次郎，神门善久 . 发展经济学：从贫困到富裕（第 3 版）[M]. 李周译 . 北京：社科文献出版社，2009.

[211] 托达罗 . 第三世界的经济发展 [M]. 于同申，苏蓉生等译 . 北京：中国人民大学出版社，1988.

[212] 伍兹 . 乡村地理学：界限的模糊与跨学科联系的构建 [J]. 城市观察，2013（1）：41-49.

[213] 希克斯 . 经济史理论 [M]. 厉以平译 . 北京：商务印书馆，1987.

[214] 伊特韦尔，米尔盖特，纽曼编 . 新帕尔格雷夫经济学大辞典 [M]. 陈岱孙等编译 . 北京：经济科学出版社，1992.

[215] 张鹏 . 城市里的陌生人 [M]. 袁长庚编译 . 南京：江苏人民出版社，2014.

[216] ALGEO K. Handbook of Rural Studies[M]. SAGE，2006：294-296.

[217] AMIRAN D H K. The Settlement Structure in Rural Areas：Implications of Functional Changes in Planning[J]. Norsk Geografisk Tidsskrift - Norwegian Journal of Geography，1973，27（1）：1-4.

[218] ARAKI H. The Change of Community Group in Rural Settlement from the Viewpoint of Rural-Urban Relations：A Case Study of the Area Between Hiroshima City and Iwami Town[J]. Japanese Journal of Human Geography，1991，43：282-297.

[219] BÆCK U K. Rural Location and Academic Success—Remarks on Research，Contextualization and Methodology[J]. Scandinavian Journal of Educational Research，2015：1-14.

[220] BARAU A S. Tension in the periphery：An analysis of spatial，public and corporate views on landscape change in Iskandar Malaysia[J]. Landscape and Urban Planning，2016，165.

[221] BEETZ S，HUNING S，PLIENINGER T. Landscapes of peripherization in north-eastern Germany's countryside：New challenges for planning theory and practice[J]. International Planning Studies，2008，13（4）：295-310.

[222] BELL M M，LLOYD S E，VATOVEC C. Activating the Countryside：Rural Power，the Power of the Rural and the Making of Rural Politics[J]. Sociologia Ruralis，2010，50（3）：205-224.

[223] BLOCK G D. Planning Rural-Urban Landscapes：Railways and Countryside Urbanisation in South-West Flanders，Belgium（1830–1930）[J]. Landscape Research，2014，39（5）：542-565.

[224] BONTJE M，MUSTERD S，RINK D，et al. Understanding shrinkage in European regions[M]. Alexandrine Press，2012.

[225] BORN K M. Governance in rural landscapes[J]. Norsk Geografisk Tidsskrift-Norwegian Journal of Geography，2012，66（2）：76-83.

[226] BRYDEN J，BOLLMAN R. Rural employment in industrialized countries[J]. Agricultural Economics，2000，22（2）：185-197.

[227] BRYDEN J，MUNRO G. New approaches to economic development in peripheral rural regions[J]. The Scottish Geographical Magazine，2000，116（2）：111-124.

[228] ČAPKOVIČOVÁ A. Transformation of the employment base in Czech rural regions[J].

Regional Studies，Regional Science，2016，3（1）：229-238.

[229] CHAMPION T，COOMBES M，BROWN D L. Migration and longer-distance commuting in rural England[J]. Regional Studies，2009，43（10）：1245-1259.

[230] CHAMPION T. Urban–rural differences in commuting in England：a challenge to the rural sustainability agenda?[J]. Planning，Practice & Research，2009，24（2）：161-183.

[231] CHARNEY I，PALGI M. Interpreting the Repopulation of Rural Communities：the Case of Private Neighborhoods in Kibbutzim[J]. Population，Space and Place，2014，20（7）：664-676.

[232] CHIGBU U E. Ruralisation：a tool for rural transformation[J]. Development in Practice，2015，25（7）：1067-1073.

[233] CID AGUAYO B E. Global villages and rural cosmopolitanism：exploring global ruralities[J]. Globalizations，2008，5（4）：541-554.

[234] CORTESE C，HAASE A，GROSSMANN K，et al. Governing social cohesion in shrinking cities：The cases of Ostrava，Genoa and Leipzig[J]. European Planning Studies，2014，22（10）：2050-2066.

[235] CRUICKSHANK J. Is culture-led redevelopment relevant for rural planners? The risk of adopting urban theories in rural settings[J]. International Journal of Cultural Policy，2016：1-19.

[236] DRABENSTOTT M，HENRY M，GIBSON L. The rural economic policy choice[J]. Economic Review，1987，72（1）：41-58.

[237] DRABENSTOTT M. A Time for Change in U.S. Rural Policy[M]. Blackwell Publishing，2008：255-272.

[238] DUANY A，SPECK J，LYDON M. The smart growth manual[M]. McGraw Hill Professional，2004.

[239] DUFFY P J. Rural settlement change in the Republic of Ireland--a preliminary discussion[J]. Geoforum；journal of physical，human，and regional geosciences，1982，14（2）：185-192.

[240] ELIASSON K，LINDGREN U，WESTERLUND O. Geographical labour mobility：migration or commuting?[J]. Regional Studies，2003，37（8）：827-837.

[241] FLUCHTER W. Japan：Shrinking Cities between Megalopolises and Rural Peripheries[J]. Shrinking Cities，2005，1：83-92.

[242] FRESHWATER D，TRAPASSO R. The Disconnect Between Principles and Practice：Rural Policy Reviews of OECD Countries[J]. Growth and Change，2014，45（4）：477-498.

[243] GANT R. Access to Geography：Rural settlement and the urban impact on the countryside[J]. Geography，2005，90（2）：189.

[244] GEERTMAN S，FERREIRA J，GOODSPEED R，et al. Planning support systems and smart cities[M]. Springer，2015.

[245] GKARTZIOS M，SCOTT M. Gentrifying the rural? Planning and market processes in rural Ireland[J]. International Planning Studies，2012，17（3）：253-276.

[246] GOUGH K. Rural change in Southeast India：1950s to 1980s[J]. Rural Change in Southeast India S to S，1989，19（6）.

[247] HADJIMICHALIS C. Imagining Rurality in the New Europe and Dilemmas for Spatial Policy[J]. European Planning Studies，2003.

[248] HENRY M，DRABENSTOTT M，GIBSON L. A changing rural America[J]. Economic Review，1986，71（7）：23-41.

[249] HIDLE K，CRUICKSHANK J，MARI NESJE L. Market，commodity，resource，and strength：Logics of Norwegian rurality[J]. Norsk Geografisk Tidsskrift-Norwegian Journal of Geography，2006，60（3）：189-198.

[250] HILL M. Rural settlement and the urban impact on the countryside[M]. Hodder & Stoughton，2003.

[251] HOGGART K. Let's do away with rural[J]. Journal of Rural Studies，1990，6（3）：245-257.

[252] HOLLANDER J B，NÉMETH J. The bounds of smart decline：A foundational theory for planning shrinking cities[J]. Housing Policy Debate，2011，21（3）：349-367.

[253] IRWIN E G，BELL K P，GEOGHEGAN J. Modeling and managing urban growth at the rural-urban fringe：a parcel-level model of residential land use change[J]. Agricultural and Resource Economics Review，2003，32（1）：83-102.

[254] JACKA T. Chinese discourses on rurality，gender and development：a feminist critique[J]. Journal of Peasant Studies，2013，40（6）：983-1007.

[255] JOHANNES BOONSTRA W，VAN DEN BRINK A. Controlled decontrolling：involution and democratization in Dutch rural planning[J]. Planning Theory & Practice，2007，8（4）：473-488.

[256] JONES R D，HELEY J. Post-pastoral? Rethinking religion and the reconstruction of rural space[J]. Journal of Rural Studies，2016，45：15-23.

[257] KEMPENAAR A，van LIEROP M，WESTERINK J，et al. Change of Thought：Findings on Planning for Shrinkage from a Regional Design Competition[J]. Planning Practice & Research，2016，31（1）：23-40.

[258] KOVALEV S A. Transformation of rural settlements in the Soviet Union[J]. Geoforum，1972，3（1）：33-45.

[259] LANG T. Shrinkage，metropolization and peripheralization in East Germany[J]. European

Planning Studies，2012，20（10）：1747-1754.

[260] LANJOUW J O，LANJOUW P. The rural non-farm sector：issues and evidence from developing countries[J]. Agricultural Economics，2001，26（1）：1-23.

[261] LAURIAN L，DAY M，BACKHURST M，et al. What drives plan implementation? Plans，planning agencies and developers[J]. Journal of Environmental Planning and Management，2004，47（4）：555-577.

[262] LEETMAA K，KRISZAN A，NUGA M，et al. Strategies to Cope with Shrinkage in the Lower End of the Urban Hierarchy in Estonia and Central Germany[J]. European Planning Studies，2015，23（1）：147-165.

[263] LOVE B. Treasure Hunts in Rural Japan：Place Making at the Limits of Sustainability[J]. American Anthropologist，2013，115（1）：112-124.

[264] MARKEY S，HALSETH G，MANSON D. Challenging the inevitability of rural decline：Advancing the policy of place in northern British Columbia[J]. Journal of Rural Studies，2008，24（4）：409-421.

[265] MARTINEZ-FERNANDEZ C，WEYMAN T，FOL S，et al. Shrinking cities in Australia，Japan，Europe and the USA：From a global process to local policy responses[J]. Progress in Planning，2015（10）.

[266] MATTHEWS R，PENDAKUR R，YOUNG N. Social Capital，Labour Markets，and Job-Finding in Urban and Rural Regions：comparing paths to employment in prosperous cities and stressed rural communities in Canada1，2[J]. The Sociological Review，2009，57（2）：306-330.

[267] MORRISON T H，LANE M B，HIBBARD M. Planning，governance and rural futures in Australia and the USA：revisiting the case for rural regional planning[J]. Journal of Environmental Planning and Management，2015，58（9）：1601-1616.

[268] PALLAGST K，SCHWARZ T，POPPER F J，et al. Planning Shrinking Cities[J]. Progress in Planning，2009，72（4）.

[269] PALLAGST K. The future of shrinking cities：problems，patterns and strategies of urban transformation in a global context[R]. Institute of Urban & Regional Development，2009.

[270] REIS J P，SILVA E A，PINHO P. Spatial metrics to study urban patterns in growing and shrinking cities[J]. Urban Geography，2015，37（2）.

[271] REY V，BACHVAROV M. Rural settlements in transition – agricultural and countryside crisis in the Central-Eastern Europe[J]. Geojournal，1998，44（4）：345-353.

[272] RHODES J，RUSSO J. Shrinking 'smart'：Urban redevelopment and shrinkage in Youngstown，Ohio[J]. Urban Geography，2013，34（3）：305-326.

[273] RITTEL H W J, WEBBER M M. Dilemmas in a general theory of planning[J]. Policy Sciences, 1973, 4（2）: 155-169.

[274] RIZZO A. Declining, transition and slow rural territories in southern Italy Characterizing the intra-rural divides[J]. European Planning Studies, 2016, 24（2）: 231-253.

[275] ROMANÍ J, SURIÑACH J, ARTIÍS M. Are commuting and residential mobility decisions simultaneous: The case of Catalonia, Spain[J]. Regional Studies, 2003, 37（8）: 813-826.

[276] SCOTT M, GKARTZIOS M. Rural housing: questions of resilience[J]. Housing and society, 2014, 41（2）: 247-276.

[277] SCOTT M, MURRAY M. Housing rural communities: Connecting rural dwellings to rural development in Ireland[J]. Housing Studies, 2009, 24（6）: 755-774.

[278] SCOTT M. Managing rural change and competing rationalities: Insights from conflicting rural storylines and local policy making in Ireland[J]. Planning theory & practice, 2008, 9（1）: 9-32.

[279] SCOTT M. Strategic spatial planning and contested ruralities: Insights from the Republic of Ireland[J]. European Planning Studies, 2006, 14（6）: 811-829.

[280] SMAILES P J. From rural dilution to multifunctional countryside: some pointers to the future from South Australia[J]. Australian Geographer, 2002, 33（1）: 79-95.

[281] SOUSA S, PINHO P. Planning for shrinkage: Paradox or paradigm[J]. European planning studies, 2015, 23（1）: 12-32.

[282] STEPHENS M. Challenges for Social-Change Organizing in Rural Areas[J]. American Journal of Economics and Sociology, 2016, 75（3）: 721-761.

[283] THOMSON K, VELLINGA N, SLEE B, et al. Mapping socio-economic performance in rural Scotland[J]. Scottish Geographical Journal, 2014, 130（1）: 1-21.

[284] TIETJEN A, JØRGENSEN G. Translating a wicked problem: A strategic planning approach to rural shrinkage in Denmark[J]. Landscape and Urban Planning, 2016.

[285] VESTERBY M, KRUPA K S. Resources & Environment-Rural Residential Land Use: Tracking Its Growth[J]. Agricultural Outlook, 2002（293）: 14-17.

[286] VINCE S W E. Reflections on the Structure and Distribution of Rural Population in England and Wales, 1921-31[J]. Transactions & Papers, 1952（18）: 53-76.

[287] von REICHERT C, CROMARTIE J B, ARTHUN R O. Impacts of Return Migration on Rural U.S. Communities[J]. Rural Sociology, 2014, 79（2）: 200-226.

[288] WARD N, BROWN D L. Placing the Rural in Regional Development[J]. Regional Studies, 2009, 43（10）: 1237-1244.

[289] WHITE E M, MORZILLO A T, ALIG R J. Past and projected rural land conversion in the US at state, regional, and national levels[J]. Landscape and Urban Planning, 2009, 89（1-2）:

37-48.

[290] WHITE E M, MORZILLO A T, ALIG R J. Past and projected rural land conversion in the US at state, regional, and national levels[J]. Landscape and Urban Planning, 2009, 89（1–2）: 37-48.

[291] WIECHMANN T, PALLAGST K M. Urban shrinkage in Germany and the USA: A Comparison of Transformation Patterns and Local Strategies[J]. International Journal of Urban and Regional Research, 2012, 36（2）: 261-280.

[292] WILLIAMS M. Settlements in rural areas: Planned landscapes and unplanned changes in South Australia[J]. Landscape & Planning, 1977, 4（1）: 29-51.